崧燁文化

曹永忠、許智誠、蔡英德　著

Arduino手機互動
程式設計基礎篇

Using Arduino to Develop the Interactive
Games with Mobile Phone via the Bluetooth

U0075399

自序

Arduino 系列的書出版至今，已經兩年半多，出書量也將近六十本大關，當初出版電子書是希望能夠在教育界開一門 Maker 自造者相關的課程，沒想到一寫就兩年多，繁簡體加起來的出版數也將近六十本的量，這些書都是我學習 Arduino，當一個 Maker 累積下來的成果。

這本書可以說是我的書的一個里程碑，第一次能夠在靜宜大學舉辦「夏日大學」，資訊傳播工程學系開設「多媒體與創意」微學程—『互動多媒體遊戲創作』課程，將我這些年的經驗透過課程傳授給學子，並且透過課程來檢視我的教學理念與 Maker 的創意。沒想到這門課的學生有七成以上都是女生，而且九成以上都是非資訊相關科系的學生，這對我將是一個非常大的考驗，然而 Maker 的精神就是無論出身與否，無論專長為何，只要有心，處處都是創意。在這樣的理念下，一步一腳印，這樣 Maker 的理念、動手做的方式，實作的內容，竟然獲得所有學生的迴響與熱愛，不但預定授課內容一一完成，還擴增許多課程，課程結束前的專題實作，也讓我跌破眼鏡，不但可以自主的創作出專題內容，學生們非常熱愛這門課程，讓我非常的感動。

這兩年半以來的經驗，逐漸在這群學子身上看到發芽，開始成長，覺得 Maker 的教育方式，極有可能在未來成為教育的主流，相信我每日、每月、每年不斷的努力之下，未來 Maker 的教育、推廣、普及、成熟將指日可待。

最後，請大家可以加入 Maker 的 Open Knowledge 的行列。

曹永忠 於貓咪樂園

自序

記得自己在大學資訊工程系修習電子電路實驗的時候,自己對於設計與製作電路板是一點興趣也沒有,然後又沒有天分,所以那是苦不堪言的一堂課,還好當年有我同組的好同學,努力的照顧我,命令我做這做那,我不會的他就自己做,如此讓我解決了資訊工程學系課程中,我最不擅長的課。

當時資訊工程學系對於設計電子電路課程,大多數都是專攻軟體的學生去修習時,系上的用意應該是要大家軟硬兼修,尤其是在台灣這個大部分是硬體為主的產業環境,但是對於一個軟體設計,但是缺乏硬體專業訓練,或是對於眾多機械機構與機電整合原理不太有概念的人,在理解現代的許多機電整合設計時,學習上都會有很多的困擾與障礙,因為專精於軟體設計的人,不一定能很容易就懂機電控制設計與機電整合。懂得機電控制的人,也不一定知道軟體該如何運作,不同的機電控制或是軟體開發常常都會有不同的解決方法。

除非您很有各方面的天賦,或是在學校巧遇名師教導,否則通常不太容易能在機電控制與機電整合這方面自我學習,進而成為專業人員。

而自從有了 Arduino 這個平台後,上述的困擾就大部分迎刃而解了,因為Arduino 這個平台讓你可以以不變應萬變,用一致性的平台,來做很多機電控制、機電整合學習,進而將軟體開發整合到機構設計之中,在這個機械、電子、電機、資訊、工程等整合領域,不失為一個很大的福音,尤其在創意掛帥的年代,能夠自己創新想法,從 Original Idea 到產品開發與整合能夠自己獨立完整設計出來,自己就能夠更容易完全了解與掌握核心技術與產業技術,整個開發過程必定可以提供思維上與實務上更多的收穫。

Arduino 平台引進台灣自今,雖然越來越多的書籍出版,但是從設計、開發、製作出一個完整產品並解析產品設計思維,這樣產品開發的書籍仍然鮮見,尤其是能夠從頭到尾,利用範例與理論解釋並重,完完整整的解說如何用 Arduino 設計出一個完整產品,介紹開發過程中,機電控制與軟體整合相關技術與範例,如此的書籍更是付之闕如。永忠、英德兄與敝人計畫撰寫 Maker 系列，就是基於這樣對市場需要的觀察，開發出這樣的書籍。

作者出版了許多的 Arduino 系列的書籍，深深覺的，基礎乃是最根本的實力，所以回到最基礎的地方，希望透過最基本的程式設計教學，來提供眾多的 Makers 在入門 Arduino 時，如何開始，如何攥寫自己的程式，進而介紹不同的週邊模組，主要的目的是希望學子可以學到如何使用這些週邊模組來設計程式，期望在未來產品開發時，可以更得心應手的使用這些週邊模組與感測器，更快將自己的想法實現，希望讀者可以了解與學習到作者寫書的初衷。

許智誠　於中壢雙連坡中央大學 管理學院

自序

隨著資通技術(ICT)的進步與普及，取得資料不僅方便快速，傳播資訊的管道也多樣化與便利。然而，在網路搜尋到的資料卻越來越巨量，如何將在眾多的資料之中篩選出正確的資訊，進而萃取出您要的知識？如何獲得同時具廣度與深度的知識？如何一次就獲得最正確的知識？相信這些都是大家共同思考的問題。

為了解決這些困惱大家的問題，永忠、智誠兄與敝人計畫製作一系列「Maker系列」書籍來傳遞兼具廣度與深度的軟體開發知識，希望讀者能利用這些書籍迅速掌握正確知識。首先規劃「以一個 Maker 的觀點，找尋所有可用資源並整合相關技術，透過創意與逆向工程的技法進行設計與開發」的系列書籍，運用現有的產品或零件，透過駭入產品的逆向工程的手法，拆解後並重製其控制核心，並使用 Arduino 相關技術進行產品設計與開發等過程，讓電子、機械、電機、控制、軟體、工程進行跨領域的整合。

近年來 Arduino 異軍突起，在許多大學，甚至高中職、國中，甚至許多出社會的工程達人，都以 Arduino 為單晶片控制裝置，整合許多感測器、馬達、動力機構、手機、平板...等，開發出許多具創意的互動產品與數位藝術。由於 Arduino 的簡單、易用、價格合理、資源眾多，許多大專院校及社團都推出相關課程與研習機會來學習與推廣。

以往介紹 ICT 技術的書籍大部份以理論開始、為了深化開發與專業技術，往往忘記這些產品產品開發背後所需要的背景、動機、需求、環境因素等，讓讀者在學習之間，不容易了解當初開發這些產品的原始創意與想法，基於這樣的原因，一般人學起來特別感到吃力與迷惘。

本書為了讀者能夠深入了解產品開發的背景，本系列整合 Maker 自造者的觀念與創意發想，深入產品技術核心，進而開發產品，只要讀者跟著本書一步一步研習與實作，在完成之際，回頭思考，就很容易了解開發產品的整體思維。透過這樣的思路，讀者就可以輕易地轉移學習經驗至其他相關的產品實作上。

所以本書是能夠自修的書，讀完後不僅能依據書本的實作說明準備材料來製作，盡情享受 DIY(Do It Yourself)的樂趣，還能了解其原理並推展至其他應用。有興趣的讀者可再利用書後的參考文獻繼續研讀相關資料。

本書的發行有新的創舉，就是以電子書型式發行，在國家圖書館、國立公共資訊圖書館與許多電子書網路商城、Google Books 與 Google Play 都可以下載與閱讀。希望讀者能珍惜機會閱讀及學習，繼續將知識與資訊傳播出去，讓有興趣的眾人都受益。希望這個拋磚引玉的舉動能讓更多人響應與跟進，一起共襄盛舉。

本書可能還有不盡完美之處，非常歡迎您的指教與建議。近期還將推出其他 Arduino 相關應用與實作的書籍，敬請期待。

最後，請您立刻行動翻書閱讀。

蔡英德 於台中沙鹿靜宜大學主顧樓

目 錄

Maker 系列

在克里斯‧安德森（Chris Anderson）所著『自造者時代：啟動人人製造的第三次工業革命』提到，過去幾年，世界來到了一個重要里程碑：實體製造的過程愈來愈像軟體設計，開放原始碼創造了軟體大量散佈與廣泛使用，如今，實體物品上也逐漸發生同樣的效應。網路社群中的程式設計師從 Linux 作業系統出發，架設了今日世界上絕大部分的網站(Apache WebServer)，到使用端廣受歡迎的 FireFox 瀏覽器等，都是開放原始碼軟體的最佳案例。

現在自造者社群(Maker Space)也正藉由開放原始碼硬體，製造出電子產品、科學儀器、建築物，甚至是 3C 產品。其中如 Arduino 開發板，銷售量已遠超過當初設計者的預估。連網路巨擘 Google Inc.也加入這場開放原始碼運動，推出開放原始碼電子零件，讓大家發明出來的硬體成品，也能與 Android 軟體連結、開發與應用。

目前全球各地目前有成千上萬個「自造空間」（makerspace）—光是上海就有上百個正在籌備中，多自造空間都是由在地社群所創辦。如聖馬特奧市（SanMateo）的自造者博覽會（Maker Faire），每年吸引數 10 萬名自造者前來朝聖，彼此觀摩學習。但不光是美國，全球各地還有許多自造者博覽會，台灣一年一度也於當地舉辦 Maker Fair Taiwan，數十萬的自造者(Maker)參予了每年一度的盛會。

世界知名的歐萊禮（O'Reilly）公司，也於 2005 年發行的《Make》雜誌，專門出版自造者相關資訊，Autodesk, Inc.主導的 Instructables- DIY How To Make Instructions(http://www.instructables.com/)，也集合了全球自造者分享的心得與經驗，舉凡食物、玩具、到 3C 產品的自製經驗，也分享於網站上，成為全球自造者最大、也最豐富的網站。

本系列『Maker 系列』由此概念而生。面對越來越多的知識學子，也希望成為自造者(Make)，追求創意與最新的技術潮流，筆著因應世界潮流與趨勢，思考著『如何透過逆向工程的技術與手法，將現有產品開發技術轉換為我的知識』的思維，如果我們可以駭入產品結構與設計思維，那麼了解產品的機構運作原理與方法就不是一件難事了。更進一步我們可以將原有產品改造、升級、創新，並可以將學習到的技術運用其他技術或新技術領域，透過這樣學習思維與方法，可以更快速的掌握研發與製造的核心技術，相信這樣的學習方式，會比起在已建構好的開發模組或學習套件中學習某個新技術或原理，來的更踏實的多。

　　本系列的書籍，因應自造者運動的世界潮流，希望讀者當一位自造者，將現有產品的產品透過逆向工程的手法，進而了解核心控制系統之軟硬體，再透過簡單易學的 Arduino 單晶片與 C 語言，重新開發出原有產品，進而改進、加強、創新其原有產品的架構。如此一來，因為學子們進行『重新開發產品』過程之中，可以很有把握的了解自己正在進行什麼，對於學習過程之中，透過實務需求導引著開發過程，可以讓學子們讓實務產出與邏輯化思考產生關連，如此可以一掃過去陰霾，更踏實的進行學習。

　　作者出版了許多的 Arduino 系列的書籍，深深覺的，基礎乃是最根本的實力，所以回到最基礎的地方，希望透過最基本的程式設計教學，來提供眾多的 Makers 在入門 Arduino 時，如何開始，如何攥寫自己的程式，主要的目的是希望學子可以學到程式設計的基礎觀念與基礎能力。作者們的巧思，希望讀者可以了解與學習到作者寫書的初衷。

1
CHAPTER

Arduino 簡介

Massimo Banzi 之前是義大利 Ivrea 一家高科技設計學校的老師，他的學生們經常抱怨找不到便宜好用的微處理機控制器·西元 2005 年，Massimo Banzi 跟 David Cuartielles 討論了這個問題，David Cuartielles 是一個西班牙籍晶片工程師，當時是這所學校的訪問學者。兩人討論之後，決定自己設計電路板，並引入了 Banzi 的學生 David Mellis 為電路板設計開發用的語言。兩天以後，David Mellis 就寫出了程式碼。又過了幾天，電路板就完工了。於是他們將這塊電路板命名為『Arduino』。

當初 Arduino 設計的觀點，就是希望針對『不懂電腦語言的族群』，也能用 Arduino 做出很酷的東西，例如：對感測器作出回應、閃爍燈光、控制馬達…等等。

隨後 Banzi，Cuartielles，和 Mellis 把設計圖放到了網際網路上。他們保持設計的開放源碼(Open Source)理念，因為版權法可以監管開放原始碼軟體，卻很難用在硬體上，他們決定採用創用 CC 許可(Creative_Commons, 2013)。

創用 CC(Creative_Commons, 2013)是為保護開放版權行為而出現的類似 GPL[1]的一種許可（license），來自於自由軟體[2]基金會 (Free Software Foundation) 的 GNU 通用公共授權條款 (GNU GPL)：在創用 CC 許可下，任何人都被允許生產電路板的複製品，且還能重新設計，甚至銷售原設計的複製品。你還不需要付版稅，甚至不用取得 Arduino 團隊的許可。

然而，如果你重新散佈了引用設計，你必須在其產品中註解說明原始 Arduino 團隊的貢獻。如果你調整或改動了電路板，你的最新設計必須使用相同或類似的創

---

[1] GNU 通用公眾授權條款（英語：GNU General Public License，簡稱 GNU GPL 或 GPL），是一個廣泛被使用的自由軟體授權條款，最初由理察·斯托曼為 GNU 計劃而撰寫。

[2] 「自由軟體」指尊重使用者及社群自由的軟體。簡單來說使用者可以自由運行、複製、發佈、學習、修改及改良軟體。他們有操控軟體用途的權利。

用 CC 許可，以保證新版本的 Arduino 電路板也會一樣的自由和開放。

　　唯一被保留的只有 Arduino 這個名字：『Arduino 』已被註冊成了商標[3]『Arduino®』。如果有人想用這個名字賣電路板，那他們可能必須付一點商標費用給 『Arduino®』 (Arduino, 2013)的核心開發團隊成員。

　　『Arduino®』的核心開發團隊成員包括：Massimo Banzi，David Cuartielles，Tom Igoe，Gianluca Martino，David Mellis 和 Nicholas Zambetti。(Arduino, 2013)，若讀者有任何不懂 Arduino 的地方，都可以訪問 Arduino 官方網站：http://www.arduino.cc/

　　『Arduino®』，是一個開放原始碼的單晶片控制器，它使用了 Atmel AVR 單晶片 (Atmel_Corporation, 2013)，採用了基於開放原始碼的軟硬體平台，構建於開放原始碼 Simple I/O 介面版，並且具有使用類似 Java，C 語言的 Processing[4]/Wiring 開發環境(B. F. a. C. Reas, 2013; C. Reas & Fry, 2007, 2010)。Processing 由 MIT 媒體實驗室美學與計算小組(Aesthetics & Computation Group)的 Ben Fry(http://benfry.com/)和 Casey Reas 發明，Processing 已經有許多的 Open Source 的社群所提倡，對資訊科技的發展是一個非常大的貢獻。

　　讓您可以快速使用 Arduino 語言作出互動作品，Arduino 可以使用開發完成的電子元件：例如 Switch、感測器、其他控制器件、LED、步進馬達、其他輸出裝置…等。Arduino 開發 IDE 介面基於開放原始碼，可以讓您免費下載使用，開發出更多令人驚豔的互動作品(Banzi, 2009) 。

---

[3] 商標註冊人享有商標的專用權，也有權許可他人使用商標以獲取報酬。各國對商標權的保護期限長短不一，但期滿之後，只要另外繳付費用，即可對商標予以續展，次數不限。

[4] Processing 是一個 Open Source 的程式語言及開發環境，提供給那些想要對影像、動畫、聲音進行程式處理的工作者。此外，學生、藝術家、設計師、建築師、研究員以及有興趣的人，也可以用來學習，開發原型及製作

什麼是 Arduino

- Arduino 是基於開放原碼精神的一個開放硬體平臺，其語言和開發環境都很簡單。讓您可以使用它快速做出有趣的東西。

- 它是一個能夠用來感應和控制現實物理世界的一套工具，也提供一套設計程式的 IDE 開發環境，並可以免費下載

- Arduino 可以用來開發互動產品，比如它可以讀取大量的開關和感測器信號，並且可以控制各式各樣的電燈、電機和其他物理設備。也可以在運行時和你電腦中運行的程式（例如：Flash，Processing，MaxMSP）進行通訊。

Arduino 特色

- 開放原始碼的電路圖設計，程式開發介面

- http://www.arduino.cc/免費下載，也可依需求自己修改!!

- Arduino 可使用 ISCP 線上燒入器，自我將新的 IC 晶片燒入「bootloader」(http://arduino.cc/en/Hacking/Bootloader?from=Main.Bootloader) 。

- 可依據官方電路圖(http://www.arduino.cc/)，簡化 Arduino 模組，完成獨立運作的微處理機控制模組

- 感測器可簡單連接各式各樣的電子元件 (紅外線,超音波,熱敏電阻,光敏電阻,伺服馬達,…等)

- 支援多樣的互動程式程式開發工具

- 使用低價格的微處理控制器(ATMEGA8-16)

- USB 介面，不需外接電源。另外有提供 9VDC 輸入

- 應用方面，利用 Arduino，突破以往只能使用滑鼠，鍵盤，CCD 等輸入的裝置的互動內容，可以更簡單地達成單人或多人遊戲互動

Arduino 硬體-Yun 雲

Arduino Yún 是 Arduino 最新的開發板,這是 Arduino 公司 Wi-Fi 生產線的首項產品。把 Arduino Leonardo 開發板的功能和以 Linux 為基礎的無線路由器合為一體。基本上是將 WiFi Linux 板內建至 Leonardo(ATmega32U4),同時藉由 Linino(MIPS Linux 改良版)對應 XML 等純文字(Text-Based)格式,並進行其它的 HTTP 交易事務。

系統規格

AVR Arduino microcontroller

- 控制晶片:ATmega32u4
- 工作電壓:5V
- 輸入電壓:5V
- Digital I/O Pins:20
- PWM Channels:7
- Analog Input Channels:12
- DC Current per I/O Pin:40 mA
- DC Current for 3.3V Pin:50 mA
- Flash Memory:32 KB (of which 4 KB used by bootloader)
- SRAM:2.5 KB
- EEPROM:1 KB
- Clock Speed:16 MHz

Linux microprocessor

- 處理器:Atheros AR9331
- Architecture:MIPS @400MHz
- 工作電壓:3.3V
- Ethernet:IEEE 802.3 10/100Mbit/s
- WiFi:IEEE 802.11b/g/n
- USB Type-A 2.0 Host/Device

- Card Reader：Micro-SD only
- RAM：64 MB DDR2
- Flash Memory：32 MB
- PoE compatible 802.3af card support

圖 1 Arduino Yun 開發板外觀圖

如下圖所示，Arduino Yun 開發板上有 3 個重置鍵：

如下圖所示，左上標示為 32U4 RST 的重置鍵，重置 ATmega32U4 這顆微控制器。

如下圖所示，右下標示為 Yún RST 的重置鍵，重置 AR9331，重新啟動 Linux 系統（Linino），記憶體中的東西全部不見，執行中的程式也會終止。

如下圖所示。左下標示為 WLAN RST 的重置鍵，有兩個作用，第一是將 WiFi 組態重置回工廠設定值，會讓 WiFi 晶片進入 AP（access point）模式，IP 是 192.168.240.1，分享出來的網路名稱是「Arduino Yun-XXXXXXXXXXXX」，其中 X 是 WiFi 無線網路卡的 MAC 位址，按著此重置鍵不放、持續 5 秒，即可進入 WiFi 組態重置模式。第二個作用是將 Linux 映像檔重置回工廠預設的映像檔內容， 必須按著重置鍵不放持續 30 秒，這麼一來，儲存在板子裡的快閃記憶體（與 AR9331

連接）的檔案，通通都會消失。

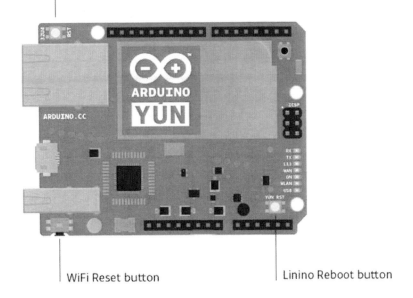

圖 2 Arduino Yun 開發板重置鍵一覽圖

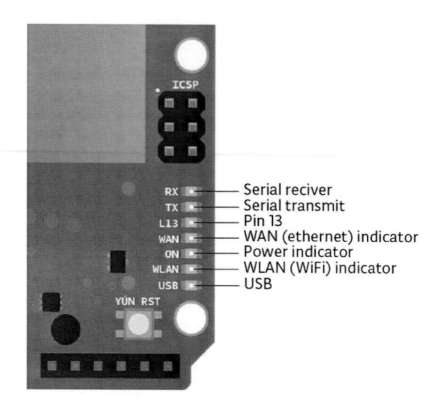

圖 3 Arduino Yun 開發板燈號圖

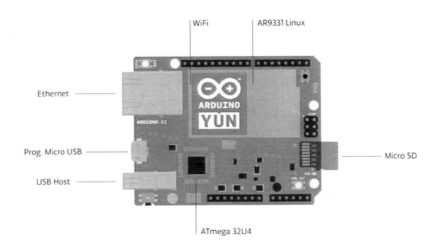

圖表 4 Arduino Yun 開發板接口一覽圖

　　Arduino Yun 開發板是一款設備齊全的有線、無線網路單晶片處理器，此處理器可簡化網際網路連接的複雜執行過程。由下圖所示，可以了解為了將原有 Arduino 架構保留，Arduino Yun 開發板採用橋接器的架構來括充有線/無線網路的功能，讓使用者可以輕易整合，也可以讓複雜的網路程式變得容易開發與維護。

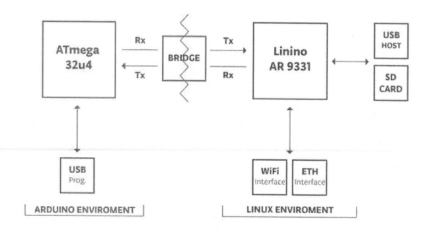

圖 5 Arduino Yun 開發板運作架構圖

　　讀者可以由下面程式看到，只要使用『Console.h』的函式庫(內建於 Sketch IDE 環境)，就可以簡單的與另外的架構程式溝通。

```
#include <Console.h>


const int ledPin = 13; // the pin that the LED is attached to

int incomingByte;        // a variable to read incoming serial data into


void setup() {

  // initialize serial communication:

  Bridge.begin();

  Console.begin();


  while (!Console){

    ; // wait for Console port to connect.
```

```
  }

  Console.println("You're connected to the Console!!!!");

  // initialize the LED pin as an output:

  pinMode(ledPin, OUTPUT);

}


void loop() {

  // see if there's incoming serial data:

  if (Console.available() > 0) {

    // read the oldest byte in the serial buffer:

    incomingByte = Console.read();

    // if it's a capital H (ASCII 72), turn on the LED:

    if (incomingByte == 'H') {

      digitalWrite(ledPin, HIGH);

    }

    // if it's an L (ASCII 76) turn off the LED:

    if (incomingByte == 'L') {

      digitalWrite(ledPin, LOW);

    }

  }

  delay(100);

}
```

Arduino 硬體-Duemilanove

Arduino Duemilanove 使用 AVR Mega168 為微處理晶片，是一件功能完備的單晶片開發板，Duemilanove 特色為：(a).開放原始碼的電路圖設計，(b).程序開發免費下載，(c).提供原始碼可提供使用者修改，(d).使用低價格的微處理控制器 (ATmega168)，(e).採用 USB 供電，不需外接電源，(f).可以使用外部 9VDC 輸入，(g).支持 ISP 直接線上燒錄，(h).可使用 bootloader 燒入 ATmega8 或 ATmega168 單晶片。

系統規格

- 主要溝通介面:USB
- 核心: ATMEGA328
- 自動判斷並選擇供電方式（USB/外部供電）
- 控制器核心：ATmega328
- 控制電壓：5V
- 建議輸入電(recommended)：7-12 V
- 最大輸入電壓 (limits)：6-20 V
- 數位 I/O Pins：14 (of which 6 provide PWM output)
- 類比輸入 Pins：6 組
- DC Current per I/O Pin：40 mA
- DC Current for 3.3V Pin：50 mA
- Flash Memory：32 KB (of which 2 KB used by bootloader)
- SRAM：2 KB
- EEPROM：1 KB
- Clock Speed：16 MHz

具有 bootloader[5]能夠燒入程式而不需經過其他外部電路。此版本設計了『自動回復保險絲[6]』，在 Arduino 開發板搭載太多的設備或電路短路時能有效保護 Arduino

---

[5] 啟動程式（boot loader）位於電腦或其他計算機應用上，是指引導操作系統啟動的程式。

[6] 自恢復保險絲是一種過流電子保護元件，採用高分子有機聚合物在高壓、高溫，硫化反應的條件下，攙加導電粒子材料後，經過特殊的生產方法製造而成。Ps.

開發板的 USB 通訊埠,同時也保護了您的電腦,並且故障排除後能自動恢復正常。

圖 6 Arduino Duemilanove 開發板外觀圖

Arduino 硬體-UNO

UNO 的處理器核心是 ATmega328,使用 ATMega 8U2 來當作 USB-對序列通訊,並多了一組 ICSP 給 MEGA8U2 使用:未來使用者可以自行撰寫內部的程式~ 也因為捨棄 FTDI USB 晶片~ Arduino 開發板需要多一顆穩壓 IC 來提供 3.3V 的電源。

Arduino UNO 是 Arduino USB 介面系列的最新版本,作為 Arduino 平臺的參考標準範本: 同時具有 14 路數位輸入/輸出口(其中 6 路可作為 PWM 輸出),6 路模擬輸入, 一個 16MHz 晶體振盪器,一個 USB 口,一個電源插座,一個 ICSP header 和一個重定按鈕。

UNO 目前已經發佈到第三版,與前兩版相比有以下新的特點: (a).在 AREF 處增加了兩個管腳 SDA 和 SCL,(b).支援 I2C 介面,(c).增加 IOREF 和一個預留管腳,將來擴展板將能相容 5V 和 3.3V 核心板,(d).改進了 Reset 重置的電路設計,(e).USB 介面晶片由 ATmega16U2 替代了 ATmega8U2。

PPTC(PolyerPositiveTemperature Coefficent)也叫自恢復保險絲。嚴格意義講:PPTC 不是自恢復保險絲,ResettableFuse 才是自恢復保險絲。

系統規格

- 控制器核心：ATmega328
- 控制電壓：5V
- 建議輸入電(recommended)：7-12 V
- 最大輸入電壓 (limits)：6-20 V
- 數位 I/O Pins：14 (of which 6 provide PWM output)
- 類比輸入 Pins：6 組
- DC Current per I/O Pin：40 mA
- DC Current for 3.3V Pin：50 mA
- Flash Memory：32 KB (of which 0.5 KB used by bootloader)
- SRAM：2 KB
- EEPROM：1 KB
- Clock Speed：16 MHz

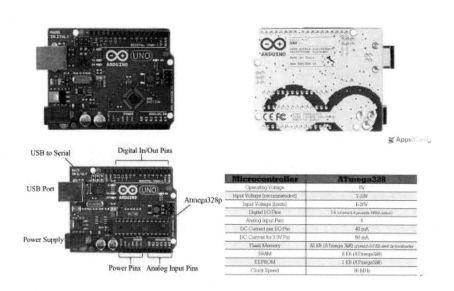

圖 7 Arduino UNO 開發板外觀圖

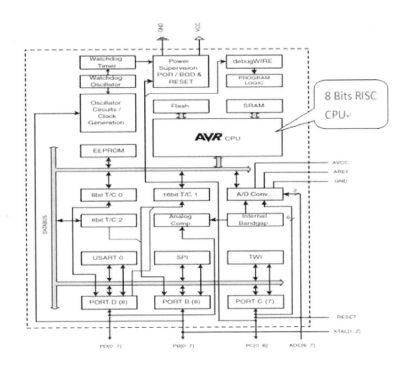

圖 8 Arduino UNO 核心晶片 Atmega328P 架構圖

Arduino 硬體-Mega 2560

可以說是 Arduino 巨大版： Arduino Mega2560 REV3 是 Arduino 官方最新推出的 MEGA 版本。功能與 MEGA1280 幾乎是一模一樣，主要的不同在於 Flash 容量從 128KB 提升到 256KB，比原來的 Atmega1280 大。

Arduino Mega2560 是一塊以 ATmega2560 為核心的微控制器開發板，本身具有 54 組數位 I/O input/output 端（其中 14 組可做 PWM 輸出），16 組模擬比輸入端，4 組 UART（hardware serial ports），使用 16 MHz crystal oscillator。由於具有 bootloader，因此能夠通過 USB 直接下載程式而不需經過其他外部燒入器。供電部份可選擇由 USB 直接提供電源，或者使用 AC-to-DC adapter 及電池作為外部供電。

由於開放原代碼，以及使用 Java 概念（跨平臺）的 C 語言開發環境，讓 Arduino

的周邊模組以及應用迅速的成長。而吸引 Artist 使用 Arduino 的主要原因是可以快速使用 Arduino 語言與 Flash 或 Processing…等軟體通訊，作出多媒體互動作品。Arduino 開發 IDE 介面基於開放原代碼原則，可以讓您免費下載使用於專題製作、學校教學、電機控制、互動作品等等。

電源設計

Arduino Mega2560 的供電系統有兩種選擇，USB 直接供電或外部供電。電源供應的選擇將會自動切換。外部供電可選擇 AC-to-DC adapter 或者電池，此控制板的極限電壓範圍為 6V~12V，但倘若提供的電壓小於 6V，I/O 口有可能無法提供到 5V 的電壓，因此會出現不穩定；倘若提供的電壓大於 12V，穩壓裝置則會有可能發生過熱保護，更有可能損壞 Arduino MEGA2560。因此建議的操作供電為 6.5~12V，推薦電源為 7.5V 或 9V。

系統規格

- 控制器核心：ATmega2560
- 控制電壓：5V
- 建議輸入電(recommended)：7-12 V
- 最大輸入電壓 (limits)：6-20 V
- 數位 I/O Pins：54 (of which 14 provide PWM output)
- UART:4 組
- 類比輸入 Pins：16 組
- DC Current per I/O Pin：40 mA
- DC Current for 3.3V Pin：50 mA
- Flash Memory：256 KB of which 8 KB used by bootloader
- SRAM：8 KB
- EEPROM：4 KB
- Clock Speed：16 MHz

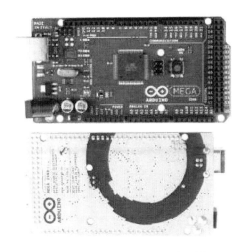

圖 9 Arduino Mega2560 開發板外觀圖

Arduino 硬體- Arduino Pro Mini 控制器

可以說是 Arduino 小型版： Pro Mini 使用 ATMEGA328，與 Arduino Duemilanove 一樣為 5V 並使用 16MHz bootloader，因此在使用 Arduino IDE 時必須選擇 "ArduinoDuemilanove 。

Arduino Pro Mini 控制器為模組大廠 Sparkfun(https://www.sparkfun.com/)依據 Arduino 概念所推出的控制器。藍底 PCB 板以及 0.8mm 的厚度，完全使用 SMD 元件，讓人看一眼就想馬上知道它有何強大功能。

而 Arduino Pro Mini 與 Arduino Mini 的差異在於，Pro Mini 提供自動RESET，使用連接器時只要接上 DTR 腳位與 GRN 腳位，即具備 Autoreset 功能。 而 Pro Mini 與 Duemilanove 的差異點在於 Pro Mini 本身不具備與電腦端相連的轉接器，例如 USB 介面或者 RS232 介面，本身只提供 TTL 準位的 TX、RX 訊號輸出。這樣的設計較不適合初學者，初學者的入門 建議還是使用 Arduino Duemilanove。

對於熟悉 Arduino 的使用者，可以利用 Pro Mini 為你節省不少成本與體積，你只需準備一組習慣使用的轉接器，如 UsbtoTTL 轉接器_5V，就可重複使用。

系統規格

- 不包含 USB 連接器以及 USB 轉 TTL 訊號晶片
- 支援 Auto-reset
- ATMEGA328 使用電壓 5V / 頻率 16MHz (external resonator _0.5% tolerance)
- 具 5V 穩壓裝置
- 最大電流 150mA
- 具過電流保護裝置
- 容忍電壓：5-12V
- 內嵌 電源 LED 與狀態 LED
- 尺寸：0.7x1.3" (18x33mm)
- 重量：1.8g
- Arduino 所有特色皆可使用：

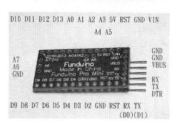

圖 10 Arduino Pro Mini 控制器開發板外觀圖

Arduino 硬體- Arduino ATtiny85 控制器

可以說是 Arduino 超微版： Arduino ATtiny85 是 Atmel Corporation 宣布其低功耗的 ATtiny 10/20/40 微控制器 (MCU) 系列，針對按鍵、滑塊和滑輪等觸控感應應用予以優化。這些元件包括了 AVR MCU 及其專利的低功耗 picoPower 技術，是對成本敏感的工業和消費電子市場上多種應用，如汽車控制板、LCD 電視和顯示器、筆記本電腦、手機等的理想選擇。

ATtiny MCU 系列介紹

Atmel Corporation 設計的 ATtiny 新型單晶片有 AVR 微處理機大部份的功能，以包括 1KB 至 4KB 的 Flash Memory，帶有 32 KB 至 256 KB 的 SRAM。

此外，這些元件支持 SPI 和 TWI (具備 I2C-兼容性) 通訊，提供最高靈活性和 1.8V 至 5.5V 的工作電壓。ATtinyAVR 使用 Atmel Corporation 獨有專利的 picoPower 技術，耗電極低。通過軟件控制系統時鐘頻率，取得系統性能與耗電之間的最佳平衡，同時也得到了廣泛應用。

系統規格

- 採用 ATMEL TINY85 晶片
- 支持 Arduino IDE 1.0+
- USB 供電, 或 7~35V 外部供電
- 共 6 個 I/O 可以用

ATTiny25/45/85/13

D5(A0)/RESET/ADC0/PB5	1	8 VCC
D3(A3)/XTAL1/ADC3/PB3*	2	7 PB2/SCL/SCK/D2(A1)
D4(A2)/XTAL2/ADC2/PB4*	3	6 PB1*/MISO/D1
GND	4	5 PB0*/MOSI/ SDA/AREF/D0

NOTES:
- Arduino pins for ATTinyX313/X5/X4
are from the arduino-tiny project
- PWM pins are marked with (*)

*ATTiny13 has PWM only on PB0 and PB1
* No AREF on ATTiny13
* PB3 and PB4 share the same timer

圖 11 Arduino ATtiny85 控制器外觀圖

Arduino 硬體- Arduino LilyPad 控制器

可以說是 Arduino 微小版：Arduino LilyPad 為可穿戴的電子紡織科技由 Leah Buechley 開發及 Leah 及 SparkFun 設計。每一個 LilyPad 設計都有很大的連接點可以縫在衣服上。多種的輸出，輸入，電源，及感測板可以通用，而且還可以水洗。

Arduino LilyPads 主機板的設計包含 ATmega328P(bootloader) 及最低限度的外部元件來維持其簡單小巧特性，可以利用 2-5V 的電壓。 還有加上重置按鈕可以更容易的攢寫程式，Arduino LilyPad 這是一款真正有藝術氣質的產品，很漂亮的造型，當初設計時主要目的就是讓從事服裝設計之類工作的設計師和造型設計師,它可以使用導電線或普通線縫在衣服或布料上, Arduino LilyPad 每個接腳上的小洞大到足夠縫紉針輕鬆穿過。如果用導電線縫紉的話,既可以起到固定的 作用,又可以起到傳導的作用。比起普通的 Arduino 版相比，Arduino LilyPad 相對比較脆弱，比較容易損壞,但它的功能基本都保留了下來, Arduino LilyPad 版子它沒有 USB 介面, 所以 Arduino LilyPad 連接電腦或燒寫程式時同 Arduino mini 一樣需要一個 USB 或 RS232 轉換成 TTL 的轉接腳。

系統規格

- 微控制器：ATmega328V
- 工作電壓：2.7-5.5V
- 輸入電壓：2.7-5.5V
- 數位 I／O 接腳：14（其中 6 提供 PWM 輸出）
- 類比輸入接腳：6
- 每個 I／O 接腳的直流電流：40mA
- 快閃記憶體：16 KB（其中 2 KB 使用引導程序）
- SRAM：1 KB
- EEPROM：512k
- 時鐘速度：8 MHz

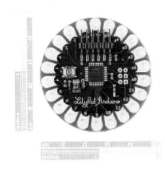

圖 12 Arduino LilyPad 控制器外觀圖

Arduino 硬體- Arduino Esplora 控制器

　　Arduino Esplora 可是為 Arduino 針對 PC 端介面所整合出來的產品。本身以 Leonardo 為主要架構，周邊加上各類型感測器如：聲音、光線、雙軸 PS2 搖桿、按鈕..等，相當適合與 PC 端結合的快速開發。

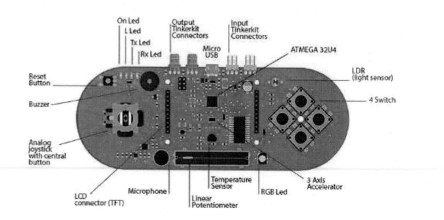

圖 13 Arduino Esplora 控制器

Arduino Esplora 可是為 Arduino 針對 PC 端介面所整合出來的產品，其控制器上包含下列組件：

- 雙軸類比搖桿+按壓開關
- 4 組按鈕開關，以搖桿按鈕的排序呈現
- 線性滑動電阻
- 麥克風聲音感測器
- 光線感測器
- 溫度感測器
- 三軸加速度計
- 蜂鳴器
- RGB LED 燈
- 2 組類比式感測器 輸入擴充腳位
- 2 組數位式輸出擴充腳位
- TFT 顯示螢幕插槽(不含 TFT 螢幕)，可搭配 TFT 螢幕模組使用
- SD 卡擴充插槽(不含 SD 卡相關電路，得透過 TFT 螢幕模組使用)

系統規格

- 核心晶片 - ATmega32U4
- 操作電壓 - 5V
- 輸入電壓 - USB 供電 +5V

- 數位腳位 I/O Pins - 僅存 2 組輸入、2 組輸出可外部擴充
- 類比腳位 - 僅存 2 組輸入可外部擴充
- Flash Memory - 32 KB
- SRAM - 2.5 KB
- EEPROM - 1 KB
- 振盪器頻率 - 16 MHz

圖 14 Arduino Esplora 套件組外觀圖

Arduino 硬體- Appsduino UNO 控制板

Appsduino UNO 控制板是台灣艾思迪諾股份有限公司[7]發展出來的產品，主要是為了簡化 Arduino UNO 與其它常用的周邊、感測器發展出來的產品，本身完全相容於 Arduino UNO 開發版。

系統規格

- 控制器核心：ATmega328
- 控制電壓：5V
- 建議輸入電(recommended)：7-12 V
- 最大輸入電壓 (limits)：6-20 V
- 數位 I/O Pins：14 (of which 6 provide PWM output)
- 類比輸入 Pins：6 組
- DC Current per I/O Pin：40 mA
- DC Current for 3.3V Pin：50 mA
- Flash Memory：32 KB (of which 0.5 KB used by bootloader)
- SRAM：2 KB
- EEPROM：1 KB
- Clock Speed：16 MHz

擴充規格

- Buzzer：連接至 D8(Jumper)，可以產生 melody 及警示告知，出廠時 Jumper 預設短路，若欲使用 D8，請將 Jumper 開路或拔除。
- 電池電量檢測：當 Jumper 短路時，會將 Vin 的 1/2 分壓連接至 A0，因此即可利用 Analog IO A0 監測電池的電壓，所量之電壓值為 1/2 Vin，即真正的電壓值為 A0 讀取的數值/1023 * 5V * 2，因此最高可量測 10V 的電壓 (1023/1023 * 5V * 2)

---

[7] 艾思迪諾股份有限公司,統一編號：54112896,地址：臺中市北屯區平德里北平路三段 66 號 6 樓之 6

 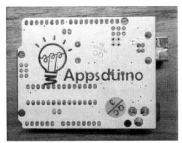

圖 15 Appsduino UNO 控制板

Arduino 硬體- Appsduino Shield V2.0 擴充板

    Appsduino Shield V2.0 擴充板是台灣艾思迪諾股份有限公司發展出來的產品，主要是為了簡化 Arduino UNO 與麵包板、藍芽裝置、LCD1602...等其它常用的周邊發展出來的產品，本身完全相容於 Arduino UNO 開發版。

    Appsduino Shield V2.0 擴充板增加一些常用元件，利用杜邦線連至適當的 IO Pins，便可輕鬆學習許多的實驗，詳述如下：

- 藍牙接腳：將藍牙模組 6 Pin 排針插入接腳(元件面向內，如右圖)，即可與手機或平板通訊，進而連上 Internet，開創網路相關應用

- 綠、紅、藍 Led：綠色(Green) Led 已連接至 D13，可直接使用，紅、藍 Led 可透過 J17 的兩個排針，用杜邦線連至適當的 IO 腳位即可

- 數位溫度計(DS18B20)：將 J19 的 Vdd 接腳連至 5V，DQ 連至適當的 Digital IO 腳位，即可量測環境的溫度(-55 度 C ~ +125 度 C)

- 光敏電阻(CDS)：當光敏電阻受光時，電阻值變小，若用手指遮擋光敏電阻(暗)，電阻值變大，可利用此特性來監測環境受光的變化，將 J10 的 CDS 接腳連至適當的 Analog IO 腳位(A0~A5)，即可量測環境光線的變化

- 可變電阻/VR(10KΩ)：內建 10KΩ 的可變電阻，其三支腳分別對應 VR/VC/VL 腳位，可利用這些腳位並旋轉旋鈕以獲得所需的阻值

- 電源滑動開關：黑色開關(向右 on/向左 off)，可打開或關閉從電源輸入接腳送至 UNO 控制板的電源(VIN)

- Reset 按鍵：紅色按鍵為 Reset Key

- 電源輸入接腳：將紅黑電源線接頭插入此電源母座(紅色為正極/+，黑色為負極/-)

- 測試按鍵(Key)：若將 J14 Jumper B/C 短路，則 Key 1(S3)按鍵自動連至 A1 Pin，無需接線，可將 A1 設定為 Digital I/O 或 利用 Analog I/O (A/D)來偵測 Key 1 按鍵的狀態。Key 2(S4)按鍵則需使用杜邦線將 J14 Jumper A 連至適當的數位或類比腳位

系統規格

- 控制器核心：ATmega328

- 控制電壓：5V

- 建議輸入電(recommended)：7-12 V

- 最大輸入電壓 (limits)：6-20 V

- 數位 I/O Pins：14 (of which 6 provide PWM output)

- 類比輸入 Pins：6 組

- DC Current per I/O Pin：40 mA

- DC Current for 3.3V Pin：50 mA

- Flash Memory：32 KB (of which 0.5 KB used by bootloader)

- SRAM：2 KB

- EEPROM：1 KB

- Clock Speed：16 MHz

擴充規格

- Buzzer：連接至 D8(Jumper)，可以產生 melody 及警示告知，出廠時 Jumper 預設短路，若欲使用 D8，請將 Jumper 開路或拔除。

- 電池電量檢測：當 Jumper 短路時，會將 Vin 的 1/2 分壓連接至 A0，因此即可利用 Analog IO A0 監測電池的電壓，所量之電壓值為 1/2 Vin，即真正的電壓值為 A0 讀取的數值/1023 * 5V * 2，因此最高可量測 10V 的電壓 (1023/1023 * 5V * 2)

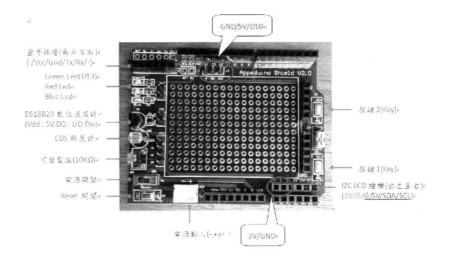

圖 16 Appsduino Shield V2.0 擴充板

86Duino One 開發版

簡介

86Duino One 是一款 x86 架構的開源微電腦開發板，內部採用高性能 32 位元 x86 相容的處理器 Vortex86EX，可以相容並執行 Arduino 的程式。此款 86Duino

是特別針對機器人應用所設計，因此除了提供相容 Arduino Leonardo 的接腳外，也特別提供了機器人常用的週邊介面，例如：可連接 18 個 RC 伺服機的專用接頭、RS485 通訊介面、CAN Bus 通訊介面、六軸慣性感測器等。此外，其內建的特殊電源保護設計，能防止如電源反插等錯誤操作而燒毀電路板，並且與伺服機共用電源時，板上可承載達 10A 的電流。

One 針對機器人應用所提供的豐富且多樣性接腳，大幅降低了使用者因缺少某些接腳而需另尋合適控制板的不便。任何使用 Arduino 及嵌入式系統的機器人設計師，及有興趣的愛好者、自造者，皆可用 One 來打造專屬自己的機器人與自動化設備。

硬體規格

- CPU 處理器：x86 架構 32 位元處理器 Vortex86EX，主要時脈為 300MHz（可用 SysImage 工具軟體超頻至最高 400MHz）
- RAM 記憶體：128MB DDR3 SDRAM
- Flash 記憶體：內建 8MB，出廠已安裝 BIOS 及 86Duino 韌體系統
- 1 個 10M/100Mbps 乙太網路接腳
- 1 個 USB Host 接腳
- 1 個 MicroSD 卡插槽
- 1 個 Mini PCI-E 插槽
- 1 個音效輸出插槽，1 個麥克風輸出插槽（內建 Realtek ALC262 高傳真音效晶片）
- 1 個電源輸入 USB Device 接腳（5V 輸入，Type B micro-USB 母座，同時也是燒錄程式接腳）
- 1 個 6V-24V 外部電源輸入接腳（2P 大電流綠色端子台）
- 45 根數位輸出/輸入接腳（GPIO），含 18 個 RC 伺服機接頭
- 3 個 TTL 序列接腳（UART）
- 1 個 RS485 串列埠
- 4 組 Encoder 接腳
- 7 根 A/D 輸入接腳
- 11 根 PWM 輸出接腳
- 1 個 SPI 接腳
- 1 個 I2C 接腳
- 1 個 CAN Bus 接腳

- 三軸加速度計
- 三軸陀螺儀
- 2 根 5V 電壓輸出接腳，2 根 3.3V 電壓輸出腳
- 長：101.6mm，寬：53.34mm
- 重量：56g

尺寸圖

86Duino One 大小與 Arduino Mega 2560 相同，如下圖所示：

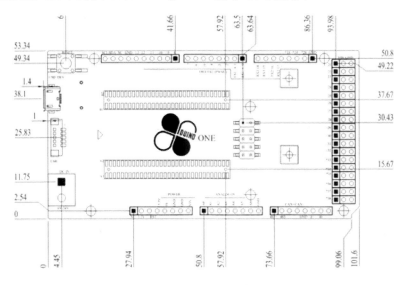

圖 17 86Duino One 尺寸圖

資料來源：86duino 官網(http://www.86duino.com/index.php?p=9879&lang=TW)

由下圖可看出 One 的固定孔位置（紅圈處）亦與 Arduino Mega 2560 相同，並且相容 Arduino Leonardo。

圖 18 三開發板故定孔比較圖

資料來源：86duino 官網(http://www.86duino.com/index.php?p=9879&lang=TW)

86Duino One 腳位圖

86Duino One 的 Pin-Out Diagram 如下圖所示：

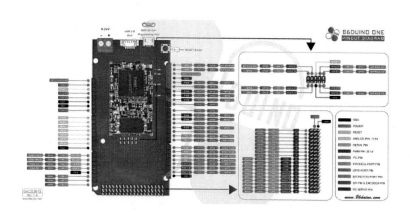

圖 19 86Duino OnePin-Out Diagram

資料來源：86duino 官網(http://www.86duino.com/index.php?p=9879&lang=TW)

透過 Pin-Out Diagram 可以看到 One 在前半段 Arduino 標準接腳處（如下圖
紅框處）與 Arduino Mega 2560 及 Arduino Leonardo 是相容的，但後半段 RC 伺服

機接頭處與 Arduino Mega 2560 不同，因此 One 可以堆疊 Arduino Uno 及 Leo-nardo 使用的短型擴展板（例如 Arduino WiFi Shield），但不能直接堆疊 Arduino Mega 2560 專用的長型擴展板。

圖 20 三開發板腳位比較圖

資料來源：86duino 官網(http://www.86duino.com/index.php?p=9879&lang=TW)

I/O 接腳功能簡介

電源系統

86Duino One 有兩個電源輸入接腳，一個為外部電源輸入接腳，為工業用綠色

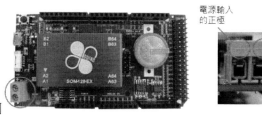

端子台（如下圖

圖 21 紅圈處），其上有標示電源正極與負極兩個接孔，可輸入大電流電源，電壓範圍為 6V ~ 24V。

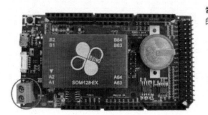

圖 21　86Duino One 電源系統圖

資料來源：86duino 官網(http://www.86duino.com/index.php?p=9879&lang=TW)

另一個電源輸入接腳為燒錄程式用的 micro-USB 接頭（如下圖紅圈處），輸入
電壓必須為 5V。

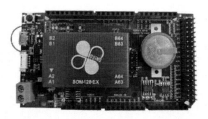

圖 22 86Duino One micro-USB 圖

資料來源：86duino 官網(http://www.86duino.com/index.php?p=9879&lang=TW)

使用者可透過上面任一接腳為 One 供電。當您透過綠色端子台供電時，電源
會被輸入到板上內建的穩壓晶片，產生穩定的 5V 電壓來供應板上所有零件的正
常運作。當您透過 micro-USB 接頭供電時，由 USB 主機輸入的 5V 電壓會直接
以 by-pass 方式被用來為板上零件供電。綠色端子台與 micro-USB 接頭可以同時
有電源輸入，此時 One 會透過內建的自動選擇電路（如下圖）自動選擇穩定的電
壓供應來源。

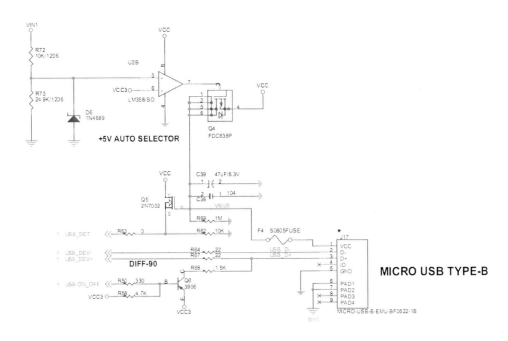

圖 23 86Duino One 自動選擇穩定的電壓供應來源圖

資料來源：86duino 官網(http://www.86duino.com/index.php?p=9879&lang=TW)

經由綠色端子台的電源連接方式

綠色端子台可用來輸入機器人伺服機需要的大電流電源，輸入的電壓會以 by-pass 方式被連接到所有 VIN 接腳上，並且也輸入到穩壓晶片（regulator）中來產生穩定的 5V 電壓輸出。此電源輸入端的電路如下所示：

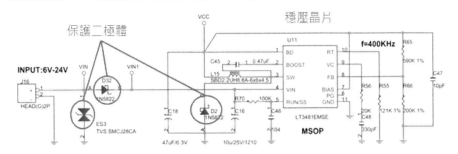

圖 24 86Duino One 綠色端子台的電源連接方式圖

資料來源：86duino 官網(http://www.86duino.com/index.php?p=9879&lang=TW)

由於機器人的電源通常功率較大，操作不慎容易將電路板燒壞，所以我們在電路上加入了較強的TVS二極體保護，可防止電源突波（火花）及電源反插（正負極接反）等狀況破壞板上元件。（注意，電源反插保護有其極限，使用者應避免反插超過 40V 的電壓。）

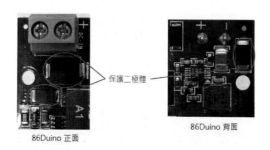

圖 25 86duino 保護二極體圖

資料來源：86duino 官網(http://www.86duino.com/index.php?p=9879&lang=TW)

以電池供電：

通常機器人會使用可輸出大電流的電池作為動力來源，您可直接將電池的正負極導線鎖到綠色端子台來為 One 供電。

圖 26 86Duino One 電池供電圖

資料來源：86duino 官網(http://www.86duino.com/index.php?p=9879&lang=TW)

以電源變壓器供電：

　　若希望使用一般家用電源變壓器為 One 供電，建議可製作一個連接變壓器的轉接頭。這裡我們拿電源接頭為 2.1mm 公頭的變壓器為例，準備一個 2.1mm 的電源母座（如下圖所示），將兩條導線分別焊在電源母座的正極和負極，然後導線另一端鎖在綠色端子台上，再將電源母座與變壓器連接，便可完成變壓器到綠色端子台的轉接。

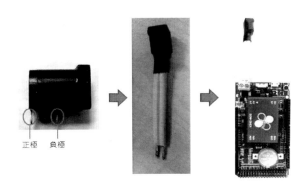

圖 27 86Duino One 電源變壓器供電圖

資料來源：86duino 官網(http://www.86duino.com/index.php?p=9879&lang=TW)

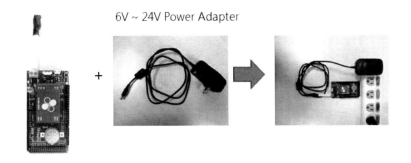

圖 28 86Duino One 電源變壓器供電接腳圖

資料來源：86duino 官網(http://www.86duino.com/index.php?p=9879&lang=TW)

直流電源供應器的連接方式：

使用直流電源供應器為 One 供電相當簡單，直接將電源供應器的正負極輸出，以正接正、負接負的方式鎖到綠色端子台的正負極輸入即可。

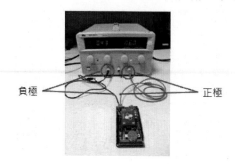

圖 29 86Duino One 直流電源供應器的連接方式圖

資料來源：86duino 官網(http://www.86duino.com/index.php?p=9879&lang=TW)

經由 micro-USB 接頭的電源連接方式

可透過板上 micro-USB 接頭取用 USB 主機孔或 USB 充電器的 5V 電壓為 One 供電。為避免不當操作造成 USB 主機孔損害，此接頭內建了 1 安培保險絲做為保護：

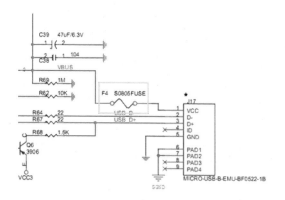

圖 30 86Duino One micro-USB 接頭的電源連接方式圖

資料來源：86duino 官網(http://www.86duino.com/index.php?p=9879&lang=TW)

使用者只要準備一條 micro-USB 轉 Type A USB 的轉接線（例如：智慧型手機的傳輸線；86Duino One 配線包內含此線），便可利用其將 One 連接至 PC 或筆電的 USB 孔來供電，如下所示：

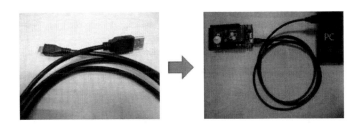

圖 31 86Duino One micro-USB to PC 圖

資料來源：86duino 官網(http://www.86duino.com/index.php?p=9879&lang=TW)

亦可用此線將 One 連接至 USB 充電器來供電：

圖 32 86Duino USB 充電器供電圖

資料來源：86duino 官網(http://www.86duino.com/index.php?p=9879&lang=TW)

請注意，當 86Duino One 沒有外接任何裝置（如 USB 鍵盤滑鼠）時，至少需要 440mA 的電流才能正常運作；一般 PC 或筆電的 USB 2.0 接腳可提供最高 500mA 的電流，足以供應 One 運作，但如果 One 接上外部裝置（包含 USB 裝置及接到 5V 及 3.3V 輸出的實驗電路），由於外部裝置會消耗額外電流，使得整體消耗電流可能超出 500mA，這時用 PC 的 USB 2.0 接腳供電便顯得不適當，可以考慮改由能提供 900mA 的 USB 3.0 接腳或可提供更高電流的 USB 電源供應器（如智慧型手機的充電器）來為 One 供電[8]。

當 86Duino One 的綠色電源端子或 micro-USB 電源接腳輸入正確的電源後，電源指示燈 "ON" 會亮起，如下圖：

圖 33 86Duino 電源指示燈圖

資料來源：86duino 官網(http://www.86duino.com/index.php?p=9879&lang=TW)

電源輸出接腳

86Duino One 板上配置有許多根電壓輸出接腳，可分為三類：3.3V、5V 和 VIN，如下圖所示：

圖 34 86Duino 電源輸出接腳圖

資料來源：86duino 官網(http://www.86duino.com/index.php?p=9879&lang=TW)

---

[8]有些老舊或設計不佳的 PC 及筆電在 USB 接腳上設計不太嚴謹，能提供的電流低於 USB 2.0 規範的 500mA，用這樣的 PC 為 86Duino One 供電可能使其運作不正常（如無法開機或無法燒錄程式），此時應換到另一台電腦再重新嘗試。

3.3V、5V 輸出接腳可做為電子實驗電路的電壓源，其中 3.3V 接腳最高輸出電流為 400mA，5V 接腳最高輸出電流為 1000mA。VIN 輸出和綠色端子台的外部電源輸入是共用的，換句話說，兩者在電路上是連接在一起的；VIN 接腳主要用於供給機器人伺服機等大電流裝置的電源。

請注意，若您的實驗電路需要消耗超過 1A 的大電流（例如直流馬達驅動電路），應該使用 VIN 輸出接腳為其供電，避免使用 5V 和 3.3V 輸出接腳供電。此外，由於 VIN 輸出電壓一般皆高 5V，使用上應避免將 VIN 與其它 I/O 接腳短路，否則將導致 I/O 接腳燒毀。

MicroSD 卡插槽

86Duino One 支援最大 32GB SDHC 的 MicroSD 卡，不支援 SDXC。

請注意，如果您打算在 Micro SD 卡中安裝 Windows 或者 Linux 作業系統，Micro SD 卡本身的存取速度將直接影響作業系統的開機時間與執行速度，建議使用 Class 10 的 Micro SD 卡較為合適。

86Duino One 另外提供了SysImage工具程式，讓您在 Micro SD 卡上建立可開機的 86Duino 韌體系統。

開機順序

One 開機時，BIOS 會到三個地方去尋找可開機磁碟：內建的 Flash 記憶體、MicroSD 卡、USB 隨身碟。搜尋順序是 MicroSD 卡優先，然後是 USB 隨身碟[9]，最後才是 Flash。內建的 Flash 記憶體在出廠時，已經預設安裝了 86Duino 韌體系

---

[9]當您插上具有開機磁區的 MicroSD 卡或 USB 隨身碟，請確保該 MicroSD 卡或 USB 隨身碟上已安裝 86Duino 韌體系統或其它作業系統（例如 Windows 或 Linux），否則 One 將因找不到作業系統而開機失敗。

統，如果使用者在 One 上沒有插上可開機的 MicroSD 卡或 USB 隨身碟，預設就會從 Flash 開機。

Micro SD 卡插入方向

MicroSD 插槽位於 One 背面，請依照下圖方式插入 MicroSD 卡即可：

圖 35 86Duino Micro SD 卡

資料來源：86duino 官網(http://www.86duino.com/index.php?p=9879&lang=TW)

您可能注意到 One 的 MicroSD 插槽位置比 Arduino SD 卡擴展板及一般嵌入式系統開發板的插槽更深入板內，這是刻意的設計，目的是讓 MicroSD 卡插入後完全不突出板邊（如下圖所示）。當 One 用在機器人格鬥賽或其它會進行激烈動作的裝置上，這種設計可避免因為意外撞擊板邊而發生 MicroSD 卡掉落的慘劇。

圖 36 86Duino Micro SD 插槽圖

資料來源：86duino 官網(http://www.86duino.com/index.php?p=9879&lang=TW)

GPIO 接腳（數位輸出/輸入接腳）

86Duino One 提供 45 根 GPIO 接腳，如下圖所示。

在 86Duino Coding 開發環境內，您可以呼叫digitalWrite函式在這些腳位上輸出HIGH或LOW，或呼叫digitalRead函式來讀取腳位上的輸入狀態。

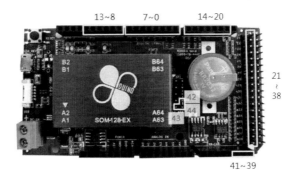

圖 37 86Duino GPIO 接腳圖

資料來源：86duino 官網(http://www.86duino.com/index.php?p=9879&lang=TW)

每根 GPIO 都有輸入和輸出方向，您可以呼叫PinMode函式來設定方向。當 GPIO 設定為輸出方向時，輸出 HIGH 為 3.3V，LOW 為 0V，每根接腳電流輸出最高為 16mA。當 GPIO 為輸入方向時，輸入電壓可為 0 ~ 5V。

如下圖所示，86Duino One 和 Arduino 類似，部分 GPIO 接腳具有另一種功能，例如：在腳位編號前帶有 ~ 符號，代表它可以輸出 PWM 信號；帶有 RX 或 TX 字樣，代表它可以輸出 UART 串列信號；帶有 EA、EB 、EZ 字樣，代表可以輸入 Encoder 信號。我們各取一組腳位來說明不同功能的符號標示：

可輸出 UART 信號　　可輸入 Encoder 信號　　可輸出 PWM 信號

圖 38 86Duino GPIO 接腳功能的符號標示圖

資料來源：86duino 官網(http://www.86duino.com/index.php?p=9879&lang=TW)

RESET

如下圖所示，86Duino One 在板子左上角提供一個 RESET 按鈕，在左下方提供一根 RESET 接腳。

圖 39 86Duino RESET 圖

資料來源：86duino 官網(http://www.86duino.com/index.php?p=9879&lang=TW)

RESET 接腳，內部連接到 CPU 模組上的重置晶片，在 RESET 接腳上製造一個低電壓脈衝可讓 One 重新開機，RESET 接腳電路如下所示：

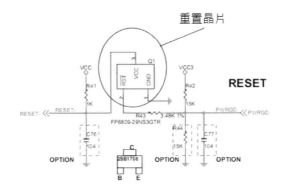

圖 40 86Duino RESET 接腳圖

資料來源：86duino 官網(http://www.86duino.com/index.php?p=9879&lang=TW)

如下圖所示，RESET 按鈕內部與 RESET 接腳相連接，按下 RESET 按鈕同樣可使 One 重新開機：

RESET SWITCH

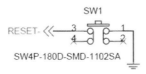

圖 41 86Duino RESET SW 圖

資料來源：86duino 官網(http://www.86duino.com/index.php?p=9879&lang=TW)

A/D 接腳（類比輸入接腳）

如下圖所示，86Duino One 提供 7 通道 A/D 輸入，為 AD0 ~ AD6：

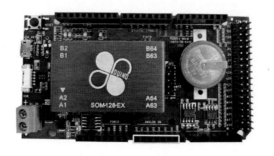

圖 42 86Duino A/D 接腳圖

資料來源：86duino 官網(http://www.86duino.com/index.php?p=9879&lang=TW)

每一個通道都具有最高 11 bits 的解析度，您可以在 86Duino Coding 開發環境下呼叫analogRead函式來讀取任一通道的電壓值。為了與 Arduino 相容，由analogRead 函式讀取的 A/D 值解析度預設是 10 bits，您可以透過analogReadResolution函式將解析度調整至最高 11 bits。

請注意，每一個 A/D 通道能輸入的電壓範圍為 0V ~ 3.3V，使用上應嚴格限制輸入電壓低於 3.3V，若任一 A/D 通道輸入超過 3.3V，將使所有通道讀到的數值同時發生異常，更嚴重者甚至將燒毀 A/D 接腳。此外，應注意 One 的 A/D 接腳不能像 Arduino Leonardo 一樣切換成數位輸出入接腳。

I2C 接腳

如下圖所示，86Duino One 提供一組 I2C 接腳，為 SDA 和 SCL，位置如下：

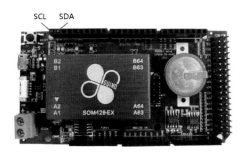

圖 43 86Duino I2C 接腳圖

資料來源：86duino 官網(http://www.86duino.com/index.php?p=9879&lang=TW)

您可以在 86Duino Coding 開發環境裡使用Wire函式庫來操作 I2C 接腳。One 支援 I2C 規範的 standard mode（最高 100Kbps）、fast mode（最高 400Kbps）、high-speed mode（最高 3.3Mbps）三種速度模式與外部設備通訊。根據 I2C 規範，與外部設備連接時，需要在 SCL 和 SDA 腳位加上提升電阻。提升電阻的阻值與 I2C 速度模式有關，One 在內部已經加上 2.2k 歐姆的提升電阻（如圖 44 所示），在 100Kbps 和 400Kbps 的速度模式下不需再額外加提升電阻；在 3.3Mbps 速度模式下，則建議另外再加上 1.8K ~ 2K 歐姆的提升電阻。

圖 44 86Duino I2C 接腳線路圖

資料來源：86duino 官網(http://www.86duino.com/index.php?p=9879&lang=TW)

PWM 輸出

如下圖所示，86Duino One 提供 11 個 PWM 輸出通道（與 GPIO 共用腳位），分別為 3、5、6、9、10、11、13 、29、30、31、32，位置如下圖：

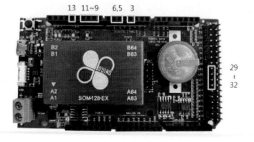

圖 45 86Duino PWM 輸出圖

資料來源：86duino 官網(http://www.86duino.com/index.php?p=9879&lang=TW)

您可以在 86Duino Coding 開發環境裡呼叫analogWrite函式來讓這些接腳輸出 PWM 信號。One 的 PWM 通道允許最高 25MHz 或 32-bit 解析度輸出信號，但為了與 Arduino 相容，預設輸出頻率為 1KHz，預設解析度為 8 bits。

analogWrite函式輸出的 PWM 頻率固定為 1KHz 無法調整，不過，您可呼叫analogWriteResolution函式來提高其輸出的 PWM 信號解析度至 13 bits。若您需要在 PWM 接腳上輸出其它頻率，可改用TimerOne函式庫來輸出 PWM 信號，最高輸出頻率為 1MHz。

TTL 串列埠（UART TTL）

86Duino One 提供 3 組 UART TTL，分別為 TX (1) / RX (0)、TX2 (16) / RX2 (17)、TX3 (14) / RX3 (15)，其通訊速度（鮑率）最高可達 6Mbps。您可以使用Serial1 ~ Serial3函式庫來接收和傳送資料。UART TTL 接腳的位置如下圖所示：

86Duino #	Name
1	TX1
0	RX1
14	TX2
15	RX2
16	TX3
17	RX3

圖 46 86Duino TTL 串列埠圖

資料來源：86duino 官網(http://www.86duino.com/index.php?p=9879&lang=TW)

　　請注意，這三組 UART 信號都屬於 LVTTL 電壓準位（0～3.3V），請勿將 12V 電壓準位的 RS232 接腳信號直接接到這些 UART TTL 接腳，以免將其燒毀。

　　值得一提的是，One 的 UART TTL 皆具有全雙工與半雙工兩種工作模式。當工作於半雙工模式時，可與要求半雙工通訊的機器人 AI 伺服機直接連接，不像 Arduino 與 Raspberry Pi 需額外再加全雙工轉半雙工的介面電路。UART TTL 的半雙工模式可在 86Duino sketch 程式中以 Serial1～Serial3 函式庫提供的begin函式切換。

RS485 串列埠

　　如下圖所示，86Duino One 提供一組 RS485 接腳，與外部設備通訊的速度（鮑率）最高可達 6Mbps。您可以使用Serial485函式庫來接收和傳送資料。其接腳位置如下圖：

RS485+ RS485-

圖 47 86Duino RS485 串列埠圖

資料來源：86duino 官網(http://www.86duino.com/index.php?p=9879&lang=TW)

請注意，RS485 與 UART TTL 不同，採差動信號輸出，因此無法與 UART TTL 互連及通訊。

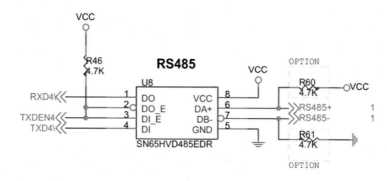

圖 48 86Duino RS485 串列埠線路圖

資料來源：86duino 官網(http://www.86duino.com/index.php?p=9879&lang=TW)

CAN Bus 網路接腳

CAN Bus 是一種工業通訊協定，可以支持高安全等級及有效率的即時控制，常被用於各種車輛與自動化設備上。86Duino One 板上提供了一組 CAN Bus 接腳，位置如下：

CAN Bus+   CAN Bus-

圖 49 86Duino CAN Bus 網路接腳圖

資料來源：86duino 官網(http://www.86duino.com/index.php?p=9879&lang=TW)

您可以在 86Duino Coding 開發環境裡使用CANBus函式庫來操作 One 的 CAN Bus 接腳。

必須一提的是，One 與 Arduino Due 的 CAN Bus 接腳實作並不相同，One 板上已內建TI SN65HVD230的 CAN 收發器來產生 CAN Bus 物理層信號（如下圖），可直接與外部 CAN Bus 裝置相連；Arduino Due 並沒有內建 CAN 收發器，必須在其 CAN Bus 腳位另外加上 CAN 收發器，才能連接 CAN Bus 裝置。

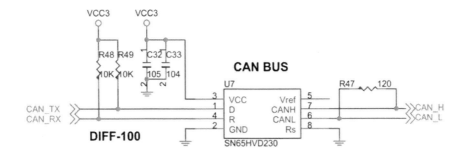

圖 50 86Duino CAN Bus 網路接腳線路圖

資料來源：86duino 官網(http://www.86duino.com/index.php?p=9879&lang=TW)

因為 Arduino Due 缺乏 CAN 收發器，所以 One 的 CAN Bus 接腳不能與

Arduino Due 的 CAN Bus 接腳直接對接，這種接法是無法通訊的。

SPI 接腳

86Duino One 提供一組 SPI 接腳，位置與 Arduino Leonardo 及 Arduino Due 相容，並額外增加了 SPI 通訊協定的 CS 接腳信號，如圖 51 示：

圖 51 86Duino SPI 接腳圖

資料來源：86duino 官網(http://www.86duino.com/index.php?p=9879&lang=TW)

您可以在 86Duino Coding 開發環境裡使用SPI函式庫來操作 SPI 接腳。

LAN 網路接腳

86Duino One 背面提供一個 LAN 接腳，支援 10/100Mbps 傳輸速度，您可以使用Ethernet函式庫來接收和傳送資料。LAN 接腳的位置及腳位定義如圖 52 所示：

圖 52 86DuinoLAN 網路接腳圖

資料來源：86duino 官網(http://www.86duino.com/index.php?p=9879&lang=TW)

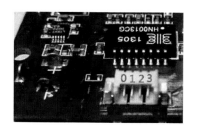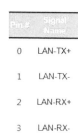

Pin #	Signal Name
0	LAN-TX+
1	LAN-TX-
2	LAN-RX+
3	LAN-RX-

圖 53 86DuinoLAN 網路接腳線路圖

資料來源：86duino 官網(http://www.86duino.com/index.php?p=9879&lang=TW)

　　LAN 接腳是 1.25mm 的 4P 接頭，因此您需要製作一條 RJ45 接頭的轉接線來連接網路線。不將 RJ45 母座焊死在板上，是為了方便機器人設計師將 RJ45 母座安置到機器人身上容易插拔網路線的地方，而不用遷就控制板的安裝位置。

Audio 接腳

　　86Duino One 內建 HD Audio 音效卡，並透過高傳真音效晶片 Realtek ALC262 提供一組雙聲道音效輸出和一組麥克風輸入，內部電路如下圖所示。在 86Duino Coding 開發環境中，您可以使用Audio函式庫來輸出立體音效。

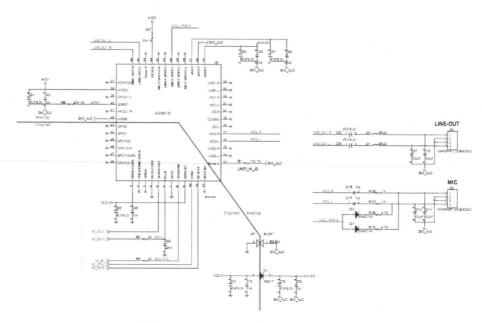

圖 54 86Duino Audio 接腳線路圖

資料來源：86duino 官網(http://www.86duino.com/index.php?p=9879&lang=TW)

Realtek ALC262 音效晶片位於 One 背面，位置如下圖所示：

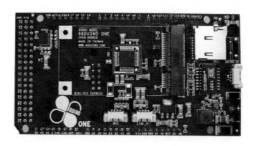

圖 55 ALC262 音效晶片

資料來源：86duino 官網(http://www.86duino.com/index.php?p=9879&lang=TW)

音效輸出和麥克風輸入接腳位於音效晶片下方，為兩個 1.25mm 的 4P 接頭，如下圖所示，左邊為 MIC（麥克風輸入），右邊為 LINE_OUT（音效輸出）：

Pin #	MIC	LINE_OUT
0	MIC2_R	LINE_OUT_R
1	GND	GND
2	GND	GND
3	MIC2_L	LINE_OUT_L

圖 56 86Duino Audio 接腳圖

資料來源:86duino 官網(http://www.86duino.com/index.php?p=9879&lang=TW)

若您希望連接TRS 端子的耳機/擴音器及麥克風,您需要製作 TRS 母座轉接線。不將 TRS 母座焊死在板上,同樣是為了方便機器人設計師將 TRS 母座安置到機器人身上容易插拔擴音器及麥克風的地方,而不用遷就控制板的安裝位置。

USB 2.0 接腳

86Duino One 有一個 USB 2.0 Host 接腳,可外接 USB 裝置(如 USB 鍵盤及滑鼠)。在 86Duino Coding 開發環境下,可使用 USB Host函式庫來存取 USB 鍵盤、滑鼠。當您在 One 上安裝 Windows 或 Linux 作業系統時,USB 接腳亦可接上 USB 無線網卡及 USB 攝影機,來擴充無線網路與視訊影像功能。USB 接腳位置及腳位定義如下:

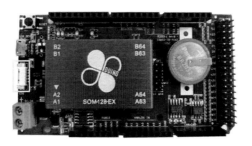

圖 57 86Duino USB 2.0 接腳圖

資料來源:86duino 官網(http://www.86duino.com/index.php?p=9879&lang=TW)

圖 58 86Duino USB 2.0 接腳線路圖

資料來源：86duino 官網(http://www.86duino.com/index.php?p=9879&lang=TW)

USB 接腳是 1.25mm 的 5P 接頭，因此您需要製作一條 USB 接頭母座的轉接線來連接 USB 裝置。不將 USB 母座焊死在板上，同樣是為了方便機器人設計師將 USB 母座安置到機器人身上容易插拔 USB 裝置的地方，而不用遷就控制板的安裝位置。

Encoder 接腳

如下圖所示，86Duino One 提供 4 組 Encoder 接腳，每組接腳有三根接腳，分別標為 A、B、Z：

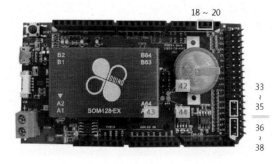

圖 59 86Duino Encoder 接腳圖

資料來源：86duino 官網(http://www.86duino.com/index.php?p=9879&lang=TW)

	Encoder0	Encoder1	Encoder2	Encoder3
A	42	18	33	36
B	43	19	34	37
Z	44	20	35	38

圖 60 86Duino Encoder 接腳線路圖

資料來源:86duino 官網(http://www.86duino.com/index.php?p=9879&lang=TW)

Encoder 接腳可用於讀取光學增量編碼器及 SSI 絕對編碼器信號。在 86Duino Coding 開發環境下,您可以使用Encoder函式庫來讀取這些接腳的數值。每一個 Encoder 接腳可允許的最高輸入信號頻率是 25MHz。

三軸加速度計與三軸陀螺儀

86Duino One 板上內建一顆三軸加速度計與三軸陀螺儀感測晶片LSM330DLC,可用於感測機器人的姿態。您可以在 86Duino Coding 開發環境裡使用FreeIMU1函式庫來讀取它(如下圖所示)。

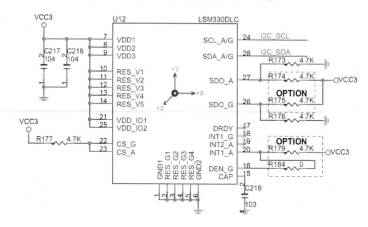

圖 61 86Duino 三軸加速度計與三軸陀螺儀線路圖

資料來源：86duino 官網(http://www.86duino.com/index.php?p=9879&lang=TW)

如下圖所示，感測晶片在板上的位置如下：

圖 62 86Duino 三軸加速度計與三軸陀螺儀圖

資料來源：86duino 官網(http://www.86duino.com/index.php?p=9879&lang=TW)

如下圖所示，標示感測晶片 X-Y-Z 坐標方位在 One 電路板上的對應：

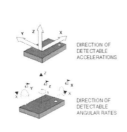

圖 63 86Duino 三軸加速度計與三軸陀螺儀 X-Y-Z 坐標方位圖

資料來源：86duino 官網(http://www.86duino.com/index.php?p=9879&lang=TW)

請注意，這顆感測晶片連接在 One 的 I2C 接腳上，佔用 0x18 及 0x6A 兩個
I2C 位址（此為 7-bit 位址，對應的 8-bit 位址是 0x30 及 0xD4），若您在外部接
上具有相同位址的 I2C 裝置，將可能發生衝突。

Mini PCI-E 接腳

86Duino One 背面提供一個 Mini PCI-E 插槽（如下圖所示紅框處），可用來安
裝 Mini PCI-E 擴充卡，例如：VGA 顯示卡或 WiFi 無線網卡。

圖 64 86Duino Mini PCI-E 接腳圖

資料來源：86duino 官網(http://www.86duino.com/index.php?p=9879&lang=TW)

Mini PCI-E 插槽的電路圖如圖 65 所示：

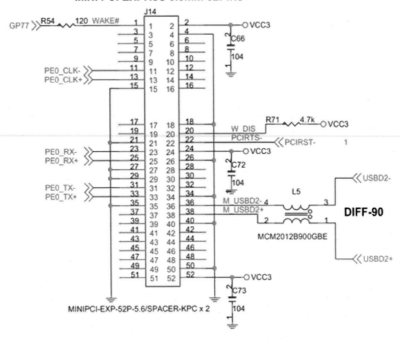

圖 65 86Duino Mini PCI-E 接腳線路圖

資料來源：86duino 官網(http://www.86duino.com/index.php?p=9879&lang=TW)

CMOS 電池

　　大部份 x86 電腦擁有一塊CMOS 記憶體用以保存 BIOS 設定及實時時鐘（RTC）記錄的時間日期。CMOS 記憶體具有斷電後消除記憶的特點，因此 x86 電腦主機板通常會安置一顆外接電池來維持 CMOS 記憶體的存儲內容。

　　86Duino One 做為 x86 架構開發板，同樣具備上述的 CMOS 記憶體及電池，如如下圖所示紅圈處所示：

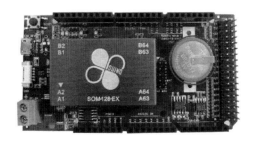

圖 66 86Duino CMOS 電池圖

資料來源：86duino 官網(http://www.86duino.com/index.php?p=9879&lang=TW)

不過，One 的 CMOS 記憶體只用來記錄實時時鐘時間及EEPROM函式庫的 CMOS bank 資料，並不儲存 BIOS 設定；因此，CMOS 電池故障並不影響 One 的 BIOS 正常開機運行，但會造成 EEPROM 函式庫儲存在 CMOS bank 的資料散失，並使 Time86函式庫讀到的實時時鐘時間重置。為確保 EEPROM 及 Time86 函式庫的正常運作，平時請勿隨意短路或移除板上的 CMOS 電池。

86Duino ZERO 開發版

簡介

86Duino Zero 是一款 x86 架構的開源微電腦開發板，內部採用高性能 32 位元 x86 相容的處理器 Vortex86EX，可以相容並執行 Arduino 的程式。Zero 為 86Duino 的入門款，提供與 Arduino UNO 及 Leonardo 一致的輸出入介面，並在板上內建網路、USB 2.0、SD 卡等 Arduino UNO 及 Leonardo 缺少的接腳，讓使用者不需外接擴充板便可使用這些功能。此外，Zero 亦提供數十倍於 Arduino 的執行速度，可滿足更高計算量需求的應用場合。

相容 Arduino 使得 86Duino Zero 的學習門檻低，即便沒有電子電機相關科系背景，只要具備基本電腦操作能力，就能容易學會使用，適合讓使用 Arduino、微電腦及嵌入式系統的初學者、設計師、藝術家、業餘愛好者、任何有興趣的人，打造自己專屬的電子互動藝術裝置。

硬體規格

- CPU 處理器：x86 架構 32 位元處理器 Vortex86EX，主要時脈為 300MHz（可用 SysImage 工具軟體超頻至最高 500MHz）
- RAM 記憶體：128MB DDR3 SDRAM
- Flash 記憶體：內建 8MB，出廠已安裝 BIOS 及 86Duino 韌體系統
- 1 個 10M/100Mbps 乙太網路接腳
- 1 個 USB Host 接腳
- 1 個 MicroSD 卡插槽
- 1 個電源輸入 USB Device 接腳（5V 輸入，Type B micro-USB 母座，同時也是燒錄程式接腳）
- 1 個 7V-12V 外部電源輸入接腳
- 17 根數位輸出/輸入接腳（GPIO）
- 1 個 TTL 序列接腳（UART）
- 1 組 Encoder 接腳
- 6 根 A/D 輸入接腳
- 7 根 PWM 輸出接腳
- 1 個 SPI 接腳
- 1 個 I2C 接腳
- 2 根 5V 電壓輸出接腳，2 根 3.3V 電壓輸出腳
- 長：76.98mm，寬：53.34mm
- 重量：41g

尺寸圖

86Duino Zero 大小基本與 Arduino Leonardo 相同，如下圖所示：

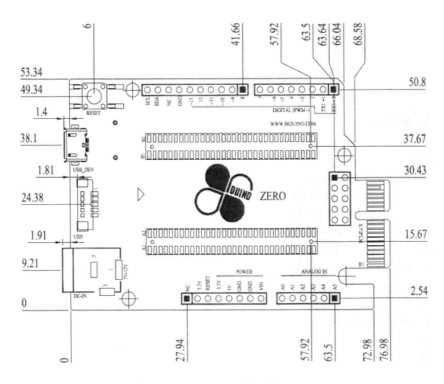

圖 67 86Duino ZERO 尺寸圖

資料來源：86duino 官網(http://www.86duino.com/?p=10040&lang=TW)

此外如下圖所示，亦可看出 Zero 的固定孔位置（如下圖所示紅圈處）亦與 Arduino Leonardo 相同。

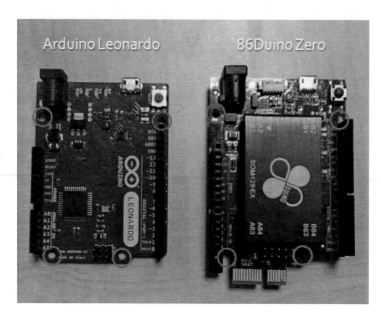

圖 68 二開發板故定孔比較圖

資料來源：86duino 官網(http://www.86duino.com/?p=10040&lang=TW)

86Duino ZERO 腳位圖

如下圖所示，86Duino Zero 的 Pin-Out Diagram 如下：

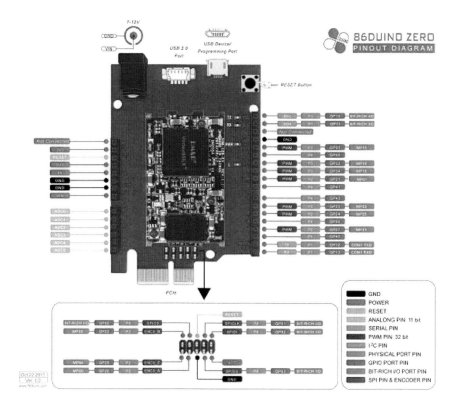

圖 69 86Duino ZERO Pin-Out Diagram

資料來源：86duino 官網(http://www.86duino.com/?p=10040&lang=TW)

過 Pin-Out Diagram 可以看到 Zero 的接腳（如下圖所示紅框處）與 Arduino Leonardo 是相容的，因此 Zero 可以堆疊 Arduino Uno 及 Leonardo 使用的擴展板。

圖 70 二開發板腳位比較圖

資料來源：86duino 官網(http://www.86duino.com/?p=10040&lang=TW)

I/O 接腳功能簡介

電源系統

　　86Duino One 有兩個電源輸入接腳，一個為外部電源輸入接腳，為工業用綠色
端子台（如下圖所示紅圈處），其上有標示電源正極與負極兩個接孔，可輸入大電
流電源，電壓範圍為 6V ~ 24V。

電源插座
(Power Jack)

圖 71　86Duino ZERO 電源系統圖

資料來源：86duino 官網(http://www.86duino.com/?p=10040&lang=TW)

　　另一個電源輸入接腳為燒錄程式用的 micro-USB 接頭（如下圖所示紅圈處），輸入電壓必須為 5V。。

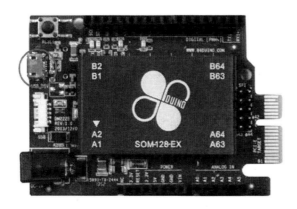

Micro USB 接口正面

圖 72 86Duino ZERO micro-USB 圖

資料來源：86duino 官網(http://www.86duino.com/?p=10040&lang=TW)

　　如下圖所示，使用者可透過上面任一接腳為 Zero 供電。當您透過外部電源供電時，電源會被輸入到板上內建的穩壓晶片，產生穩定的 5V 電壓來供應板上所有零件的正常運作。

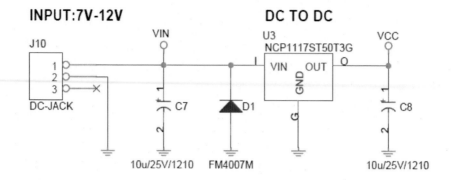

圖 73 86Duino ZERO 供電圖

資料來源：86duino 官網(http://www.86duino.com/index.php?p=9879&lang=TW)

　　當您透過 micro-USB 接頭供電時，由 USB 主機輸入的 5V 電壓會直接以 by-pass 方式被用來為板上零件供電。外部電源接頭與 micro-USB 接頭可以同時有電源輸入，此時 Zero 會透過內建的自動選擇電路（如下圖所示）自動選擇穩定的電壓供應來源。

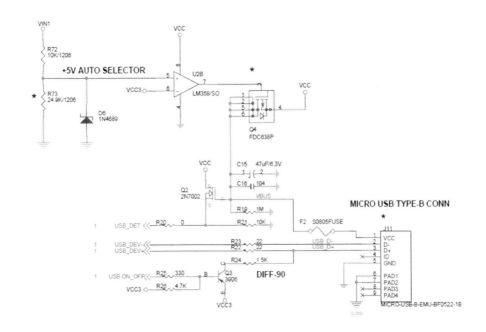

圖 74 86Duino ZERO 自動選擇穩定的電壓供應來源圖

資料來源：86duino 官網(http://www.86duino.com/?p=10040&lang=TW)

經由外部電源插座的電源連接方式

使用黑色電源插座供電時，您需準備一個輸出在 7V～12V 之間的家用電源變壓器，電源接頭為 2.1mm 公頭。將電源變壓器插上黑色電源插座，即完成電源的連接，如下圖所示：

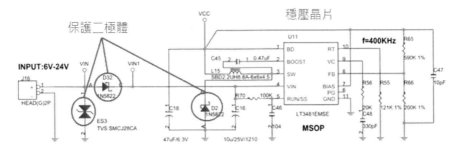

圖 75 86Duino ZERO 綠色端子台的電源連接方式圖

資料來源：86duino 官網(http://www.86duino.com/?p=10040&lang=TW)

由於機器人的電源通常功率較大，操作不慎容易將電路板燒壞，所以我們在電路上加入了較強的TVS二極體保護，可防止電源突波（火花）及電源反插（正負極接反）等狀況破壞板上元件。（注意，電源反插保護有其極限，使用者應避免反插超過 40V 的電壓。）

圖 76 86duino ZERO 電源連接方式

資料來源：86duino 官網(http://www.86duino.com/index.php?p=9879&lang=TW)

建議您應該選擇至少可輸出 0.5A 電流的電源變壓器。

經由 micro-USB 接頭的電源連接方式

可透過板上 micro-USB 接頭取用 USB 主機孔或 USB 充電器的 5V 電壓為 Zero 供電。為避免不當操作造成 USB 主機孔損害，此接頭內建了 1 安培保險絲做為保護：

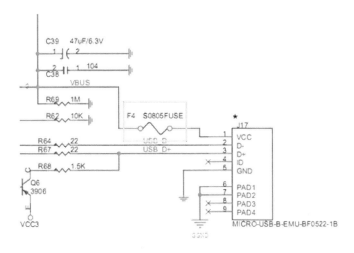

圖 77 86Duino ZERO micro-USB 接頭的電源連接方式圖

資料來源:86duino 官網(http://www.86duino.com/?p=10040&lang=TW)

使用者只要準備一條 micro-USB 轉 Type A USB 的轉接線(例如:智慧型手機的傳輸線;86Duino Zero 配線包內含此線),便可利用其將 Zero 連接至 PC 或筆電的 USB 孔來供電,如下所示:

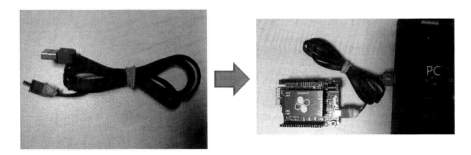

圖 78 86DuinoZERO micro-USB to PC 圖

資料來源:86duino 官網(http://www.86duino.com/?p=10040&lang=TW)

如下圖所示,除了使用電腦的 USB 插座供電外,也可以使用 USB 電源供應器(如智慧型手機充電器)來供電。

圖 79 86Duino ZERO USB 充電器供電圖

資料來源：86duino 官網(http://www.86duino.com/?p=10040&lang=TW)

　　請注意，當 86Duino Zero 沒有外接任何裝置（如 USB 鍵盤滑鼠）時，至少需要 370mA 的電流才能正常運作；一般 PC 或筆電的 USB 2.0 接腳可提供最高 500mA 的電流，足以供應 Zero 運作，但如果 Zero 接上外部裝置（包含 USB 裝置及接到 5V 及 3.3V 輸出的實驗電路），由於外部裝置會消耗額外電流，使得整體消耗電流可能超出 500mA，這時用 PC 的 USB 2.0 接腳供電便顯得不適當，可以考慮改由能提供 900mA 的 USB 3.0 接腳或可提供更高電流的 USB 電源供應器來為 Zero 供電。

　　註：有些老舊或設計不佳的 PC 及筆電在 USB 接腳上設計不太嚴謹，能提供的電流低於 USB 2.0 規範的 500mA，用這樣的 PC 為 86Duino One 供電可能使其運作不正常（如無法開機或無法燒錄程式），此時應換到另一台電腦再重新嘗試。

電源指示燈

　　當 86Duino Zero 正確地連接電源後，電源指示燈 "ON" 會亮起，如下圖所示：

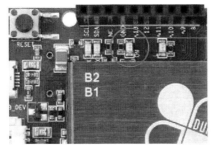
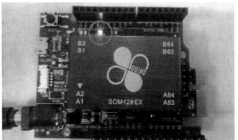

未連接　　　　　　　　　　　　　　連接後

圖 80 86duino 電源指示燈

資料來源：86duino 官網(http://www.86duino.com/?p=10040&lang=TW)

電源輸出接腳

86Duino Zero 板上配置有許多根電壓輸出接腳，可分為三類：3.3V、5V 和 VIN，如下圖所示：

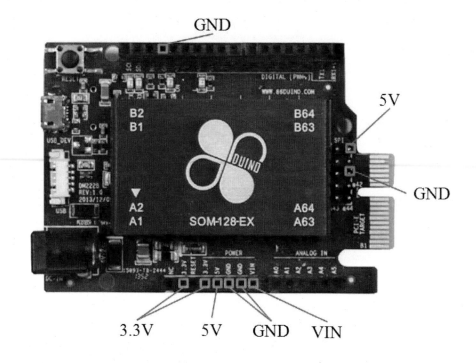

圖 81 86Duino ZERO 電源輸出接腳圖

資料來源：86duino 官網(http://www.86duino.com/?p=10040&lang=TW)

3.3V、5V 輸出接腳可做為電子實驗電路的電壓源，其中 3.3V 接腳最高輸出電流為 400mA，5V 接腳最高輸出電流為 600mA。VIN 輸出和黑色電源插座的外部電源輸入是共用的，換句話說，兩者在電路上是連接在一起的；VIN 接腳主要用於供給外部裝置較高電壓或較大電流的電源。

請注意，若您的實驗電路需要消耗超過 600mA 的較大電流（例如直流馬達驅動電路），應該使用 VIN 輸出接腳為其供電，避免使用 5V 和 3.3V 輸出接腳供電。此外，由於 VIN 輸出電壓高於 5V，使用上應避免將 VIN 與其它 I/O 接腳短路，否則將導致 I/O 接腳燒毀。

MicroSD 卡插槽

6Duino Zero 支援最大 32GB SDHC 的 Micro SD 卡，不支援 SDXC。

請注意，如果您打算在 Micro SD 卡中安裝 Windows 或者 Linux 作業系統，Micro SD 卡本身的存取速度將直接影響作業系統的開機時間與執行速度，建議使用 Class 10 的 Micro SD 卡較為合適。

我們另外提供了 SysImage 工具程式，讓您在 Micro SD 卡上建立可開機的 86Duino 韌體系統。讓 86Duino 韌體系統在 Micro SD 卡上執行，可帶來一些好處，請參考更進一步的說明。

開機順序

Zero 開機時，BIOS 會到三個地方去尋找可開機磁碟：內建的 Flash 記憶體、Micro SD 卡、USB 隨身碟。搜尋順序是 Micro SD 卡優先，然後是 USB 隨身碟，最後才是 Flash。內建的 Flash 記憶體在出廠時，已經預設安裝了 86Duino 韌體系統，如果使用者在 Zero 上沒有插上可開機的 SD 卡或 USB 隨身碟，預設就會從 Flash 開機。

註：請注意，當您插上具有開機磁區的 Micro SD 卡或 USB 隨身碟，請確保該 Micro SD 卡或 USB 隨身碟上已安裝 86Duino 韌體系統或其它作業系統（例如 Windows 或 Linux），否則 Zero 將因找不到作業系統而開機失敗。

Micro SD 卡插入方向

Micro SD 插槽位於 Zero 背面，請按下面圖片方式插入 Micro SD 卡即可：

圖 82 86Duino ZERO Micro SD 卡

資料來源：86duino 官網(http://www.86duino.com/?p=10040&lang=TW)

　　您可能注意到 Zero 的 MicroSD 插槽位置比 Arduino SD 卡擴展板及一般嵌入式系統開發板的插槽更深入板內，這是刻意的設計，目的是讓 MicroSD 卡插入後完全不突出板邊（如下圖所示）。當 Zero 用在會進行激烈動作的裝置上（例如：相撲機器人），這種設計可避免因為意外撞擊板邊而發生 MicroSD 卡掉落的慘劇。

圖 83 86Duino ZERO Micro SD 插槽圖

資料來源：86duino 官網(http://www.86duino.com/?p=10040&lang=TW)

GPIO 接腳（數位輸出/輸入接腳）

如下圖所示，86Duino Zero 提供 17 根 GPIO 接腳，如下圖所示。在 86Duino Coding 開發環境內，您可以呼叫 digitalWrite 函式在這些腳位上輸出 HIGH 或 LOW，或呼叫 digitalRead 函式來讀取腳位上的輸入狀態。

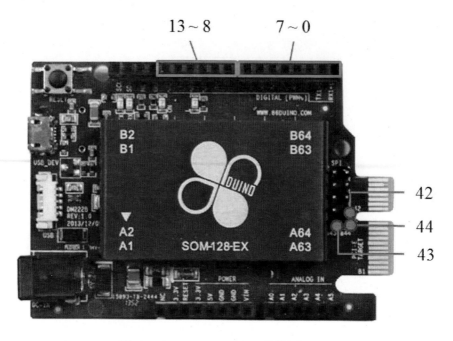

圖 84 86Duino ZERO GPIO 接腳圖

資料來源：86duino 官網(http://www.86duino.com/?p=10040&lang=TW)

　　每根 GPIO 都有輸入和輸出方向，您可以呼叫pinMode函式來設定方向。當 GPIO 設定為輸出方向時，輸出 HIGH 為 3.3V，LOW 為 0V，每根接腳電流輸出最高為 16mA。當 GPIO 為輸入方向時，輸入電壓可為 0～5V。

　　86Duino Zero 和 Arduino 類似，部分 GPIO 接腳具有另一種功能，例如：在腳位編號前帶有 ～ 符號，代表它可以輸出 PWM 信號；帶有 RX 或 TX 字樣，代表它可以輸出 UART 串列信號；帶有 EA、EB 、EZ 字樣，代表可以輸入 Encoder 信號。我們各取一組腳位來說明不同功能的符號標示，如下圖所示：

可輸出UART 訊號

可輸入Encoder 訊號

可輸出PWM訊號

圖 85 86Duino ZERO GPIO 接腳功能的符號標示圖

資料來源：86duino 官網(http://www.86duino.com/?p=10040&lang=TW)

LED 指示燈

LED 是開發中最常用的狀態指示設備，在 86Duino Zero 板上共有四個指示燈：(1) 電源指示燈（POWER LED），在板上標記為 ON，插上電源時會亮起（綠燈）；(2) TX LED 燈，當 Zero 透過 USB Device 送出資料給 PC 時，此指示燈會閃爍；(3) RX LED 燈，當 Zero 透過 USB Device 從 PC 接收資料時，此指示燈會閃爍；(4) 板上標記為 L 的 LED 燈，可透過 Pin 13 （標記為 13 的 GPIO 接腳）控制其亮滅

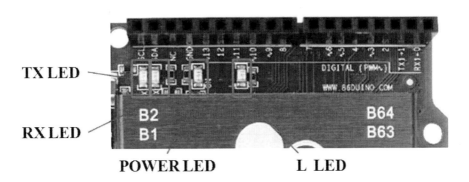

圖 86 86duino ZERO LED 指示燈

資料來源：86duino 官網(http://www.86duino.com/?p=10040&lang=TW)

Pin 13 與 L 指示燈的連接電路如下圖所示。當 Pin 13 輸出 HIGH 時，L 指示燈會亮起（橘燈）；輸出 LOW 時，L 指示燈會熄滅。

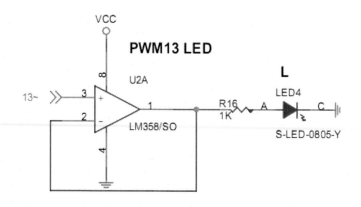

圖 87 86duino ZERO LED 指示燈線路圖

資料來源：86duino 官網(http://www.86duino.com/?p=10040&lang=TW)

RESET

86Duino Zero 在板子左上角提供一個 RESET 按鈕，在左下方提供一根 RESET 接腳，如下圖所示。

RESET 按鈕

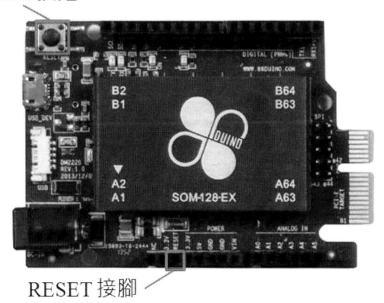

RESET 接腳

圖 88 86Duino ZERO RESET 圖

資料來源：86duino 官網(http://www.86duino.com/?p=10040&lang=TW)

　　RESET 接腳，內部連接到 CPU 模組上的重置晶片，在 RESET 接腳上製造一個低電壓脈衝可讓 Zero 重新開機，RESET 接腳電路如下所示：

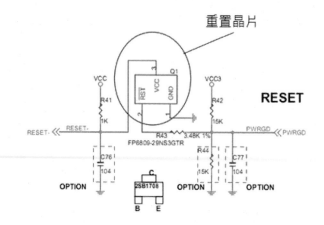

圖 89 86Duino ZERO RESET 接腳圖

資料來源：86duino 官網(http://www.86duino.com/?p=10040&lang=TW)

RESET 按鈕內部與 RESET 接腳相連接，按下 RESET 按鈕同樣可使 Zero 重新開機：

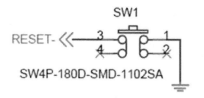

圖 90 86DuinoZERO RESET SW 圖

資料來源：86duino 官網(http://www.86duino.com/?p=10040&lang=TW)

A/D 接腳（類比輸入接腳）

如下圖所示 86Duino Zero 提供 6 個類比輸入，為 AD0～AD5，位置如下：

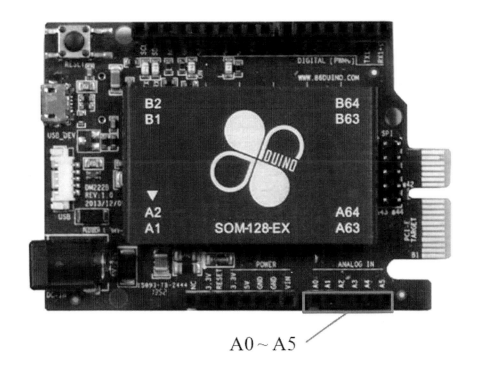

A0 ~ A5

圖 91 86Duino ZERO A/D 接腳圖

資料來源：86duino 官網(http://www.86duino.com/?p=10040&lang=TW)

每一個通道都具有最高 11 bits 的解析度，您可以在 86Duino Coding 開發環境下呼叫 analogRead 函式來讀取任一通道的電壓值。為了與 Arduino 相容，由 analogRead 函式讀取的 A/D 值解析度預設是 10 bits，您可以透過 analogReadResolution 函式將解析度調整至最高 11 bits。

請注意，每一個 A/D 通道能輸入的電壓範圍為 0V ~ 3.3V，使用上應嚴格限制輸入電壓低於 3.3V，若任一 A/D 通道輸入超過 3.3V，將使所有通道讀到的數值同時發生異常，更嚴重者甚至將燒毀 A/D 接腳。此外，應注意 Zero 的 A/D 接腳不能像 Arduino Leonardo 一樣切換成數位輸出入接腳。

接線範例

這個範例中，我們使用 86Duino Zero 偵測 AAA 電池電壓。將電池正極接到
AD0 ~ AD5 其中一個，電池負極接到 GND，即可呼叫 analogRead 函式讀取電池
電壓。接線如下所示：

圖 92 86Duino ZERO A/D 接腳範例圖

資料來源：86duino 官網(http://www.86duino.com/?p=10040&lang=TW)

I2C 接腳

如下圖所示，86Duino Zero 提供一組 I2C，為 SDA 和 SCL。配置如下圖：

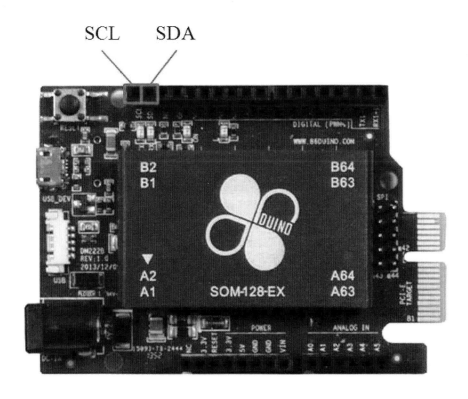

圖 93 86Duino ZERO I2C 接腳圖

資料來源：86duino 官網(http://www.86duino.com/?p=10040&lang=TW)

您可以在 86Duino Coding 開發環境裡使用 Wire 函式庫來操作 I2C 接腳。Zero 支援 I2C 規範的 standard mode（最高 100Kbps）、fast mode（最高 400Kbps）、high-speed mode（最高 3.3Mbps）三種速度模式與外部設備通訊。根據 I2C 規範，與外部設備連接時，需要在 SCL 和 SDA 腳位加上提升電阻（參考 Wiki 百科上的說明）。提升電阻的阻值與 I2C 速度模式有關，對於 Zero，在 100Kbps 和 400Kbps 的速度模式下，我們建議加上 4.7k 歐姆的提升電阻；在 3.3Mbps 速度模式下，建議加上 1K 歐姆的提升電阻。

PIN#	Name
1	5V
2	GND
3	SCL
4	SDA
5	Reserved
6	Reserved

圖 94 86Duino ZERO I2C 接腳腳位配置例圖

資料來源：86duino 官網(http://www.86duino.com/?p=10040&lang=TW)

　　因 RM-G146 已在 I2C 通道上內建提升電阻，我們不需額外加上提升電阻，只需將 Zero 的 5V 輸出接腳接到 RM-G146 的 5V 輸入，GND 互相對接，I2C 通道也互相對接，便可正確使 Zero 與 RM-G146 透過 I2C 互相通訊。接線如下圖所示：

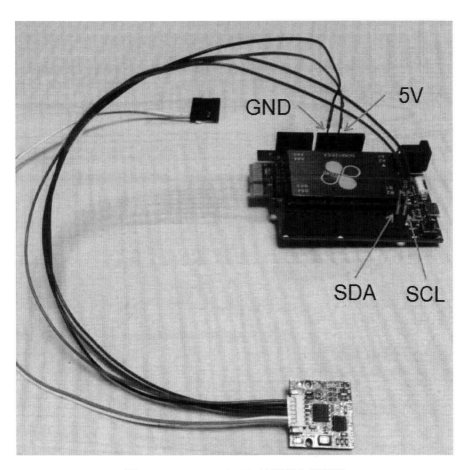

圖 95 86Duino ZERO I2C 接腳腳位範例圖

資料來源：86duino 官網(http://www.86duino.com/?p=10040&lang=TW)

PWM 輸出

　　如下圖所示，86Duino Zero 提供 7 個 PWM 輸出通道（與 GPIO 共用腳位），分別為 3、5、6、9、10、11、13 ，位置如下：

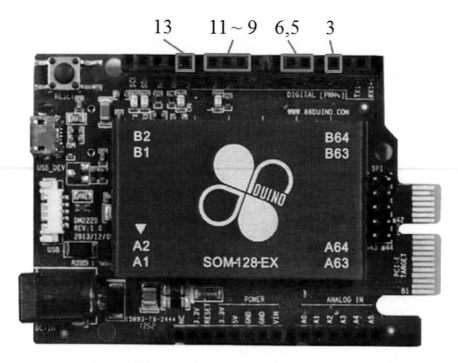

圖 96 86Duino ZERO PWM 輸出圖

資料來源：86duino 官網(http://www.86duino.com/?p=10040&lang=TW)

您可以在 86Duino Coding 開發環境裡呼叫 analogWrite 函式來讓這些接腳輸出 PWM 信號。Zero 的 PWM 通道允許最高 25MHz 或 32-bit 解析度輸出信號，但為了與 Arduino 相容，預設輸出頻率為 1KHz，預設解析度為 8 bits。

analogWrite 函式輸出的 PWM 頻率固定為 1KHz 無法調整，不過，您可呼叫 analogWriteResolution 函式來提高其輸出的 PWM 信號解析度至 13 bits。若您需要在 PWM 接腳上輸出其它頻率，可改用 TimerOne 函式庫來輸出 PWM 信號，最高輸出頻率為 1MHz。

TTL 串列埠（UART TTL）

如下圖所示，86Duino Zero 提供 1 組 UART TTL，為 TX1 (1) / RX1 (0)，其通訊速度（鮑率）最高可達 6Mbps。您可以使用 Serial1 函式庫來接收和傳送資料。UART TTL 接腳的位置如下：

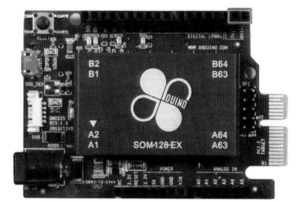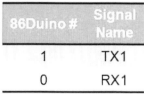

86Duino #	Signal Name
1	TX1
0	RX1

圖 97 86Duino ZERO TTL 串列埠圖

資料來源：86duino 官網(http://www.86duino.com/?p=10040&lang=TW)

請注意，此組 UART 信號屬於 LVTTL 電壓準位（0~3.3V），請勿將 12V 電壓準位的 RS232 接腳信號直接接到此 UART TTL 接腳，以免將其燒毀。

值得一提的是，Zero 的 UART TTL 具有全雙工與半雙工兩種工作模式。當工作於半雙工模式時，可與要求半雙工通訊的機器人專用 AI 伺服機直接連接，不像 Arduino 與 Raspberry Pi 需額外再加全雙工轉半雙工的介面電路。UART TTL 的半雙工模式可在 86Duino sketch 程式中以 Serial1 函式庫提供的 begin 函式切換。

接線範例

本範例示範如何連接 Zero 與 Robotis 公司出品的 Dymanixel AX-12+ 機器人
伺服機。下圖為 AX-12+ 外觀及其腳位標示：

Pin #	Name
0	DATA
1	VIN
2	GND

圖 98　Dymanixel AX-12+ 機器人伺服機

資料來源：86duino 官網(http://www.86duino.com/?p=10040&lang=TW)

AX-12+ 採用半雙工 UART TTL 對外通訊，因此 Zero 的 UART 應以半雙工
模式與之相連。在半雙工模式下，UART 的 TX 接腳用來接收與傳送串列資料，
RX 則保留不使用，因此這裡我們直接將 AX-12+ 的 DATA 接腳與 Zero 的 Pin 1
(TX1) 對接，VIN 對接，GND 也對接，如下圖所示：

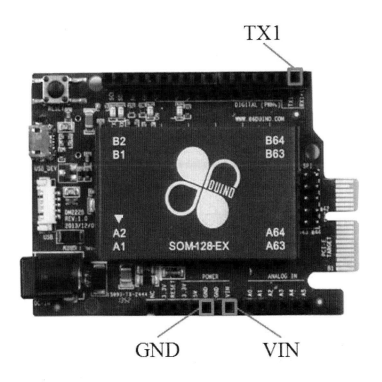

圖 99 86Duino ZERO TX 接腳圖

資料來源：86duino 官網(http://www.86duino.com/?p=10040&lang=TW)

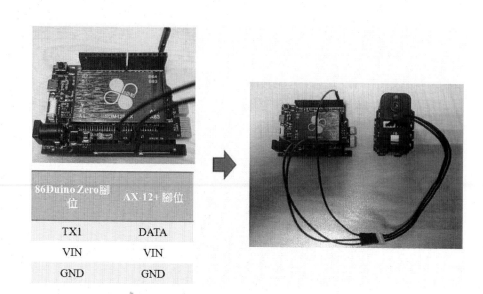

86Duino Zero腳位	AX-12+ 腳位
TX1	DATA
VIN	VIN
GND	GND

圖 100 86Duino ZERO TX 接腳範例圖

資料來源：86duino 官網(http://www.86duino.com/?p=10040&lang=TW)

連接完畢後，便可在 86Duino sketch 程式中使用 Serial1 與 AX-12+ 通訊。注意，Zero 與 AX-12+ 的鮑率需設定為相同，通訊才會正常；另外，VIN 需提供伺服機正確工作電壓（7V～10V），AX-12+ 才會轉動。

SPI 接腳

如下圖所示，86Duino Zero 提供一組 SPI 接腳，位置與 Arduino Leonardo 相容，並額外增加了 SPI 通訊協定的 CS 接腳信號，如下：

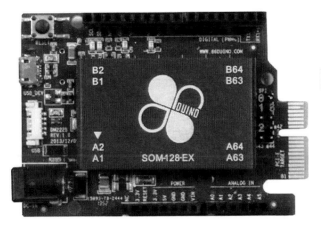

Pin #	Signal Name
0	SPI_DI
1	SPI_CLK
2	SPI_CS
3	SPI_DO

圖 101 86Duino SPI 接腳圖

資料來源：86duino 官網(http://www.86duino.com/?p=10040&lang=TW)

您可以在 86Duino Coding 開發環境裡使用 SPI 函式庫來操作 SPI 接腳。

LAN 網路接腳

86Duino Zero 背面提供一個 LAN 接腳，支援 10/100Mbps 傳輸速度，您可以使用 Ethernet 函式庫來接收和傳送資料。LAN 接腳的位置及腳位定義如下圖所示：

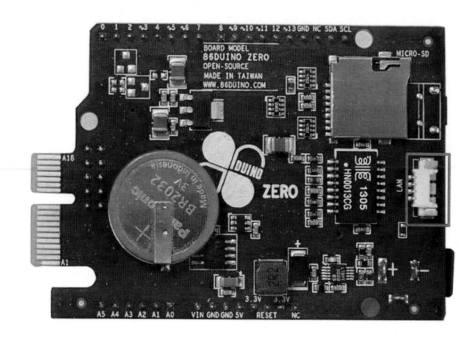

圖 102 86Duino ZERO LAN 網路接腳圖

資料來源：86duino 官網(http://www.86duino.com/?p=10040&lang=TW)

Pin #	Signal Name	Pin #	Signal Name
1	LAN-TX+	2	LAN-TX-
3	LAN-RX+	4	LAN-RX-

圖 103 86Duino ZERO LAN 網路接腳線路圖

資料來源：86duino 官網(http://www.86duino.com/?p=10040&lang=TW)

　　LAN 接腳是 1.25mm 的 4P 接頭，因此您需要製作一條 RJ45 接頭的轉接線（86Duino Zero 配線包內含此線）來連接網路線。不將 RJ45 母座焊死在板上，是為了方便互動裝置設計師將 RJ45 母座安置到其它容易插拔網路線的地方，而不用遷就控制板本身的安裝位置。

接線範例

下圖以 86Duino Zero 配線包內附的轉接線為例,示範網路線的連接:

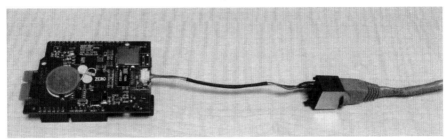

圖 104 86Duino ZERO LAN 網路接腳範例圖

資料來源:86duino 官網(http://www.86duino.com/?p=10040&lang=TW)

USB 2.0 接腳

86Duino Zero 有一個 USB 2.0 Host 接腳,可外接 USB 裝置(如 USB 鍵盤及滑鼠)。在 86Duino Coding 開發環境下,可使用 USB Host 函式庫來存取 USB 鍵盤、滑鼠。當您在 Zero 上安裝 Windows 或 Linux 作業系統時,USB 接腳亦可接上 USB 無線網卡及 USB 攝影機,來擴充無線網路與視訊影像功能。USB 接腳位置及腳位定義如下：

圖 105 86Duino ZERO USB 2.0 接腳圖

資料來源：86duino 官網(http://www.86duino.com/?p=10040&lang=TW)

Pin #	USB 2.0
1	VCC
2	USBD1-
3	USBD1+
4	GND
5	GGND

圖 106 86Duino ZERO USB 2.0 接腳線路圖

資料來源：86duino 官網(http://www.86duino.com/?p=10040&lang=TW)

USB 接腳是 1.25mm 的 5P 接頭，因此您需要製作一條 USB 接頭母座的轉

接線（86Duino Zero 配線包內含一條 USB Type A 母座轉接線）來連接 USB 裝

置。不將 USB 母座焊死在板上，同樣是為了方便互動裝置設計師將 USB 母座安

置到其它容易插拔 USB 裝置的地方，而不用遷就控制板本身的安裝位置。

USB 接線範例

下圖以 86Duino Zero 配線包內附的轉接線為例，示範連接 USB 滑鼠：

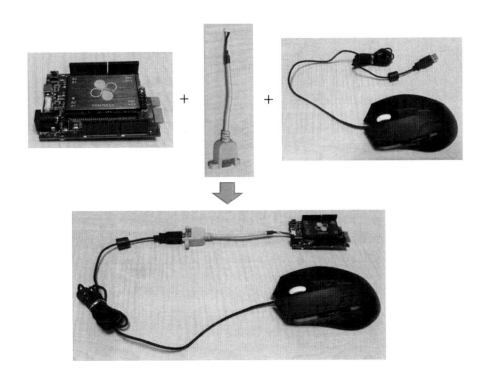

圖 107 86Duino ZERO USB 2.0 接腳範例圖

資料來源：86duino 官網(http://www.86duino.com/?p=10040&lang=TW)

若您需要連接兩個以上的 USB 裝置，可以使用 USB Hub 擴充更多 USB 插

槽，下圖示範利用 USB Hub 同時連接 USB 鍵盤及滑鼠：

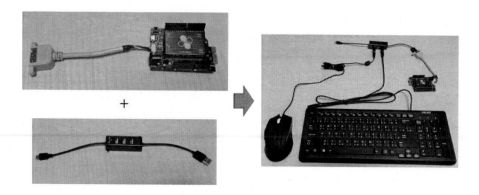

圖 108 86Duino ZERO 多 USB 接腳範例圖

資料來源：86duino 官網(http://www.86duino.com/?p=10040&lang=TW)

Encoder 接腳

86Duino Zero 提供 1 組 Encoder 接腳，具有三根接腳，分別標為 A、B、Z ，
如下所示：

Pin #	Signal Name
42	A
43	B
44	Z

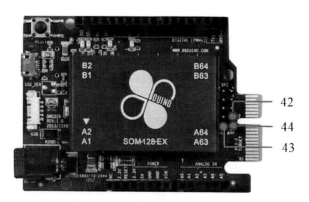

圖 109 86Duino ZERO Encoder 接腳圖

資料來源：86duino 官網(http://www.86duino.com/?p=10040&lang=TW)

Encoder 接腳可用於讀取光學增量編碼器及 SSI 絕對編碼器信號，在 86Duino Coding 開發環境下，您可以使用 Encoder 函式庫來讀取其數值。Encoder 接腳可允許的最高輸入信號頻率是 25MHz。

Encoder 接線範例

我們以 AM4096 旋轉編碼器 IC 為例，示範如何將它和 86Duino Zero 的 Encoder 接腳連接起來。下圖顯示 AM4096 的腳位配置：

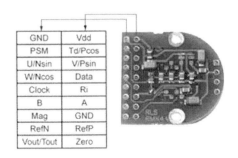

圖表 110　AM4096 旋轉編碼器 IC

資料來源：86duino 官網(http://www.86duino.com/?p=10040&lang=TW)

上圖的輸出接腳中，有一組為增量編碼器信號輸出，即 A/B Phase，接腳標示為 A、B 、Ri。我們只要將 AM4096 的 A、B 、Ri 個別連接到 42、43、44，然後再將 AM4096 的電源 Vdd 接到 3.3V，AM4096 的 GND 接到 Zero 的 GND，如此便可正確使 Zero 與 AM4096 透過 Encoder 接腳互相通訊。連接圖如下所示：

圖 111 86Duino ZERO Encoder 接腳範例圖

資料來源：86duino 官網(http://www.86duino.com/?p=10040&lang=TW)

CMOS 電池

　　大部份 x86 電腦擁有一塊 CMOS 記憶體用以保存 BIOS 設定及實時時鐘（RTC）記錄的時間日期。CMOS 記憶體具有斷電後消除記憶的特點，因此 x86 電腦主機板通常會安置一顆外接電池來維持 CMOS 記憶體的存儲內容。

　　如下圖所示，86Duino Zero 做為 x86 架構開發板，同樣具備上述的 CMOS 記憶體及電池，如下圖所示紅圈處所示：

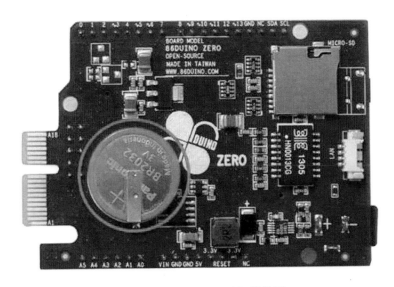

圖 112 86Duino ZERO CMOS 電池圖

資料來源：86duino 官網(http://www.86duino.com/?p=10040&lang=TW)

不過，Zero 的 CMOS 記憶體只用來記錄實時時鐘時間及 EEPROM 函式庫的 CMOS bank 資料，並不儲存 BIOS 設定；因此，CMOS 電池故障並不影響 Zero 的 BIOS 正常開機運行，但會造成 EEPROM 函式庫儲存在 CMOS bank 的資料散失，並使 Time86 函式庫讀到的實時時鐘時間重置。為確保 EEPROM 及 Time86 函式庫的正常運作，平時請勿隨意短路或移除板上的 CMOS 電池。

PCI-E Target 接腳

您可能會注意到 86Duino Zero 板末突出一段像是 PCI-E 介面卡的金手指接頭，如下圖紅框處。這個 PCI-E 金手指平常只是裝飾和造型（無誤），據說 Zero 的設計者認為加上這一段小尾巴讓板子看起來比較可愛……

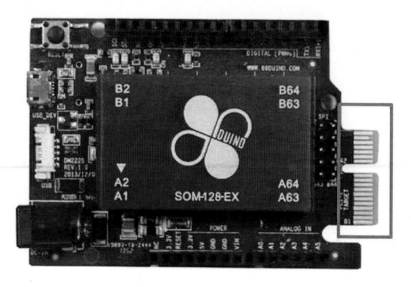

圖 113 PCI-E Target 接腳圖

資料來源：86duino 官網(http://www.86duino.com/?p=10040&lang=TW)

　　這個接頭事實上是設計給進階黑客（hackers）玩的，要啟動它的功能，必須對 Zero 進行 hardware hacking 才行 —— 這要求對 Vortex86EX 有充份的認識，以及對 PCI-E 介面有深入的瞭解。可以說，啟動 PCI-E 金手指功能，是 Zero 設計者留給 86Duino 愛好者的一個自我成長挑戰。

　　由於 PCI-E 金手指平常並無作用，除非您能成功啟動其功能，否則請勿隨意將 Zero 插到一般電腦主機板的 PCI-E 插槽上：

圖 114 勿隨意將 Zero 插到一般電腦主機板的 PCI-E 警示圖

資料來源：86duino 官網(http://www.86duino.com/?p=10040&lang=TW)

　　如下圖所示，有興趣的讀者，可以參考下圖，了解 86Duino Zero 腳位名稱與 Vortex86EX GPIO Ports 的對應關係。

86Duino #	GPIO Port #	GPIO Pin #
0	1	3
1	1	2
2	4	7
3	2	7
4	4	5
5	2	4
6	2	3
7	4	3
8	4	1
9	2	1
10	3	4
11	3	3
12	4	0
13	3	1
42	2	0
43	2	2
44	2	5

圖 115 86Duino Zero 腳位名稱與 Vortex86EX GPIO Ports 的對應關係圖

資料來源：86duino 官網(http://www.86duino.com/?p=10040&lang=TW)

86Duino Zero 配線包內含如下圖所示線材，由左至右分別為 micro-USB 電源線（程式燒錄線）、USB Host 接腳線、RJ45 乙太網路接腳線。

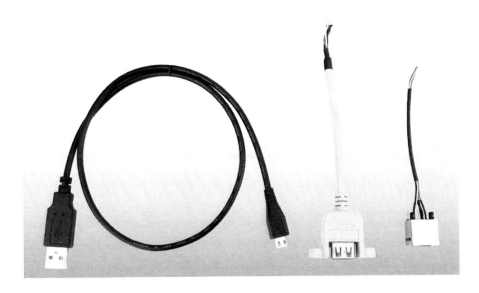

圖 116 86Duino Zero 配線包內容圖

資料來源：86duino 官網(http://www.86duino.com/?p=10040&lang=TW)

86Duino EduCake 開發版

簡介

　　86Duino EduCake 是一款 x86 架構的開源微電腦學習機，內部採用高性能 32 位 x86 相容的處理器 Vortex86EX，可以相容並執行 Arduino 的程式，特點是內建麵包板，使用者不需經由焊接過程，即可快速將許多電子元件、感測器及週邊配件加以連接或置換並進行電子實驗。其內建的特殊電路保護設計，能防止錯誤操作而導致燒毀 I/O 接腳。除此之外，EduCake 外殼是由堅固的金屬和麵包板組合而成，重要的電子零件皆被包覆其內，周圍留下常用的 I/O 接腳，使得 EduCake 不容易受到外力破壞，適合讓使用 Arduino 、微電腦及嵌入式系統的初學者、設計師、業餘愛好者、任何有興趣的人，打造自己專屬的電子互動裝置。

硬體規格

- CPU 處理器：x86 架構 32 位元處理器 Vortex86EX，主要時脈為 300MHz（可用 SysImage 工具軟體超頻至最高 500MHz）
- RAM 記憶體：128MB DDR3 SDRAM
- Flash 記憶體：內建 8MB，出廠已安裝 BIOS 及 86Duino 韌體系統
- 1 個 10M/100Mbps 乙太網路 RJ-45 接腳
- 2 個 USB Host 接腳（Type A USB 母座）
- 1 個 SD 卡接腳
- 1 個音效輸出接腳，1 個麥克風輸入接腳（內建 Realtek ALC262 高傳真音效晶片）
- 1 個標準 RS232 串列埠
- 1 個電源輸入接腳（ 5V 輸入，Type B micro-USB 母座，同時也是燒錄程式接腳），具有 1 個電源開關和 1 個電源指示燈
- 26 根數位輸出/輸入接腳（GPIO）
- 3 個 TTL 序列接腳（UART）
- 2 個 Encoder 接腳
- 6 根 A/D 輸入接腳
- 9 根 PWM 輸出接腳
- 1 個 I2C 接腳
- 1 根 5V 電壓輸出接腳， 1 根 3.3V 電壓輸出接腳
- 1 根 RESET 接腳
- 長：78.6mm，寬：78mm，高：28.3mm
- 重量：280 g

機上麵包板規格

EduCake 機上麵包板布局與一般市售麵包板相同，孔位間距為 2.54mm，如下圖所示：

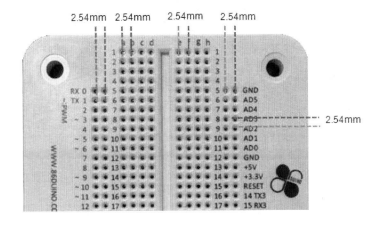

圖 117 EduCake 機上麵包板布局

資料來源：86duino 官網(http://www.86duino.com/index.php?p=9600&lang=TW)

麵包板內部的連接方式如下圖所示，圖中黃線代表彼此相連的接點：

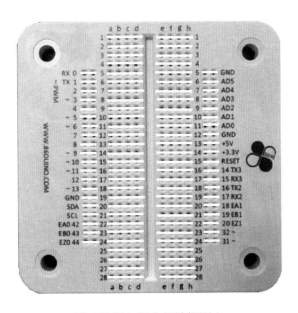

圖 118 麵包板內部連接圖

資料來源：86duino 官網(http://www.86duino.com/index.php?p=9600&lang=TW)

接腳功能簡介

EduCake I/O 接腳分布於兩側與麵包板（如下圖所示），其上安排了多種常用的 I/O 接腳，我們將在後面依序說明。

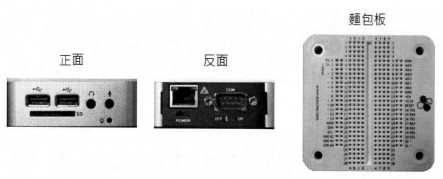

圖 119　EduCake IO 接腳圖

資料來源：86duino 官網(http://www.86duino.com/index.php?p=9600&lang=TW)

EduCake 正面

如下圖所示，我們可以看到 EduCake 正面圖：

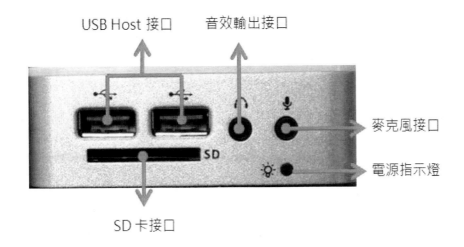

USB Host 接口　　音效輸出接口

麥克風接口

電源指示燈

SD 卡接口

圖 120 EduCake 正面圖

資料來源：86duino 官網(http://www.86duino.com/index.php?p=9600&lang=TW)

EduCake 背面圖

如下圖所示，我們可以看到 EduCake 背面圖：

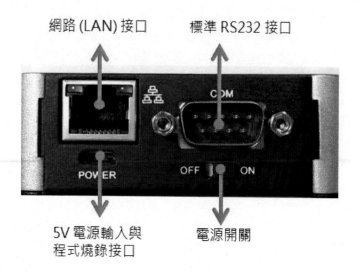

圖 121 EduCake 背面圖

資料來源：86duino 官網(http://www.86duino.com/index.php?p=9600&lang=TW)

麵包板

EduCake 麵包板左側與右側是具有多功能的 I/O 接腳（如下圖所示之紅框），而中央則是可以接上 DIP 電子零件的實驗區域（如下圖所示之黃框）。

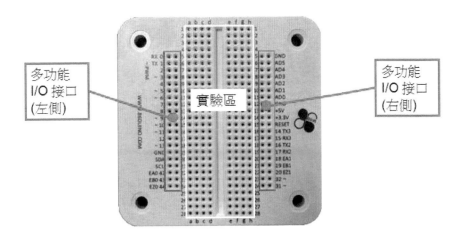

圖 122 EduCake IO 麵包板

資料來源:86duino 官網(http://www.86duino.com/index.php?p=9600&lang=TW)

如下圖所示,為了讓初學者比較容易上手,我們將 EduCake 麵包板上的 I/O 接腳排列順序設計成 Arduino 相容,左下圖是 Arduino Leonardo 實體圖,兩圖中紅框內的 I/O 接腳排列順序相同。

圖 123 EduCake 與 Arduino Leonardo 對照圖

資料來源:86duino 官網(http://www.86duino.com/index.php?p=9600&lang=TW)

I/O 接腳功能簡介

電源系統

EduCake 的電源系統直接使用外部的 5V 電源輸入，內部再經過穩壓晶片後產生系統需要的電壓。另外有一個 ON/OFF 開關可讓使用者手動開關系統電源。電源輸入端和電源開關的電路圖，如下圖所示

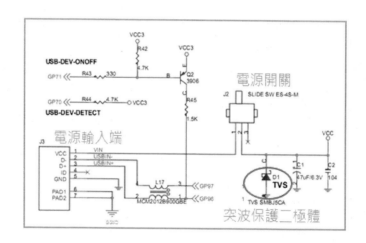

圖 124 電源輸入端和電源開關的電路圖

資料來源：86duino 官網(http://www.86duino.com/index.php?p=9600&lang=TW)

雖然 EduCake 的電源系統相當簡單，但由上圖可看到我們仍加入了一個突波保護二極體強化電源的保護，可防止電源開關打開瞬間產生的突波（火花）影響內部重要電子零件。

電源的連接方法

EduCake 的電源輸入為 5V，您可以將電源輸入接到 PC 的 USB 端，或者接到 USB 電源供應器（例如：智慧型手機的 USB 行動電源或是 USB 充電器），如下所示。

準備一條 micro USB 轉 Type A USB 的轉接線（例如：智慧型手機的傳輸線，如左下圖），然後將 EduCake 連接到電腦的 USB 接腳即可：

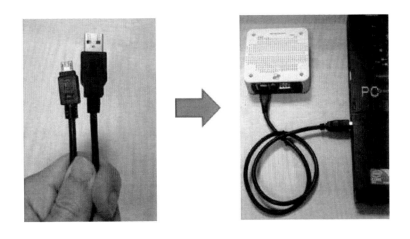

圖 125 EduCake micro-USB to PC 圖

資料來源：86duino 官網(http://www.86duino.com/index.php?p=9600&lang=TW)

或將 EduCake 連接至 USB 電源供應器（如智慧型手機的充電器），然後使用家中的電源供電，如下圖所示：

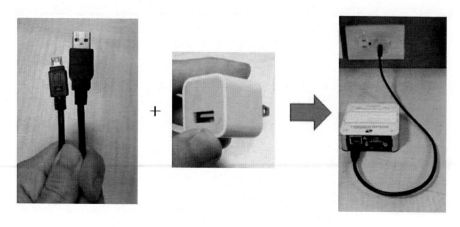

圖 126 EduCake 充電器供電圖

資料來源：86duino 官網(http://www.86duino.com/index.php?p=9600&lang=TW)

　　請注意，當 EduCake 沒有外接任何裝置（如 USB 鍵盤滑鼠）時，至少需要
400mA 的電流才能正常運作；一般 PC 或筆電的 USB 2.0 接腳可提供最高
500mA 的電流，足以供應 EduCake 運作，但如果 EduCake 接上外部裝置（包含
USB 裝置及麵包板上接到 5V 及 3.3V 輸出的實驗電路），由於外部裝置會消耗額
外電流，使得整體消耗電流可能超出 500mA，這時用 PC 的 USB 2.0 接腳供電便
顯得不適當，可以考慮改由能提供 900mA 的 USB 3.0 接腳或可提供更高電流的
USB 電源供應器來為 EduCake 供電。

　　註：有些老舊或設計不佳的 PC 及筆電在 USB 接腳上設計不太嚴謹，能提供
的電流低於 USB 2.0 規範的 500mA，用這樣的 PC 為 EduCake 供電可能使
EduCake 運作不正常（如無法開機或無法燒錄程式），此時應換到另一台電腦再重
新嘗試。

開機順序

　　將 EduCake 電源接腳右邊的開關，切換至 “ON”：

圖 127 EduCake 電源開關

資料來源：86duino 官網(http://www.86duino.com/index.php?p=9600&lang=TW)

當電源指示燈亮起時，代表電源供應正常， EduCake 開始運作：

圖 128 EduCake 電源指示燈

資料來源：86duino 官網(http://www.86duino.com/index.php?p=9600&lang=TW)

電源輸出接腳

EduCake 在機上麵包板右半部配置有兩根電源輸出接腳，分別是 5V 和 3.3V，可做為麵包板上實驗電路的電壓源。其中 5V 輸出和電源輸入是共用的，換句話說，兩者在電路上是連接在一起的，可輸出的電流量由外部電源輸入決定；而

3.3V 則是經過穩壓晶片（regulator）而來，最高可輸出 400mA。

　　註：舉例來說，假設您使用 1000mA 的 USB 變壓器做為電源輸入，則扣除 EduCake 本身消耗的 400mA，5V 輸出接腳可提供最高 600mA 輸出；至於 3.3V 輸出接腳，不論外部電源能提供多大的電流輸入，都只能輸出最高 400mA 電流。

　　如下圖所示是 5V 和 3.3V 的輸出接腳位置：

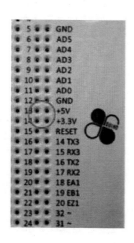

圖 129 EduCake 電源輸出接腳圖

資料來源：86duino 官網(http://www.86duino.com/index.php?p=9600&lang=TW)

　　為了避免 5V 和 3.3V 輸出接腳通過太大的電流而燒毀內部電子零件，它們也各自內建了 1 安培的保險絲做保護：

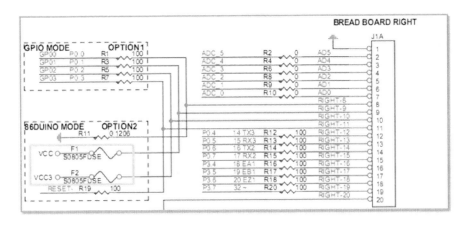

圖 130 EduCake 電源保護電路圖

資料來源：86duino 官網(http://www.86duino.com/index.php?p=9600&lang=TW)

　　請注意，若您在麵包板上的實驗電路需要消耗超過 1A 的大電流（例如直流馬達驅動電路），我們建議您改以一部額外的電源供應器或電池獨立供電給麵包板上的負載（額外電源的地線與麵包板上的 GND 連接在一起即可），避免使用 5V 和 3.3V 輸出接腳來為大電流電路供電。

SD 卡插槽

　　EduCake 支援最大 32GB SDHC 的 SD 卡，不支援 SDXC。

　　請注意，如果您打算在 SD 卡中安裝 Windows 或者 Linux 作業系統，SD 卡本身的存取速度將直接影響作業系統的開機時間與執行速度，建議使用 Class 10 的 SD 卡較為合適。

　　我們另外提供了 SysImage 工具程式，讓您在 SD 卡上建立可開機的 86Duino

韌體系統。讓 86Duino 韌體系統在 SD 卡上執行，可帶來一些好處，請參考更進一步的說明。

開機順序

EduCake 開機時，BIOS 會到三個地方去尋找可開機磁碟：內建的 Flash 記憶體、SD 卡、USB 隨身碟。搜尋順序是 SD 卡優先，然後是 USB 隨身碟，最後才是 Flash。內建的 Flash 記憶體在出廠時，已經預設安裝了 86Duino 韌體系統，如果使用者在 EduCake 上沒有插上可開機的 SD 卡或 USB 隨身碟，預設就會從 Flash 開機。

註：請注意，當您插上具有開機磁區的 SD 卡或 USB 隨身碟，請確保該 SD 卡或 USB 隨身碟上已安裝 86Duino 韌體系統或其它作業系統（例如 Windows 或 Linux），否則 EduCake 將因找不到作業系統而開機失敗。

SD 卡插入方向

如下圖所示，將 SD 卡正確的插入 EduCake。

圖 131 EduCake SD 卡槽

資料來源：86duino 官網(http://www.86duino.com/index.php?p=9600&lang=TW)

GPIO 接腳（數位輸出/輸入接腳）

　　EduCake 上的 GPIO 接腳位於麵包板兩側，為 0～20、31、32、42、43、44，共 26 支腳，如下圖。在 86Duino Coding 開發環境內，您可以呼叫 digitalWrite 函式在這些腳位上輸出 HIGH 或 LOW，或呼叫 digitalRead 函式來讀取腳位上的輸入狀態。

圖 132 EduCake GPIO 接腳圖

資料來源：86duino 官網(http://www.86duino.com/index.php?p=9600&lang=TW)

每個 GPIO 都有輸入和輸出方向，您可以呼叫 pinMode 函式來設定方向。當 GPIO 設定為輸出方向時，輸出 HIGH 為 3.3V，LOW 為 0V，每根接腳電流輸出最高為 16mA。當 GPIO 為輸入方向時，輸入電壓可為 0 ~ 5V。

EduCake 的每根 GPIO 接腳都加上了防靜電與過壓保護的元件，以及 100 歐姆限流保護電阻（如下電路所示），能一定程度防止 GPIO 因不當操作被燒毀。

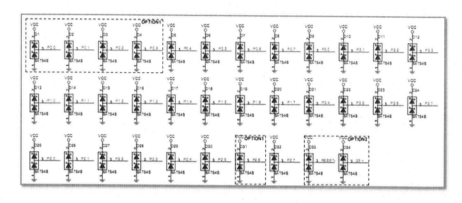

圖 133 EduCake 限流保護圖

資料來源：86duino 官網(http://www.86duino.com/index.php?p=9600&lang=TW)

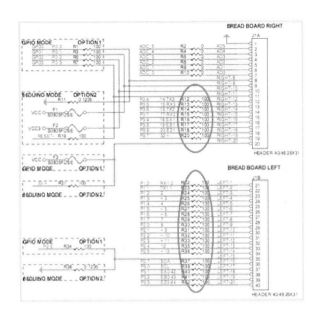

圖 134 EduCake 限流保護電路圖

資料來源：86duino 官網(http://www.86duino.com/index.php?p=9600&lang=TW)

　　請注意，保護元件並非萬能，建議使用者操作 GPIO 接腳時仍應小心，過於誇張的錯誤操作（例如錯誤地將 24V 電壓輸入到 GPIO 接腳）仍有燒毀 GPIO 的機會。

　　EduCake 和 Arduino 類似，部分 GPIO 接腳具有另一種功能，例如：在腳位編號前帶有 ~ 符號，代表它可以輸出 PWM 信號；帶有 RX 或 TX 字樣，代表它可以輸出 UART 串列信號；帶有 EA、EB 、EZ 字樣，代表可以輸入 Encoder 信號。我們各取一組腳位來說明不同功能的符號標示，如下圖所示：

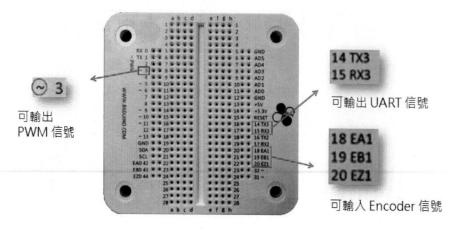

圖 135 EduCake GPIO 共用接腳圖

資料來源：86duino 官網(http://www.86duino.com/index.php?p=9600&lang=TW)

如下圖所示，每根 GPIO 都有輸入和輸出方向，您可以呼叫PinMode函式來設定方向。當 GPIO 設定為輸出方向時，輸出 HIGH 為 3.3V，LOW 為 0V，每根接腳電流輸出最高為 16mA。當 GPIO 為輸入方向時，輸入電壓可為 0～5V。

EduCake 和 Arduino 類似，部分 GPIO 接腳具有另一種功能，例如：在腳位編號前帶有 ～ 符號，代表它可以輸出 PWM 信號；帶有 RX 或 TX 字樣，代表它可以輸出 UART 串列信號；帶有 EA、EB 、EZ 字樣，代表可以輸入 Encoder 信號。我們各取一組腳位來說明不同功能的符號標示：

可輸出 UART 信號　　　可輸入 Encoder 信號　　　可輸出 PWM 信號

圖 136 EduCake GPIO 接腳功能的符號標示圖

資料來源：86duino 官網(http://www.86duino.com/index.php?p=9600&lang=TW)

RESET

EduCake 在麵包板右側提供一根 RESET 接腳，內部連接到 CPU 模組上的重置晶片，在 RESET 接腳上製造一個低電壓脈衝可讓 EduCake 重新開機。

RESET 接腳位置及電路如下所示：

 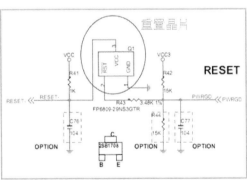

圖 137 EduCake RESET 圖

資料來源：86duino 官網(http://www.86duino.com/index.php?p=9600&lang=TW)

RESET 接線範例

使用者可利用 RESET 接腳為 EduCake 加上一個重置按鈕；典型方法是在麵包板插上一個按鈕開關，一端接 GND 另一端接 RESET 腳位，當按下按鈕時，RESET 腳為低電位，CPU 不運作，放開按鈕時， RESET 腳為高電位，使 CPU 重新啟動。重置按鈕的範例如下圖所示：：

圖 138 EduCake RESET SW 圖

資料來源：86duino 官網(http://www.86duino.com/index.php?p=9600&lang=TW)

A/D 接腳（類比輸入接腳）

EduCake 在麵包板上提供 6 通道 A/D 輸入，為 AD0 ~ AD5，位置如下圖所示：

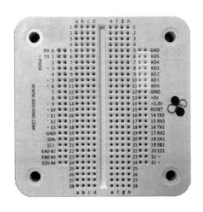

圖 139 EduCake A/D 接腳圖

資料來源：86duino 官網(http://www.86duino.com/index.php?p=9600&lang=TW)

每一個通道都具有最高 11 bits 的解析度，您可以在 86Duino Coding 開發環境下呼叫 analogRead 函式來讀取任一通道的電壓值。為了與 Arduino 相容，由 analogRead 函式讀取的 A/D 值解析度預設是 10 bits，您可以透過 analogReadResolution 函式將解析度調整至最高 11 bits。

請注意，每一個 A/D 通道能輸入的電壓範圍為 0V ~ 3.3V，使用上應嚴格限制輸入電壓低於 3.3V，若任一 A/D 通道輸入超過 3.3V，將使所有通道讀到的數值同時發生異常，更嚴重者甚至將燒毀 A/D 接腳。

A/D 接腳接線範例

這個範例中，我們使用 EduCake 偵測 AA 電池電壓。將電池正極接到 AD0 ~ AD5 其中一個，電池負極接到 GND，即可呼叫 analogRead 函式讀取電池電壓。接線如下圖所示：

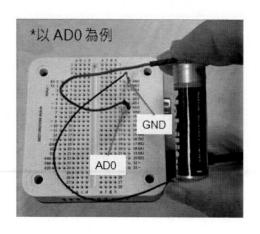

圖 140 A/D 接腳接線範例

資料來源：86duino 官網(http://www.86duino.com/index.php?p=9600&lang=TW)

I2C 接腳

EduCake 麵包板上提供 1 組 I2C 接腳，為 SDA 和 SCL。您可以在 86Duino Coding 開發環境裡使用 Wire 函式庫來操作 I2C 接腳。I2C 接腳的位置如下圖所示：

圖 141 EduCake I2C 接腳圖

資料來源：86duino 官網(http://www.86duino.com/index.php?p=9600&lang=TW)

EduCake 支援 I2C 規範的 standard mode（最高 100Kbps）、fast mode（最高 400Kbps）、high-speed mode（最高 3.3Mbps）三種速度模式與外部設備通訊。根據 I2C 規範，與外部設備連接時，需要在 SCL 和 SDA 腳位加上提升電阻（參考 Wiki 百科上的說明）。提升電阻的阻值與 I2C 速度模式有關，對於 EduCake，在 100Kbps 和 400Kbps 的速度模式下，我們建議加上 4.7k 歐姆的提升電阻；在 3.3Mbps 速度模式下，建議加上 1K 歐姆的提升電阻。

I2C 接腳接線範例

我們以 RoBoard Module RM-G146 9 軸慣性感測器為例，示範如何將它和 EduCake 的 I2C 接腳連接起來。下圖顯示 RM-G146 的腳位配置：

PIN#	Name
1	5V
2	GND
3	SCL
4	SDA
5	Reserved
6	Reserved

圖 142 RM-G146 的腳位配置圖

資料來源：86duino 官網(http://www.86duino.com/index.php?p=9600&lang=TW)

因 RM-G146 已在 I2C 通道上內建提升電阻，我們不需額外加上提升電阻，只需將 EduCake 的 5V 輸出接腳接到 RM-G146 的 5V 輸入，GND 與 I2C 通道互相對接，便可正確使 EduCake 與 RM-G146 透過 I2C 互相通訊。接線如下圖所示：

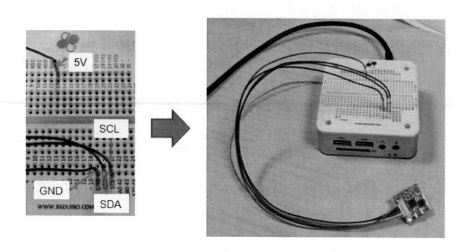

圖 143 EduCake 與 RM-G146 I2C 通訊圖

資料來源：86duino 官網(http://www.86duino.com/index.php?p=9600&lang=TW)

PWM 輸出

EduCake 提供 9 個 PWM 輸出通道（與 GPIO 共用腳位），分別為 3、5、6、9、10、11、13 、31、32。您可以在 86Duino Coding 開發環境裡呼叫 analogWrite 函式來讓這些接腳輸出 PWM 信號。EduCake 的 PWM 通道允許最高 25MHz 或 32-bit 解析度輸出信號，但為了與 Arduino 相容，預設輸出頻率為 1KHz，預設解析度為 8 bits。PWM 接腳的位置如下圖所示：

圖 144 EduCake PWM 輸出圖

資料來源：86duino 官網(http://www.86duino.com/index.php?p=9600&lang=TW)

analogWrite 函式輸出的 PWM 頻率固定為 1KHz 無法調整，不過，您可呼叫 analogWriteResolution 函式來提高其輸出的 PWM 信號解析度至 13 bits。

若您需要在 PWM 接腳上輸出其它頻率，可改用 TimerOne 函式庫來輸出 PWM 信號，最高輸出頻率為 1MHz。

TTL 串列埠（UART TTL）

EduCake 提供 3 組 UART TTL 接腳，分別為 TX (1) / RX (0)、TX2 (16) / RX2 (17)、TX3 (14) / RX3 (15)，其通訊速度（鮑率）最高可達 6Mbps。您可以使用 Serial 函式庫來接收和傳送資料。UART TTL 接腳的位置如下圖所示：

圖 145 EduCake TTL 串列埠圖

資料來源：86duino 官網(http://www.86duino.com/index.php?p=9600&lang=TW)

請注意，這三組 UART 信號都屬於 LVTTL 電壓準位(0～3.3V)，請勿將 12V
電壓準位的 RS232 接腳信號直接接到這些 UART TTL 接腳，以免將其燒毀。

RS232 串列埠

EduCake 反面有一組 RS232 接腳，與外部設備通訊的速度（鮑率）最高可達
1.5Mbps。您可以使用 Serial232 函式庫來接收和傳送資料。其接腳實體圖和腳位名
稱如下：

PIN#	Name
1	DCD
2	RXD
3	TXD
4	DTR
5	GND
6	DSR
7	RTS
8	CTS
9	RI

圖 146 EduCake RS232 串列埠圖

資料來源：86duino 官網(http://www.86duino.com/index.php?p=9600&lang=TW)

　　請注意，RS232 與 UART TTL 不同的地方，在於 RS232 內部電路有經過一個變壓晶片（transformer）將信號電壓轉換至 -12V 和 +12V（如下圖所示），所以只能與外部的 RS232 裝置連接，不能接到 UART TTL 接腳，否則將導致 UART TTL 接腳燒毀。

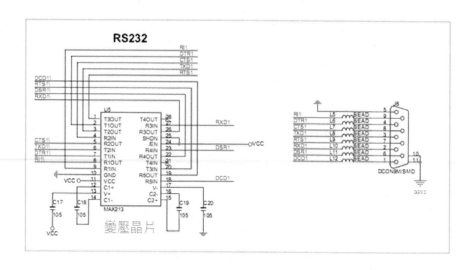

圖 147 EduCake RS232 串列埠線路圖

資料來源：86duino 官網(http://www.86duino.com/index.php?p=9600&lang=TW)

LAN 網路接腳

EduCake 反面提供一組 LAN 接腳，支援 10/100Mbps 傳輸速度。您可以使用 Ethernet 函式庫來接收和傳送資料。在 LAN 接腳上，使用了靜電保護晶片以及感應式線圈來保護內部重要的電子零件。

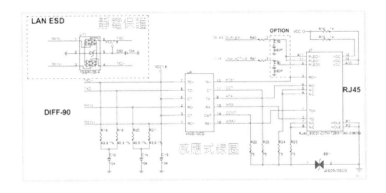

圖 148 EduCake 網路接腳圖

資料來源：86duino 官網(http://www.86duino.com/index.php?p=9600&lang=TW)

EduCake 網路連接範例

將 EduCake 開機後，網路線連接至 LAN 接腳，若網路信號正常，不久後即可看到 LAN 接腳的指示燈亮起，接腳右邊的綠燈恆亮，左邊的橘燈閃爍，如下圖所示：

圖 149 EduCake 網路連接圖

資料來源：86duino 官網(http://www.86duino.com/index.php?p=9600&lang=TW)

Audio 接腳

  EduCake 內建 HD Audio 音效卡，並透過高傳真音效晶片 Realtek ALC262 提供一組雙聲道音效輸出和一組麥克風輸入，內部電路如下圖。音效輸出和麥克風插槽位於 EduCake 正面，孔徑皆為 3.5 mm。在 86Duino Coding 開發環境中，您可以使用 Audio 函式庫來輸出立體音效。

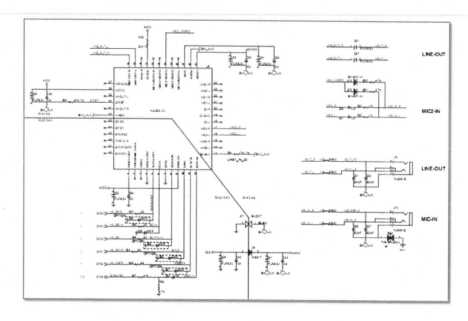

圖 150 EduCake Audio 接腳線路圖

資料來源：86duino 官網(http://www.86duino.com/index.php?p=9600&lang=TW)

EduCake Audio 接腳連接範例

  將耳機或喇叭連接至正確的接腳即可，如如下圖所示：

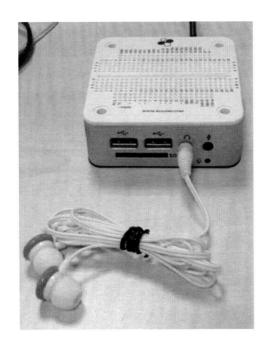

圖 151 EduCake Audio 接腳連接範例圖

資料來源：86duino 官網(http://www.86duino.com/index.php?p=9600&lang=TW)

USB 2.0 接腳

EduCake 正面有兩組 USB 2.0 接腳，可外接 USB 裝置（如 USB 鍵盤及滑鼠）。在 86Duino Coding 開發環境下，可使用 USB Host 函式庫來存取 USB 鍵盤、滑鼠。當您在 EduCake 上安裝 Windows 或 Linux 作業系統時，USB 接腳亦可接上 USB 無線網卡及 USB 攝影機，來擴充無線網路與視訊影像功能。

EduCake 的 USB 接腳內建了靜電保護晶片來保護內部重要電子零件，如下圖所示：

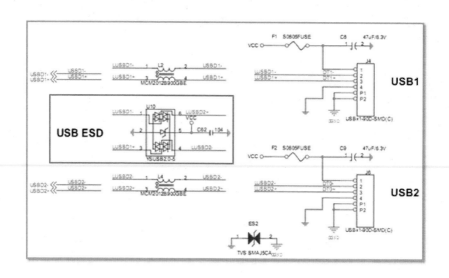

圖 152 EduCake USB 2.0 接腳圖

資料來源：86duino 官網(http://www.86duino.com/index.php?p=9600&lang=TW)

Encoder 接腳

　　EduCake 麵包板上有兩組 Encoder 接腳，第一組為 EA0 (42) / EB0 (43) / EZ0 (44)，第二組為 EA1 (18) / EB1 (19) / EZ1 (20)，可用於讀取光學增量編碼器及 SSI 絕對編碼器信號。在 86Duino Coding 開發環境下，您可以使用 Encoder 函式庫來讀取這些接腳的數值。每一個 Encoder 接腳可允許的最高輸入信號頻率是 25MHz，接腳位置如下圖所示：

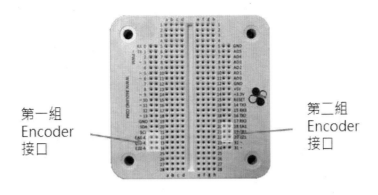

圖 153 EduCake Encoder 接腳圖

第一組
Encoder
接口

第二組
Encoder
接口

資料來源：86duino 官網(http://www.86duino.com/index.php?p=9600&lang=TW)

EduCake Encoder 連接範例

我們以 AM4096 旋轉編碼器 IC 為例，示範如何將它和 EduCake 的 Encoder 接腳連接起來。如下圖所示，顯示 AM4096 的腳位配置：

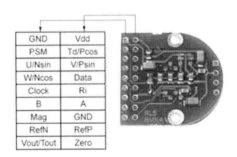

GND	Vdd
PSM	Td/Pcos
U/Nsin	V/Psin
W/Ncos	Data
Clock	Ri
B	A
Mag	GND
RefN	RefP
Vout/Tout	Zero

圖 154 AM4096 旋轉編碼器接腳圖

資料來源：86duino 官網(http://www.86duino.com/index.php?p=9600&lang=TW)

上圖的輸出接腳中，有一組為增量編碼器信號輸出，即 A/B Phase，接腳標示

為 A、B 、Ri。這裡我們以 EduCake 第一組 Encoder 接腳為例，將 AM4096 的 A、
B 、Ri 個別連接到 EA0、EB0、EZ0，然後再將 AM4096 的電源 Vdd 接到 3.3V，
AM4096 的 GND 接到 EduCake 的 GND，如此便可正確使 EduCake 與 AM4096
透過 Encoder 接腳互相通訊。連接圖如下圖所示：

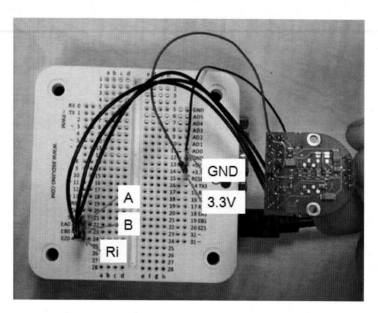

圖 155 EduCake 與 AM4096 旋轉編碼器接腳圖

資料來源：86duino 官網(http://www.86duino.com/index.php?p=9600&lang=TW)

Encoder 接腳可用於讀取光學增量編碼器及 SSI 絕對編碼器信號。在 86Duino
Coding 開發環境下，您可以使用Encoder函式庫來讀取這些接腳的數值。每一個
Encoder 接腳可允許的最高輸入信號頻率是 25MHz。

EduCake 腳位名稱與 Vortex86EX GPIO Ports 的對應關係

PIN#	GPIO	PIN#	GPIO	PIN#	GPIO
0←RX	Port1 Pin3	~10	Port3 Pin4	20 EZ1	Port3 Pin5
1→TX	Port1 Pin2	~11	Port3 Pin3	31~	Port0 Pin4
2	Port4 Pin7	12	Port4 Pin0	32~	Port3 Pin7
~3	Port2 Pin7	~13	Port3 Pin1	EA0 42	Port2 Pin0
4	Port4 Pin5	14 TX3	Port1 Pin4	EB0 43	Port2 Pin2
~5	Port2 Pin4	15 RX3	Port1 Pin5	EC0 44	Port2 Pin5
~6	Port2 Pin3	16 TX2	Port1 Pin6		
7	Port4 Pin3	17 RX2	Port1 Pin7		
8	Port4 Pin1	18 EA1	Port3 Pin0		
~9	Port2 Pin1	19 EB1	Port3 Pin2		

圖 156 EduCake 腳位名稱與 Vortex86EX GPIO Ports 的對應關係圖

資料來源：86duino 官網(http://www.86duino.com/index.php?p=9600&lang=TW)

章節小結

本章節概略的介紹 Arduino 常見的開發板與硬體介紹，接下來就是介紹 Arduino 開發環境，讓我們視目以待。

CHAPTER

珐鎝科技產品介紹

珐鎝科技股份有限公司介紹

fayalab珐鎝科技成立於2014年，是一支專注在開源硬體(open source hardware)以及科技工程與工藝教育的台灣在地新創團隊。

fayalab[10] - 是一個提供自造者完整解決方案的開放原始碼軟應體與元件服物的組織，我們專注於 S.T.E.A.M 教育（科學，技術，工程，藝術與數學)相關的產品，尤其是在這些這些領域：綠色能源，微控系統，生活科技及通訊等領域。

FA-YA（發芽）這個名稱亦指在中國萌芽。FA-YA 也代表著發展無限的生機和希望。在 fayalab 我們致力於獨特創意，我們希望能協助世界上自造者可以實現他們夢寐已求獨創性的想法與創意。

---

[10] 珐鎝科技股份有限公司，其官方網址如http://www.fayalab.com/，聯絡方式：info@fayalab.com

。

圖 157 fayalab 珐鎧科技官方 Logo

　　fayalab希望透過提供各式各樣基於Arduino或是Raspberry Pi等開源硬體基礎的套件，結合簡明清楚的教學，幫助學生，或是對科技、工程有興趣卻不知從何入門的大朋友、小朋友，從各式各樣活潑的主題出發，學習新奇有趣的科技應用，並進一步探索有哪些技術被應用在周邊的科技產品上。在熟悉了基本的知識後，甚至也能夠再利用這些知識和套件，解決日常生活的問題，或者是創造一些有意思的小東西來替生活增添趣味！

　　這也正和自造者運動(maker movement)中提倡的「做中學」精神不謀而合：從現象的觀察 － 思考 － 解構 － 動手實作 － 重構，進而幫助人們在學校教育之外，能以更具實用主義色彩的方式，認識這個世界，並且理解物質社會的技術基礎。在這些工作上，fayalab更希望在未來能夠培養出一群有能力，並且有創意改變這個世界的孩子們。

　　fayalab堅持在地設計，在地生產；除了提供產品以外，珐鎧也希望能夠有更多有能有識先進能夠一同加入行列，無論是合作開發新產品，或者有任何天馬行空的點子，歡迎和我們一塊從教育出發，翻轉我們的科技產業，創造未來。

fayalab 產品介紹

目前fayalab產品系列包括：

- faya-nugget 電子積塊
- leaf 模組
- fayaduino

faya-nugget 電子積塊

faya-nugget™電子積塊是一套結合最熱門的開源控制平台Arduino，以及陪著所有人一塊長大的樂高的電子積木模組系統，內容包括一系列的感應、開關、聲音、顯示及其他輸出入與連接模組。這是一套專門設計來讓初學者認識Arduino，並且學習基礎的電子以及程式知識的學習系統。

和市面上以模組個別功能為出發的Arduino周邊產品不同，faya-nugget™特別強調以小專題方式來引導初學者入門學習，降低門檻。同時與樂高積木的搭配，也能讓人更方便利用電子積塊發揮創意，創造屬於自己的電子玩具，甚至快速產生有實際功能的產品原型。

目前faya-nugget™有50種左右已經發行的積塊，未來也會推出更多更豐富的

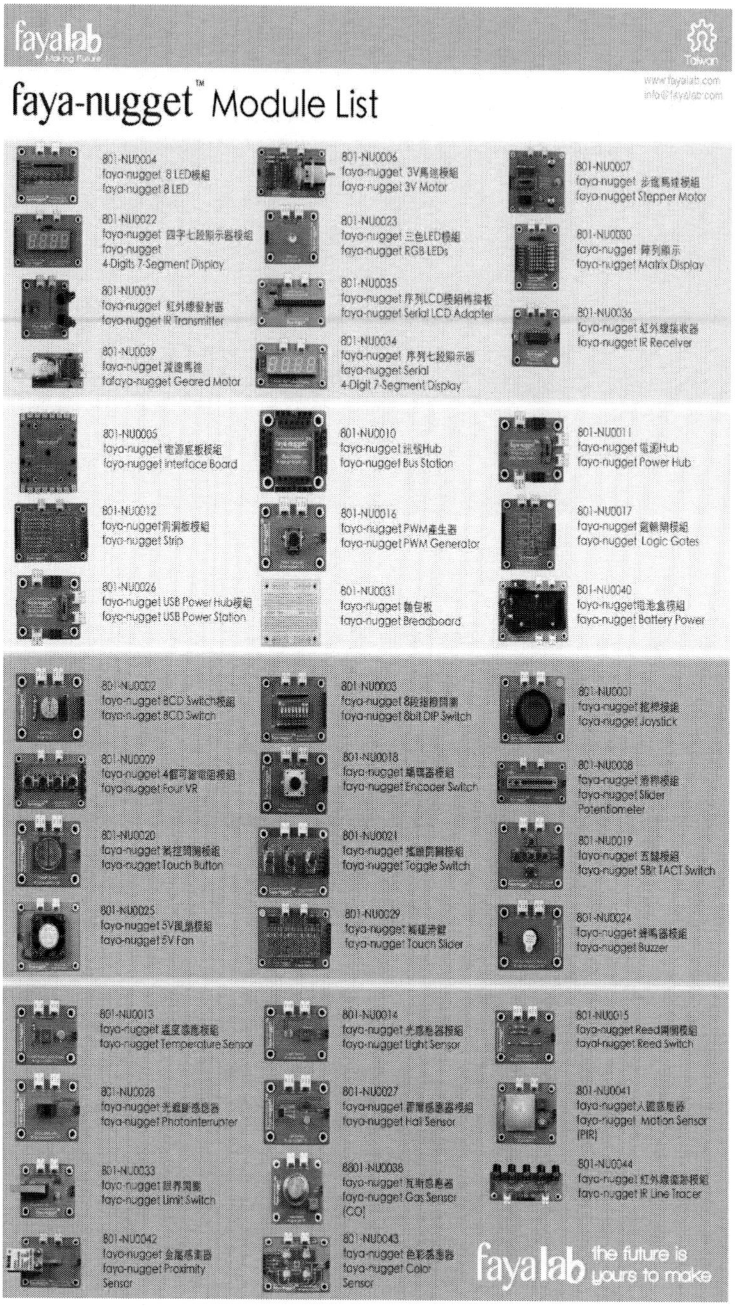

圖 158 Faya Nugget Module List

如下圖所示，fayalab珐鋕科技特別精心設計，整合LEGO積木方塊，設計出整合faya-nugget[tm]積塊的組合套件：迷你電子琴，讓使用者可以簡單、迅速、方便的快速製做出電子琴，並延伸，改良、再創造自己的原創。

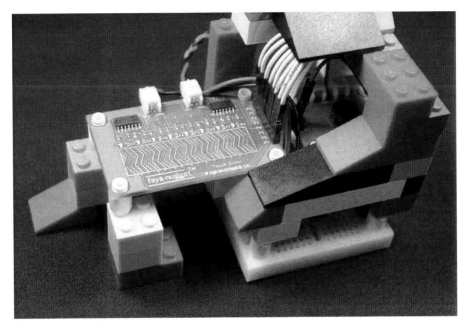

圖 159 迷你電子琴

　　如下圖所示，fayalab珐鋙科技特別精心設計，整合LEGO積木方塊，設計出整合faya-nugget™積塊的組合套件：搖桿控制風扇，讓使用者可以簡單、迅速、方便的快速製做出控制風扇，並延伸，改良、再創造自己的原創。

圖表 160 搖桿控制風扇

　　如下圖所示，fayalab珐鋊科技特別精心設計，整合LEGO積木方塊，設計出整合faya-nugget™積塊的組合套件：樂高自走車，讓使用者可以簡單、迅速、方便的快速製做出自走車，並延伸，改良、再創造自己的原創。

CHAPTER

Arduino 開發環境

Arduino 開發 IDE 安裝

Step1. 進入到 Arduino 官方網站的下載頁面

(http://arduino.cc/en/Main/Software)

Step2. Arduino 的開發環境,有 Windows、Mac OS X、Linux 版本。本範例以 Windows 版本作為範例,請頁面下方點選「Windows Installer」下載 Windows 版本的 開發環境。

Arduino IDE

Arduino 1.0.5

Download

Arduino 1.0.5 (release notes), hosted by Google Code:

NOTICE: Arduino Drivers have been updated to add support for Windows 8.1, you can download the updated IDE (version 1.0.5-r2 for Windows) from the download links below.

- Windows Installer, Windows ZIP file (for non-administrator install)
- Mac OS X
- Linux: 32 bit, 64 bit
- source

Next steps

Getting Started

Reference

Environment

Examples

Foundations

FAQ

Step3. 下載完的檔名為「arduino-1.0.5-r2-windows.exe」，將檔案點擊兩下執行，出現如下畫面：

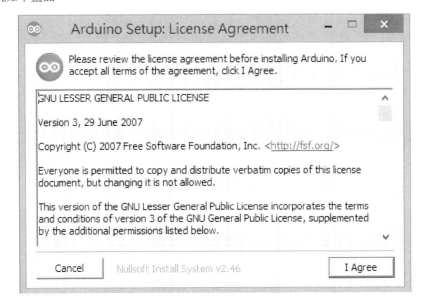

Step4. 點選「I Agree」後出現如下畫面：

Step5. 點選「Next>」後出現如下畫面：

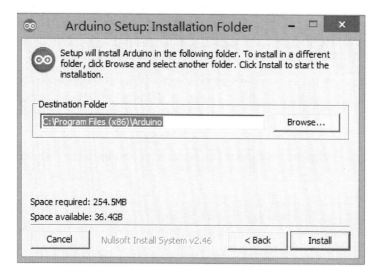

Step6. 選擇檔案儲存位置後，點選「Install」進行安裝，出現如下畫面：

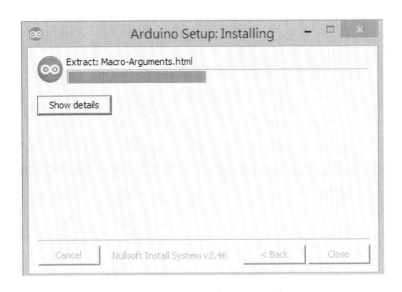

Step7. 安裝到一半時，會出現詢問是否要安裝 Arduino USB Driver(Arduino LLC) 的畫面，請點選「安裝(I)」。

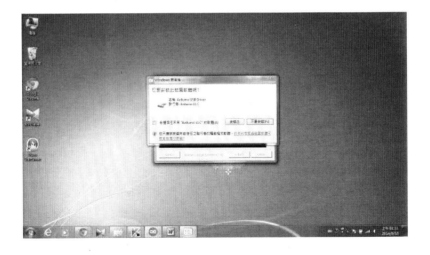

Step8. 安裝系統就會安裝 Arduino USB 驅動程式。

Step9. 安裝完成後，出現如下畫面，點選「Close」。

Step10. 桌布上會出現 的圖示，您可以點選該圖示執行 Arduino Sketch 城式。

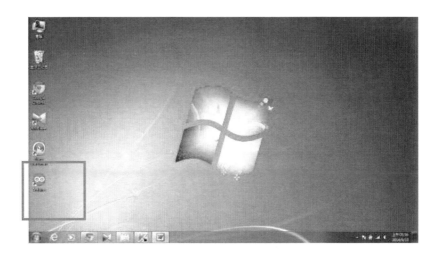

Step11. 您會進入到 Arduino 的軟體開發環境的介面。

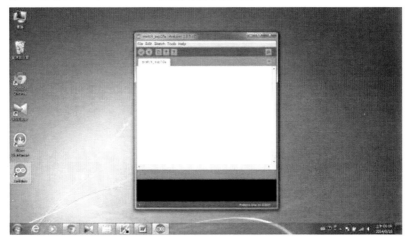

以下介紹工具列下方各按鈕的功能：

	Verify 按鈕	進行編譯，驗證程式是否正常運作。
	Upload 按鈕	進行上傳，從電腦把程式上傳到 Arduino 板子裡。
	New 按鈕	新增檔案
	Open 按鈕	開啟檔案，可開啟內建的程式檔或其他檔案。
	Save 按鈕	儲存檔案

Step12. 首先，您可以切換 Arduino Sketch 介面語言。

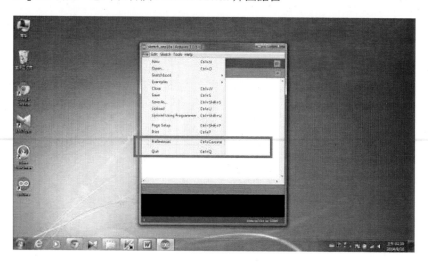

Step13. 出現 Preference 選項畫面。

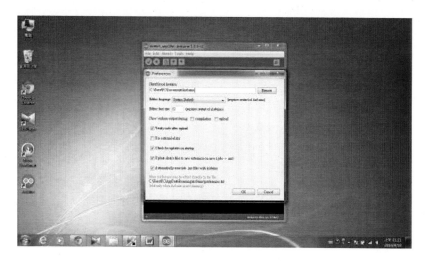

Step14. 可切換到您想要的介面語言(如繁體中文)。

Step15. 切換繁體中文介面語言，按下「OK」。

Step16. 按下「結束鍵」，結束 Arduino Sketch 程式，並重新開啟 Arduino Sketch 程式。

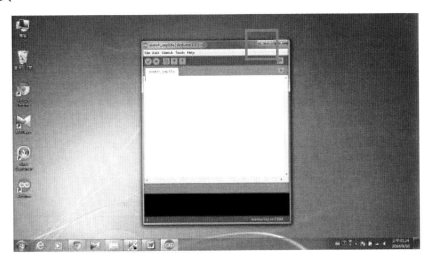

Step17. 可以發現 Arduino Sketch 程式介面語言已經變成繁體中文介面了。

Step18. 點選工具列「草稿碼」中的「匯入程式庫」，並點選「Add Library」選項。

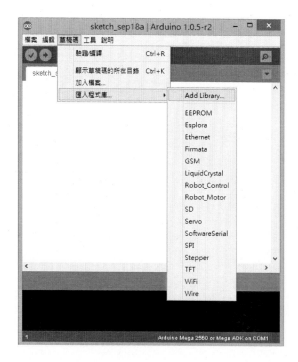

安裝 Arduino 開發板的 USB 驅動程式

以 Mega2560 作為範例

Step1. 將 Mega2560 開發板透過 USB 連接線接上電腦。

Step2. 到剛剛解壓縮完後開啟的資料夾中，點選「drivers」資料夾並進入。

名稱	修改日期	類型	大小
drivers	2014/1/8 下午 08...	檔案資料夾	
examples	2014/1/8 下午 08...	檔案資料夾	
hardware	2014/1/8 下午 08...	檔案資料夾	
java	2014/1/8 下午 08...	檔案資料夾	
lib	2014/1/8 下午 08...	檔案資料夾	
libraries	2014/1/8 下午 08...	檔案資料夾	
reference	2014/1/8 下午 08...	檔案資料夾	
tools	2014/1/8 下午 08...	檔案資料夾	
arduino	2014/1/8 下午 08...	應用程式	840 KB
cygiconv-2.dll	2014/1/8 下午 08...	應用程式擴充	947 KB
cygwin1.dll	2014/1/8 下午 08...	應用程式擴充	1,829 KB
libusb0.dll	2014/1/8 下午 08...	應用程式擴充	43 KB
revisions	2014/1/8 下午 08...	文字文件	38 KB
rxtxSerial.dll	2014/1/8 下午 08...	應用程式擴充	76 KB

Step3. 依照不同位元的作業系統，進行開發板的 USB 驅動程式的安裝。32 位元的作業系統使用 dPinst-x86.exe， 64 位元的作業系統使用 dPinst-amd64.exe。

名稱	修改日期	類型	大小
FTDI USB Drivers	2014/1/8 下午 08...	檔案資料夾	
arduino	2014/1/8 下午 08...	安全性目錄	10 KB
arduino	2014/1/8 下午 08...	安裝資訊	7 KB
dpinst-amd64	2014/1/8 下午 08...	應用程式	1,024 KB
dpinst-x86	2014/1/8 下午 08...	應用程式	901 KB
Old Arduino Drivers	2014/1/8 下午 08...	WinRAR ZIP 壓縮檔	14 KB
README	2014/1/8 下午 08...	文字文件	1 KB

Step4. 以 64 位元的作業系統作為範例，點選 dPinst-amd64.exe，會出現如下畫面：

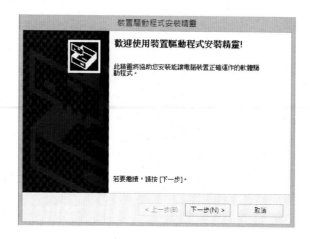

Step5. 點選「下一步」，程式會進行安裝。完成後出現如下畫面，並點選「完成」。

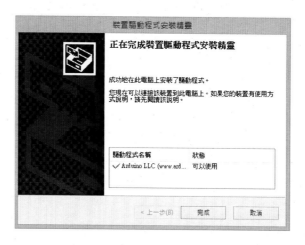

Step6. 您可至 Arduino 開發環境中工具列「工具」中的「序列埠」看到多出一個 COM，即完成開發板的 USB 驅動程式的設定。

　　或可至電腦的裝置管理員中，看到連接埠中出現 Arduino Mega 2560 的 COM3，即完成開發板的 USB 驅動程式的設定。

Step7. 到工具列「工具」中的「板子」設定您所用的開發板。

※您可連接多塊 Arduino 開發板至電腦，但工具列中「板子」中的 Board 需與「序列埠」對應。

修改 IDE 開發環境個人喜好設定：(存檔路徑、語言、字型)

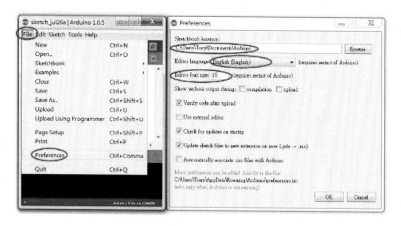

圖 161 IDE 開發環境個人喜好設定

Arduino 函式庫安裝

本書使用的 Arduino 函式庫安裝文件，乃是 adafruit 公司官網資料，請參考網址：

https://learn.adafruit.com/downloads/pdf/adafruit-all-about-arduino-libraries-install-use.pdf 。

章節小結

本章節概略的介紹 Arduino 開發環境，主要是讓讀者了解 Arduino 如何操作與

CHAPTER

Arduino 程式語法

官方網站函式網頁

　　讀者若對本章節程式結構不了解之處，請參閱如圖 162 所示之 Arduino 官方網站的 Language Reference (http://arduino.cc/en/Reference/HomePage)，或參閱相關書籍 (Anderson & Cervo, 2013; Boxall, 2013; Faludi, 2010; Margolis, 2011, 2012; McRoberts, 2010; Minns, 2013; Monk, 2010, 2012; Oxer & Blemings, 2009; Warren, Adams, & Molle, 2011; Wilcher, 2012)，相信會對 Arduino 程式碼更加了解與熟悉。

圖 162 Arduino 官方網站的 Language Reference

資料來源：Language Reference (http://arduino.cc/en/Reference/HomePage)

Arduino 程式主要架構

程式結構

> setup()
> loop()

一個 Arduino 程式碼(Sketch)由兩部分組成

setup()

程式初始化

void setup()

在這個函式範圍內放置初始化 Arduino 開發板的程式 - 在重複執行的程式 (loop())之前執行，主要功能是將所有 Arduino 開發板的 Pin 腳設定，元件設定，需要初始化的部分設定等等。

變數型態宣告區 ： // 這裡定義變數或 IO 腳位名稱

void setup()

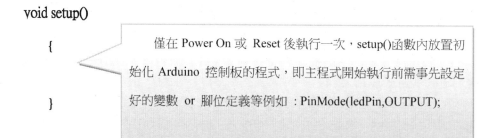

{   僅在 Power On 或 Reset 後執行一次，setup()函數內放置初始化 Arduino 控制板的程式，即主程式開始執行前需事先設定好的變數 or 腳位定義等例如 ：PinMode(ledPin,OUTPUT);

}

loop()

迴圈重複執行

void loop()

在此放置你的 Arduino 程式碼。這部份的程式會一直重複的被執行，直到 Arduino 開發板被關閉。

void loop()

{

在 setup()函數之後，即初始化之後，系統則在 loop()程式迴圈內重複執行。直到 Arduino 控制板被關閉。

}

; 每行程式敘述(statement)後需以分號(";")結束

{ }(大括號) 函數前後需用大括號括起來，也可用此將程式碼分成較易讀的區塊

區塊式結構化程式語言

C 語言是區塊式結構的程式語言， 所謂的區塊是一對大括號：『{}』所界定的範圍， 每一對大括號及其涵括的所有敘述構成 C 語法中所謂的複合敘述 (Compound Statement)， 這樣子的複合敘述不但對於編譯器而言，構成一個有意義的文法單位， 對於程式設計者而言，一個區塊也應該要代表一個完整的程式邏輯單元， 內含的敘述應該具有相當的資料耦合性 (一個敘述處理過的資料會被後面的敘述拿來使用)， 及控制耦合性 (CPU 處理完一個敘述後會接續處理另一個敘述指定的動作)， 當看到程式中一個區塊時， 應該要可以假設其內所包含的敘述都是屬於某些相關功能的， 當然其內部所使用的資料應該都是完成該種功能所必需的， 這些資料應該是專屬於這個區塊內的敘述，是這個區塊之外的敘述不需要的。

命名空間 (naming space)

C 語言中區塊定義了一塊所謂的命名空間 (naming space)，在每一個命名空間內，程式設計者可以對其內定義的變數任意取名字， 稱為區域變數 (local variable)，這些變數只有在該命名空間 (區塊) 內部可以進行存取， 到了該區塊之外程式就不能在藉由該名稱來存取了， 如下例中 int 型態的變數 z。由於區塊是階層式的，大區塊可以內含小區塊， 大區塊內的變數也可以在內含區塊內使用， 例如：

```
{
    int x, r;
    x=10;
    r=20;
    {
        int y, z;
        float r;
        y = x;
        x = 1;
```

```
        r = 10.5;
    }
    z = x; // 錯誤，不可使用變數 z
}
```

　　上面這個例子裡有兩個區塊，也就有兩個命名空間，有任一個命名空間中不可有兩個變數使用相同的名字，不同的命名空間則可以取相同的名字，例如變數 r，因此針對某一個變數來說，可以使用到這個變數的程式範圍就稱為這個變數的作用範圍 (scope)。

變數的生命期 (Lifetime)

　　變數的生命始於定義之敘述而一直延續到定義該變數之區塊結束為止，變數的作用範圍：意指程式在何處可以存取該變數，有時變數是存在的，但是程式卻無法藉由其名稱來存取它，例如，上例中內層區塊內無法存取外層區塊所定義的變數 r，因為在內層區塊中 r 這個名稱賦予另一個 float 型態的變數了。

　　縮小變數的作用範圍

　　利用 C 語言的區塊命名空間的設計，程式設計者可以儘量把變數的作用範圍縮小，如下例：

```
{
int tmp;
    for (tmp=0; tmp<1000; tmp++)
        doSomeThing();
}
{
    float tmp;
    tmp = y;
    y = x;
    x = y;
}
```

上面這個範例中前後兩個區塊中的 tmp 很明顯地沒有任何關係，看這個程式的人不必擔心程式中有藉 tmp 變數傳遞資訊的任何意圖。

特殊符號

; (semicolon)
{} (curly braces)
// (single line comment)
/* */ (multi-line comment)

Arduino 語言用了一些符號描繪程式碼，例如註解和程式區塊。

; //(分號)

Arduino 語言每一行程序都是以分號為結尾。這樣的語法讓你可以自由地安排代碼，你可以將兩個指令放置在同一行，只要中間用分號隔開（但這樣做可能降低程式的可讀性）。

範例：

```
delay(100);
```

{}(大括號)

大括號用來將程式代碼分成一個又一個的區塊，如以下範例所示，在 loop()函式的前、後，必須用大括號括起來。

範例：

```
void loop(){
    Serial.pritln("Hello !! Welcome to Arduino world");
}
```

註解

　　程式的註解就是對代碼的解釋和說明，攥寫註解有助於程式設計師(或其他人)了解代碼的功能。

　　Arduino 處理器在對程式碼進行編譯時會忽略註解的部份。

　　Arduino 語言中的攥寫註解有兩種方式

```
//單行註解：這整行的文字會被處理器忽略
/*多行註解：
      在這個範圍內你可以
      寫　一篇　小說
  */
```

變數

　　程式中的變數與數學使用的變數相似，都是用某些符號或單字代替某些數值，從而得以方便計算過程。程式語言中的變數屬於識別字 (identifier) ， C 語言對於識別字有一定的命名規則，例如只能用英文大小寫字母、數字以及底線符號

　　其中，數字不能用作識別字的開頭，單一識別字裡不允許有空格，而如 int 、char 為 C 語言的關鍵字 (keyword) 之一，屬於程式語言的語法保留字，因此也不能用為自行定義的名稱。通常編譯器至少能讀取名稱的前 31 個字元，但外部名稱可能只能保證前六個字元有效。

　　變數使用前要先進行宣告 (declaration) ，宣告的主要目的是告訴編譯器這個變數屬於哪一種資料型態，好讓編譯器預先替該變數保留足夠的記憶體空間。宣告的方式很簡單，就是型態名稱後面接空格，然後是變數的識別名稱

常數

> HIGH | LOW
> INPUT | OUTPUT
> true | false
> Integer Constants

資料型態

> boolean
> char
> byte
> int
> unsigned int
> long
> unsigned long
> float
> double
> string
> array
> void

常數

在 Arduino 語言中事先定義了一些具特殊用途的保留字。HIGH 和 LOW 用來表示你開啟或是關閉了一個 Arduino 的腳位(Pin)。INPUT 和 OUTPUT 用來指示這個 Arduino 的腳位(Pin)是屬於輸入或是輸出用途。true 和 false 用來指示一個條件或表示式為真或是假。

變數

變數用來指定 Arduino 記憶體中的一個位置，變數可以用來儲存資料，程式人員可以透過程式碼去不限次數的操作變數的值。

因為 Arduino 是一個非常簡易的微處理器，但你要宣告一個變數時必須先定義他的資料型態，好讓微處理器知道準備多大的空間以儲存這個變數值。

Arduino 語言支援的資料型態:

布林 boolean

布林變數的值只能為真(true)或是假(false)

字元 char

單一字元例如 A，和一般的電腦做法一樣 Arduino 將字元儲存成一個數字，即使你看到的明明就是一個文字。

用數字表示一個字元時，它的值有效範圍為 -128 到 127。

PS：目前有兩種主流的電腦編碼系統 ASCII 和 UNICODE。

● ASCII 表示了 127 個字元， 用來在序列終端機和分時計算機之間傳輸文字。

● UNICODE 可表示的字量比較多，在現代電腦作業系統內它可以用來表示多國語言。

在位元數需求較少的資訊傳輸時，例如義大利文或英文這類由拉丁文，阿拉伯數字和一般常見符號構成的語言，ASCII 仍是目前主要用來交換資訊的編碼法。

位元組 byte

儲存的數值範圍為 0 到 255。如同字元一樣位元組型態的變數只需要用一個位元組(8 位元)的記憶體空間儲存。

整數 int

整數資料型態用到 2 位元組的記憶體空間，可表示的整數範圍為 –32,768 到 32,767; 整數變數是 Arduino 內最常用到的資料型態。

整數 unsigned int

無號整數同樣利用 2 位元組的記憶體空間，無號意謂著它不能儲存負的數值，因此無號整數可表示的整數範圍為 0 到 65,535。

長整數 long

長整數利用到的記憶體大小是整數的兩倍，因此它可表示的整數範圍從 – 2,147,483,648 到 2,147,483,647。

長整數 unsigned long

無號長整數可表示的整數範圍為 0 到 4,294,967,295。

浮點數 float

浮點數就是用來表達有小數點的數值，每個浮點數會用掉四位元組的 RAM，注意晶片記憶體空間的限制，謹慎的使用浮點數。

雙精準度 浮點數 double

雙精度浮點數可表達最大值為 1.7976931348623157 x 10308。

字串 string

字串用來表達文字信息，它是由多個 ASCII 字元組成(你可以透過序串埠發送一個文字資訊或者將之顯示在液晶顯示器上)。字串中的每一個字元都用一個組元組空間儲存，並且在字串的最尾端加上一個空字元以提示 Ardunio 處理器字串的結束。下面兩種宣告方式是相同的。

```
char word1 = "Arduino world"; // 7 字元 + 1 空字元
char word2 = "Arduino is a good developed kit"; // 與上行相同
```

陣列 array

一串變數可以透過索引去直接取得。假如你想要儲存不同程度的 LED 亮度時，你可以宣告六個變數 light01，light02，light03，light04，light05，light06，但其實你有更好的選擇，例如宣告一個整數陣列變數如下：

```
int light = {0, 20, 40, 65, 80, 100};
```

"array" 這個字為沒有直接用在變數宣告，而是[]和{}宣告陣列。

控制指令

string(字串)

範例

```
char Str1[15];
char Str2[8] = {'a', 'r', 'd', 'u', 'i', 'n', 'o'};
char Str3[8] = {'a', 'r', 'd', 'u', 'i', 'n', 'o', '\0'};
char Str4[ ] = "arduino";
char Str5[8] = "arduino";
char Str6[15] = "arduino";
```

解釋如下：

● 在 Str1 中 聲明一個沒有初始化的字元陣列

● 在 Str2 中 聲明一個字元陣列(包括一個附加字元)，編譯器會自動添加所需的空字元

● 在 Str3 中 明確加入空字元

● 在 Str4 中 用引號分隔初始化的字串常數，編譯器將調整陣列的大小，以適應字串常量和終止空字元

● 在 Str5 中 初始化一個包括明確的尺寸和字串常量的陣列

● 在 Str6 中 初始化陣列，預留額外的空間用於一個較大的字串

空終止字元

一般來說，字串的結尾有一個空終止字元（ASCII 代碼 0）， 以此讓功能函數（例如 Serial.prinf()）知道一個字串的結束， 否則，他們將從記憶體繼續讀取後續位元組，而這些並不屬於所需字串的一部分。

這表示你的字串比你想要的文字包含更多的個字元空間， 這就是為什麼 Str2 和 Str5 需要八個字元， 即使 "Arduino" 只有七個字元 - 最後一個位置會自動填充空字元， str4 將自動調整為八個字元，包括一個額外的 null， 在 Str3 的，我們自己已經明確地包含了空字元(寫入 '\0')。

使用符號：單引號?還是雙引號?

- 定義字串時使用雙引號(例如 "ABC")，

- 定義一個單獨的字元時使用單引號(例如'A')

範例

```
字串測試範例(stringtest01)
char* myStrings[]={
  "This is string 1", "This is string 2", "This is string 3",
  "This is string 4", "This is string 5","This is string 6"};

void setup(){
  Serial.begin(9600);
}

void loop(){
  for (int i = 0; i < 6; i++){
    Serial.println(myStrings[i]);
    delay(500);
  }
}
```

char* 在字元資料類型 char 後跟了一個星號'*'表示這是一個 "指標" 陣列，所有的陣列名稱實際上是指標，所以這需要一個陣列的陣列。

指標對於 C 語言初學者而言是非常深奧的部分之一， 但是目前我們沒有必要瞭解詳細指標，就可以有效地應用它。

型態轉換

- ➢ char()
- ➢ byte()
- ➢ int()
- ➢ long()
- ➢ float()

char()

指令用法

將資料轉程字元形態：

語法：char(x)

參數

x: 想要轉換資料的變數或內容

回傳

字元形態資料

unsigned char()

一個無符號資料類型佔用 1 個位元組的記憶體:與 byte 的資料類型相同，無符號的 char 資料類型能編碼 0 到 255 的數位，為了保持 Arduino 的程式設計風格的一致性，byte 資料類型是首選。

指令用法

將資料轉程字元形態：

語法：unsigned char(x)

參數

x: 想要轉換資料的變數或內容

回傳

字元形態資料

```
unsigned char myChar = 240;
```

byte()

指令用法

將資料轉換位元資料形態：

語法：byte(x)

參數

x: 想要轉換資料的變數或內容

回傳

位元資料形態的資料

int(x)

指令用法

將資料轉換整數資料形態：

語法：int(x)

參數

x: 想要轉換資料的變數或內容

回傳

整數資料形態的資料

unsigned int(x)

unsigned int(無符號整數)與整型資料同樣大小，佔據 2 位元組: 它只能用於存儲正數而不能存儲負數，範圍 0~65,535 (2^16) - 1)。

指令用法

將資料轉換整數資料形態:

語法: unsigned int(x)

參數

x: 想要轉換資料的變數或內容

回傳

整數資料形態的資料

```
unsigned int ledPin = 13;
```

long()

指令用法

將資料轉換長整數資料形態:

語法: int(x)

參數

x: 想要轉換資料的變數或內容

回傳

長整數資料形態的資料

unsigned long()

　　無符號長整型變數擴充了變數容量以存儲更大的資料，　它能存儲 32 位元(4位元組)資料:與標準長整型不同無符號長整型無法存儲負數，　其範圍從 0 到 4,294,967,295（2^32-1）。

指令用法

將資料轉換長整數資料形態：

語法：unsigned int(x)

參數

x: 想要轉換資料的變數或內容

回傳

長整數資料形態的資料

```
unsigned long time;

void setup()
{
     Serial.begin(9600);
}

void loop()
{
  Serial.print("Time: ");
  time = millis();
  //程式開始後一直列印時間
  Serial.println(time);
  //等待一秒鐘，以免發送大量的資料
  delay(1000);
}
```

float()

指令用法

將資料轉換浮點數資料形態：

語法：float(x)

參數

x: 想要轉換資料的變數或內容

回傳

浮點數資料形態的資料

邏輯控制

控制流程

if
if...else
for
switch case
while
do... while
break
continue
return

Ardunio 利用一些關鍵字控制程式碼的邏輯。

if … else

If 必須緊接著一個問題表示式(expression)，若這個表示式為真，緊連著表示式後的代碼就會被執行。若這個表示式為假，則執行緊接著 else 之後的代碼. 只使用 if 不搭配 else 是被允許的。

範例：

```
#define LED 12
void setup()
{
   int val =1;
   if (val == 1) {
   digitalWrite(LED,HIGH);
}
}
void loop()
{
}
```

for

用來明定一段區域代碼重覆指行的次數。

範例：

```
void setup()
{
   for (int i = 1; i < 9; i++) {
      Serial.print("2 * ");
      Serial.print(i);
      Serial.print(" = ");
      Serial.print(2*i);

   }
}
void loop()
{
}
```

switch case

if 敘述是程式裡的分叉選擇，switch case 是更多選項的分叉選擇。swith case 根據變數值讓程式有更多的選擇，比起一串冗長的 if 敘述，使用 swith case 可使程式代碼看起來比較簡潔。

範例：

```
void setup()
{
  int sensorValue;
    sensorValue = analogRead(1);
  switch (sensorValue) {

  case 10:
    digitalWrite(13,HIGH);
    break;

case 20:
  digitalWrite(12,HIGH);
  break;

default: // 以上條件都不符合時，預設執行的動作
    digitalWrite(12,LOW);
    digitalWrite(13,LOW);
}
}
void loop()
{
  }
```

while

當 while 之後的條件成立時，執行括號內的程式碼。

範例：

```
void setup()
{
```

```
    int sensorValue;
    // 當 sensor 值小於 256，閃爍 LED 1 燈
    sensorValue = analogRead(1);
    while (sensorValue < 256) {
        digitalWrite(13,HIGH);
        delay(100);
        digitalWrite(13,HIGH);
        delay(100);
        sensorValue = analogRead(1);
    }
}
void loop()
{
    }
```

do … while

和 while 相似，不同的是 while 前的那段程式碼會先被執行一次，不管特定的條件式為真或為假。因此若有一段程式代碼至少需要被執行一次，就可以使用 do…while 架構。

範例：

```
void setup()
{
    int sensorValue;
    do
    {
        digitalWrite(13,HIGH);
        delay(100);
        digitalWrite(13,HIGH);
        delay(100);
        sensorValue = analogRead(1);
    }
    while (sensorValue < 256);
}
void loop()
{
```

```
}
```

break

Break 讓程式碼跳離迴圈，並繼續執行這個迴圈之後的程式碼。此外，在 break 也用於分隔 switch case 不同的敘述。

範例：

```
void setup()
{
}
void loop()
{
  int sensorValue;
  do {
    // 按下按鈕離開迴圈
    if (digitalRead(7) == HIGH)
        break;
        digitalWrite(13,HIGH);
        delay(100);
        digitalWrite(13,HIGH);
        delay(100);
        sensorValue = analogRead(1);
  }
  while (sensorValue < 512);
}
```

continue

continue 用於迴圈之內，它可以強制跳離接下來的程式，並直接執行下一個迴圈。

範例：

```
#define PWMPin 12
#define SensorPin 8
```

```
void setup()
{
}
void loop()
{
    int light;
    int x ;
    for (light = 0; light < 255; light++)
    {
        // 忽略數值介於 140 到 200 之間
        x = analogRead(SensorPin) ;

        if ((x > 140) && (x < 200))
            continue;

        analogWrite(PWMPin, light);
        delay(10);

    }
}
```

return

函式的結尾可以透過 return 回傳一個數值。

例如，有一個計算現在溫度的函式叫 computeTemperature()，你想要回傳現在的溫度給 temperature 變數，你可以這樣寫：

```
#define PWMPin 12
#define SensorPin 8

void setup()
{
}
void loop()
{
    int light;
    int x ;
```

```
for (light = 0; light < 255; light++)
{
    // 忽略數值介於 140 到 200 之間
    x = computeTemperature() ;
    if ((x > 140) && (x < 200))
        continue;

        analogWrite(PWMPin, light);
        delay(10);
}
}
int computeTemperature() {

    int temperature = 0;
    temperature = (analogRead(SensorPin) + 45) / 100;
        return temperature;
}
```

算術運算

算術符號

=　(給值)

+　(加法)

-　(減法)

*　(乘法)

/　(除法)

%　(求餘數)

　　你可以透過特殊的語法用 Arduino 去做一些複雜的計算。 + 和 - 就是一般數學上的加減法，乘法用*示，而除法用 /表示。

　　另外餘數除法(%)，用於計算整數除法的餘數值: 一個整數除以另一個數，其餘數稱為模數，它有助於保持一個變數在一個特定的範圍(例如陣列的大小)。

語法：

result = dividend % divisor

參數：

- dividend：一個被除的數字

- divisor：一個數字用於除以其他數

{}括號

你可以透過多層次的括弧去指定算術之間的循序。和數學函式不一樣，中括號和大括號在此被保留在不同的用途(分別為陣列索引，和宣告區域程式碼)。

範例：

```
#define PWMPin 12
#define SensorPin 8

void setup()
{
        int sensorValue;
        int light;
        int remainder;

        sensorValue = analogRead(SensorPin) ;
        light = ((12 * sensorValue) - 5 ) / 2;
        remainder = 3 % 2;

}
void loop()
{
}
```

比較運算

== (等於)

!= (不等於)

< (小於)

> (大於)

<= (小於等於)

>= (大於等於)

當你在指定 if,while, for 敘述句時，可以運用下面這個運算符號：

符號	意義	範例
==	等於	a==1
!=	不等於	a!=1
<	小於	a<1
>	大於	a>1
<=	小於等於	a<=1
>=	大於等於	a>=1

布林運算

➢ && (and)
➢ || (or)
➢ ! (not)

當你想要結合多個條件式時，可以使用布林運算符號。

例如你想要檢查從感測器傳回的數值是否於 5 到 10，你可以這樣寫：

```
#define PWMPin 12
#define SensorPin 8
void setup()
{
```

```
}
void loop()
{
    int light;
    int sensor ;
    for (light = 0; light < 255; light++)
    {
            // 忽略數值介於 140 到 200 之間
            sensor = analogRead(SensorPin) ;

    if ((sensor >= 5) && (sensor <=10))
            continue;

            analogWrite(PWMPin, light);
            delay(10);
    }
}
```

這裡有三個運算符號: 交集(and)用 **&&** 表示; 聯集(or)用 ‖ 表示; 反相(finally not)用 !表示。

複合運算符號：有一般特殊的運算符號可以使程式碼比較簡潔，例如累加運算符號。

例如將一個值加 1，你可以這樣寫:

```
Int value = 10 ;
value = value + 1 ;
```

你也可以用一個複合運算符號累加(++)：

```
Int value = 10 ;
value ++;
```

複合運算符號

- ➤ ++ (increment)
- ➤ -- (decrement)
- ➤ += (compound addition)
- ➤ -= (compound subtraction)
- ➤ *= (compound multiplication)
- ➤ /= (compound division)

累加和遞減 (++ 和 --)

當你在累加 1 或遞減 1 到一個數值時。請小心 i++ 和 ++i 之間的不同。如果你用的是 i++，i 會被累加並且 i 的值等於 i+1；但當你使用 ++i 時，i 的值等於 i，直到這行指令被執行完時 i 再加 1。同理應用於 – –。

+= , – =, *= and /=

這些運算符號可讓表示式更精簡，下面二個表示式是等價的：

```
Int value = 10 ;
value    = value +5 ;      // (此兩者都是等價)
value   += 5 ;              // (此兩者都是等價)
```

輸入輸出腳位設定

數位訊號輸出/輸入

- ➤ PinMode()
- ➤ digitalWrite()
- ➤ digitalRead()

類比訊號輸出/輸入

- ➤ analogRead()

> analogWrite() - PWM

Arduino 內含了一些處理輸出與輸入的切換功能，相信已經從書中程式範例略知一二。

PinMode(Pin, mode)

將數位腳位(digital Pin)指定為輸入或輸出。

範例

```
#define sensorPin 7
#define PWNPin 8
void setup()
{
PinMode(sensorPin,INPUT); // 將腳位 sensorPin (7) 定為輸入模式
}
void loop()
{
}
```

digitalWrite(Pin, value)

將數位腳位指定為開或關。腳位必須先透過 PinMode 明示為輸入或輸出模式
digitalWrite 才能生效。

範例：

```
#define PWNPin 8
#define sensorPin 7
void setup()
{
digitalWrite (PWNPin,OUTPUT); // 將腳位 PWNPin (8) 定為輸入模式
}
void loop()
```

```
{}
```

int digitalRead(Pin)

將輸入腳位的值讀出，當感測到腳位處於高電位時時回傳 HIGH，否則回傳 LOW。

範例：

```
#define PWNPin 8
#define sensorPin 7
void setup()
{
    PinMode(sensorPin,INPUT); // 將腳位 sensorPin (7) 定為輸入模式
    val = digitalRead(7); // 讀出腳位 7 的值並指定給 val
}
void loop()
{
}
```

int analogRead(Pin)

讀出類比腳位的電壓並回傳一個 0 到 1023 的數值表示相對應的 0 到 5 的電壓值。

範例：

```
#define PWNPin 8
#define sensorPin 7
void setup()
{
    PinMode(sensorPin,INPUT); // 將腳位 sensorPin (7) 定為輸入模式
    val = analogRead (7); // 讀出腳位 7 的值並指定給 val
}
void loop()
```

```
{
}
```

analogWrite(Pin, value)

改變 PWM 腳位的輸出電壓值，腳位通常會在 3、5、6、9、10 與 11。value 變數範圍 0-255，例如：輸出電壓 2.5 伏特（V），該值大約是 128。

範例：

```
#define PWNPin 8
#define sensorPin 7
void setup()
{
analogWrite (PWNPin,OUTPUT); // 將腳位 PWNPin (8) 定為輸入模式
}
void loop()
{    }
```

進階 I/O

➢ tone()
➢ noTone()
➢ shiftOut()
➢ pulseIn()

tone(Pin)

使用 Arduino 開發板，使用一個 Digital Pin(數位接腳)連接喇叭，如本例子是接在數位接腳 13(Digital Pin 13)，讀者也可將喇叭接在您想要的腳位，只要將下列程式作對應修改，可以產生想要的音調。

範例：

```
#include <Tone.h>
```

```
Tone tone1;

void setup()
{
   tone1.begin(13);
   tone1.play(NOTE_A4);
}

void loop()
{
}
```

表 1 Tone 頻率表

常態變數	頻率(Frequency (Hz))
NOTE_B2	123
NOTE_C3	131
NOTE_CS3	139
NOTE_D3	147
NOTE_DS3	156
NOTE_E3	165
NOTE_F3	175
NOTE_FS3	185
NOTE_G3	196
NOTE_GS3	208
NOTE_A3	220
NOTE_AS3	233
NOTE_B3	247
NOTE_C4	262
NOTE_CS4	277
NOTE_D4	294
NOTE_DS4	311
NOTE_E4	330
NOTE_F4	349
NOTE_FS4	370

常態變數	頻率(Frequency (Hz))
NOTE_G4	392
NOTE_GS4	415
NOTE_A4	440
NOTE_AS4	466
NOTE_B4	494
NOTE_C5	523
NOTE_CS5	554
NOTE_D5	587
NOTE_DS5	622
NOTE_E5	659
NOTE_F5	698
NOTE_FS5	740
NOTE_G5	784
NOTE_GS5	831
NOTE_A5	880
NOTE_AS5	932
NOTE_B5	988
NOTE_C6	1047
NOTE_CS6	1109
NOTE_D6	1175
NOTE_DS6	1245
NOTE_E6	1319
NOTE_F6	1397
NOTE_FS6	1480
NOTE_G6	1568
NOTE_GS6	1661
NOTE_A6	1760
NOTE_AS6	1865
NOTE_B6	1976
NOTE_C7	2093
NOTE_CS7	2217
NOTE_D7	2349
NOTE_DS7	2489
NOTE_E7	2637
NOTE_F7	2794
NOTE_FS7	2960

常態變數	頻率(Frequency (Hz))
NOTE_G7	3136
NOTE_GS7	3322
NOTE_A7	3520
NOTE_AS7	3729
NOTE_B7	3951
NOTE_C8	4186
NOTE_CS8	4435
NOTE_D8	4699
NOTE_DS8	4978

資料來源：

https://code.google.com/p/rogue-code/wiki/ToneLibraryDocumentation#Ugly_Details

表 2 Tone 音階頻率對照表

音階	常態變數	頻率(Frequency (Hz))
低音 Do	NOTE_C4	262
低音 Re	NOTE_D4	294
低音 Mi	NOTE_E4	330
低音 Fa	NOTE_F4	349
低音 So	NOTE_G4	392
低音 La	NOTE_A4	440
低音 Si	NOTE_B4	494
中音 Do	NOTE_C5	523
中音 Re	NOTE_D5	587
中音 Mi	NOTE_E5	659
中音 Fa	NOTE_F5	698
中音 So	NOTE_G5	784
中音 La	NOTE_A5	880
中音 Si	NOTE_B5	988
高音 Do	NOTE_C6	1047
高音 Re	NOTE_D6	1175
高音 Mi	NOTE_E6	1319

音階	常態變數	頻率(Frequency (Hz))
高音 Fa	NOTE_F6	1397
高音 So	NOTE_G6	1568
高音 La	NOTE_A6	1760
高音 Si	NOTE_B6	1976
高高音 Do	NOTE_C7	2093

資料來源：

https://code.google.com/p/rogue-code/wiki/ToneLibraryDocumentation#Ugly_Details

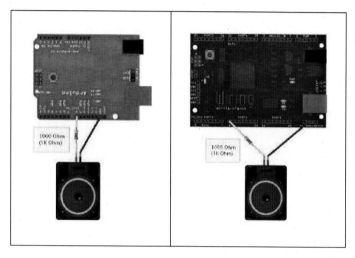

圖 163 Tone 接腳圖

資料來源：

https://code.google.com/p/rogue-code/wiki/ToneLibraryDocumentation#Ugly_Details

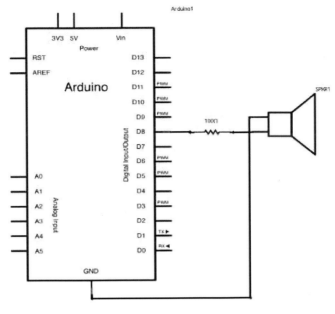

圖 164 Arduino 喇吧接線圖

Mario 音樂範例：

```
/*
    Arduino Mario Bros Tunes
    With Piezo Buzzer and PWM
    by: Dipto Pratyaksa
    last updated: 31/3/13
*/
#include <pitches.h>

#define melodyPin 3
//Mario main theme melody
int melody[] = {
    NOTE_E7, NOTE_E7, 0, NOTE_E7,
    0, NOTE_C7, NOTE_E7, 0,
    NOTE_G7, 0, 0,   0,
    NOTE_G6, 0, 0, 0,
```

```
    NOTE_C7, 0, 0, NOTE_G6,
    0, 0, NOTE_E6, 0,
    0, NOTE_A6, 0, NOTE_B6,
    0, NOTE_AS6, NOTE_A6, 0,

    NOTE_G6, NOTE_E7, NOTE_G7,
    NOTE_A7, 0, NOTE_F7, NOTE_G7,
    0, NOTE_E7, 0,NOTE_C7,
    NOTE_D7, NOTE_B6, 0, 0,

    NOTE_C7, 0, 0, NOTE_G6,
    0, 0, NOTE_E6, 0,
    0, NOTE_A6, 0, NOTE_B6,
    0, NOTE_AS6, NOTE_A6, 0,

    NOTE_G6, NOTE_E7, NOTE_G7,
    NOTE_A7, 0, NOTE_F7, NOTE_G7,
    0, NOTE_E7, 0,NOTE_C7,
    NOTE_D7, NOTE_B6, 0, 0
};
//Mario main them tempo
int tempo[] = {
    12, 12, 12, 12,
    12, 12, 12, 12,
    12, 12, 12, 12,
    12, 12, 12, 12,

    12, 12, 12, 12,
    12, 12, 12, 12,
    12, 12, 12, 12,
    12, 12, 12, 12,

    9, 9, 9,
    12, 12, 12, 12,
    12, 12, 12, 12,
    12, 12, 12, 12,

    12, 12, 12, 12,
    12, 12, 12, 12,
```

```
  12, 12, 12, 12,
  12, 12, 12, 12,

  9, 9, 9,
  12, 12, 12, 12,
  12, 12, 12, 12,
  12, 12, 12, 12,
};

//

//Underworld melody
int underworld_melody[] = {
  NOTE_C4, NOTE_C5, NOTE_A3, NOTE_A4,
  NOTE_AS3, NOTE_AS4, 0,
  0,
  NOTE_C4, NOTE_C5, NOTE_A3, NOTE_A4,
  NOTE_AS3, NOTE_AS4, 0,
  0,
  NOTE_F3, NOTE_F4, NOTE_D3, NOTE_D4,
  NOTE_DS3, NOTE_DS4, 0,
  0,
  NOTE_F3, NOTE_F4, NOTE_D3, NOTE_D4,
  NOTE_DS3, NOTE_DS4, 0,
  0, NOTE_DS4, NOTE_CS4, NOTE_D4,
  NOTE_CS4, NOTE_DS4,
  NOTE_DS4, NOTE_GS3,
  NOTE_G3, NOTE_CS4,
  NOTE_C4, NOTE_FS4,NOTE_F4, NOTE_E3, NOTE_AS4, NOTE_A4,
  NOTE_GS4, NOTE_DS4, NOTE_B3,
  NOTE_AS3, NOTE_A3, NOTE_GS3,
  0, 0, 0
};
//Underwolrd tempo
int underworld_tempo[] = {
  12, 12, 12, 12,
  12, 12, 6,
  3,
  12, 12, 12, 12,
```

```
    12, 12, 6,
    3,
    12, 12, 12, 12,
    12, 12, 6,
    3,
    12, 12, 12, 12,
    12, 12, 6,
    6, 18, 18, 18,
    6, 6,
    6, 6,
    6, 6,
    18, 18, 18,18, 18, 18,
    10, 10, 10,
    10, 10, 10,
    3, 3, 3
};

void setup(void)
{
    PinMode(3, OUTPUT);//buzzer
    PinMode(13, OUTPUT);//led indicator when singing a note

}
void loop()
{
//sing the tunes
    sing(1);
    sing(1);
    sing(2);
}
int song = 0;

void sing(int s){
    // iterate over the notes of the melody:
    song = s;
    if(song==2){
        Serial.println(" 'Underworld Theme'");
        int size = sizeof(underworld_melody) / sizeof(int);
        for (int thisNote = 0; thisNote < size; thisNote++) {
```

```
        // to calculate the note duration, take one second
        // divided by the note type.
        //e.g. quarter note = 1000 / 4, eighth note = 1000/8, etc.
        int noteDuration = 1000/underworld_tempo[thisNote];

        buzz(melodyPin, underworld_melody[thisNote],noteDuration);

        // to distinguish the notes, set a minimum time between them.
        // the note's duration + 30% seems to work well:
        int pauseBetweenNotes = noteDuration * 1.30;
        delay(pauseBetweenNotes);

        // stop the tone playing:
        buzz(melodyPin, 0,noteDuration);

    }

}else{

    Serial.println(" 'Mario Theme'");
    int size = sizeof(melody) / sizeof(int);
    for (int thisNote = 0; thisNote < size; thisNote++) {

        // to calculate the note duration, take one second
        // divided by the note type.
        //e.g. quarter note = 1000 / 4, eighth note = 1000/8, etc.
        int noteDuration = 1000/tempo[thisNote];

        buzz(melodyPin, melody[thisNote],noteDuration);

        // to distinguish the notes, set a minimum time between them.
        // the note's duration + 30% seems to work well:
        int pauseBetweenNotes = noteDuration * 1.30;
        delay(pauseBetweenNotes);

        // stop the tone playing:
        buzz(melodyPin, 0,noteDuration);
```

```
      }
    }
  }


void buzz(int targetPin, long frequency, long length) {
    digitalWrite(13,HIGH);
    long delayValue = 1000000/frequency/2; // calculate the delay value between transi-
tions
    //// 1 second's worth of microseconds, divided by the frequency, then split in half since
    //// there are two phases to each cycle
    long numCycles = frequency * length/ 1000; // calculate the number of cycles for
proper timing
    //// multiply frequency, which is really cycles per second, by the number of seconds to
    //// get the total number of cycles to produce
    for (long i=0; i < numCycles; i++){ // for the calculated length of time...
        digitalWrite(targetPin,HIGH); // write the buzzer Pin high to push out the diaphram
        delayMicroseconds(delayValue); // wait for the calculated delay value
        digitalWrite(targetPin,LOW); // write the buzzer Pin low to pull back the diaphram
        delayMicroseconds(delayValue); // wait again or the calculated delay value
    }
    digitalWrite(13,LOW);


}
```

```
/************************************************
 * Public Constants
 ************************************************/


#define NOTE_B0   31
#define NOTE_C1   33
#define NOTE_CS1 35
#define NOTE_D1   37
#define NOTE_DS1 39
#define NOTE_E1   41
#define NOTE_F1   44
#define NOTE_FS1 46
#define NOTE_G1   49
#define NOTE_GS1 52
#define NOTE_A1   55
```

```
#define NOTE_AS1 58
#define NOTE_B1   62
#define NOTE_C2   65
#define NOTE_CS2 69
#define NOTE_D2   73
#define NOTE_DS2 78
#define NOTE_E2   82
#define NOTE_F2   87
#define NOTE_FS2 93
#define NOTE_G2   98
#define NOTE_GS2 104
#define NOTE_A2   110
#define NOTE_AS2 117
#define NOTE_B2   123
#define NOTE_C3   131
#define NOTE_CS3 139
#define NOTE_D3   147
#define NOTE_DS3 156
#define NOTE_E3   165
#define NOTE_F3   175
#define NOTE_FS3 185
#define NOTE_G3   196
#define NOTE_GS3 208
#define NOTE_A3   220
#define NOTE_AS3 233
#define NOTE_B3   247
#define NOTE_C4   262
#define NOTE_CS4 277
#define NOTE_D4   294
#define NOTE_DS4 311
#define NOTE_E4   330
#define NOTE_F4   349
#define NOTE_FS4 370
#define NOTE_G4   392
#define NOTE_GS4 415
#define NOTE_A4   440
#define NOTE_AS4 466
#define NOTE_B4   494
#define NOTE_C5   523
```

```c
#define NOTE_CS5 554
#define NOTE_D5   587
#define NOTE_DS5 622
#define NOTE_E5   659
#define NOTE_F5   698
#define NOTE_FS5 740
#define NOTE_G5   784
#define NOTE_GS5 831
#define NOTE_A5   880
#define NOTE_AS5 932
#define NOTE_B5   988
#define NOTE_C6   1047
#define NOTE_CS6 1109
#define NOTE_D6   1175
#define NOTE_DS6 1245
#define NOTE_E6   1319
#define NOTE_F6   1397
#define NOTE_FS6 1480
#define NOTE_G6   1568
#define NOTE_GS6 1661
#define NOTE_A6   1760
#define NOTE_AS6 1865
#define NOTE_B6   1976
#define NOTE_C7   2093
#define NOTE_CS7 2217
#define NOTE_D7   2349
#define NOTE_DS7 2489
#define NOTE_E7   2637
#define NOTE_F7   2794
#define NOTE_FS7 2960
#define NOTE_G7   3136
#define NOTE_GS7 3322
#define NOTE_A7   3520
#define NOTE_AS7 3729
#define NOTE_B7   3951
#define NOTE_C8   4186
#define NOTE_CS8 4435
#define NOTE_D8   4699
#define NOTE_DS8 4978
```

shiftOut(dataPin, clockPin, bitOrder, value)

把資料傳給用來延伸數位輸出的暫存器,函式使用一個腳位表示資料、一個腳位表示時脈。bitOrder 用來表示位元間移動的方式（LSBFIRST 最低有效位元或是 MSBFIRST 最高有效位元），最後 value 會以 byte 形式輸出。此函式通常使用在延伸數位的輸出。

範例：

```
#define dataPin 8
#define clockPin 7
void setup()
{
shiftOut(dataPin, clockPin, LSBFIRST, 255);
}
void loop()
{    }
```

unsigned long pulseIn(Pin, value)

設定讀取腳位狀態的持續時間,例如使用紅外線、加速度感測器測得某一項數值時,在時間單位內不會改變狀態。

範例：

```
#define dataPin 8
#define pulsein 7
void setup()
{
Int time ;
time = pulsein(pulsein,HIGH); // 設定腳位 7 的狀態在時間單位內保持為 HIGH
}
void loop()
{    }
```

時間函式

> millis()
> micros()
> delay()
> delayMicroseconds()

控制與計算晶片執行期間的時間

unsigned long millis()

回傳晶片開始執行到目前的毫秒

範例:

```
int    lastTime ,duration;
void setup()
{
   lastTime = millis() ;
}
void loop()
{
   duration = -lastTime; // 表示自"lastTime"至當下的時間
}
```

delay(ms)

暫停晶片執行多少毫秒

範例:

```
void setup()
```

```
{
  Serial.begin(9600);
}
void loop()
{
  Serial.print(millis()) ;
  delay(500); //暫停半秒（500 毫秒）
}
```

「毫」是 10 的負 3 次方的意思，所以「毫秒」就是 10 的負 3 次方秒，也就是 0.001 秒。

表 3 常用單位轉換表

符號	中文	英文	符號意義
p	微微	pico	10 的負 12 次方
n	奈	nano	10 的負 9 次方
u	微	micro	10 的負 6 次方
m	毫	milli	10 的負 3 次方
K	仟	kilo	10 的 3 次方
M	百萬	mega	10 的 6 次方
G	十億	giga	10 的 9 次方
T	兆	tera	10 的 12 次方

delay Microseconds(us)

暫停晶片執行多少微秒

範例:

```
void setup()
{
  Serial.begin(9600);
}
void loop()
{
  Serial.print(millis()) ;
```

```
    delayMicroseconds (1000); //暫停半秒（500 毫秒）
  }
```

數學函式

> min()
> max()
> abs()
> constrain()
> map()
> pow()
> sqrt()

三角函式以及基本的數學運算

min(x, y)

回傳兩數之間較小者

範例：

```
#define sensorPin1 7
#define sensorPin2 8
void setup()
{
  int val;
    PinMode(sensorPin1,INPUT); // 將腳位 sensorPin1 (7) 定為輸入模式
    PinMode(sensorPin2,INPUT); // 將腳位 sensorPin2 (8) 定為輸入模式
    val = min(analogRead (sensorPin1), analogRead (sensorPin2)) ;
}
void loop()
{    }
```

max(x, y)

回傳兩數之間較大者

範例：

```
#define sensorPin1 7
#define sensorPin2 8
void setup()
{
  int val;
  PinMode(sensorPin1,INPUT); // 將腳位 sensorPin1 (7) 定為輸入模式
  PinMode(sensorPin2,INPUT); // 將腳位 sensorPin2 (8) 定為輸入模式
  val = max (analogRead (sensorPin1), analogRead (sensorPin2)) ;
}
void loop()
{    }
```

abs(x)

回傳該數的絕對值，可以將負數轉正數。

範例：

```
#define sensorPin1 7
void setup()
{
  int val;
  PinMode(sensorPin1,INPUT); // 將腳位 sensorPin (7) 定為輸入模式
    val = abs(analogRead (sensorPin1)-500);
      // 回傳讀值-500 的絕對值
}
void loop()
{     }
```

constrain(x, a, b)

判斷 x 變數位於 a 與 b 之間的狀態。x 若小於 a 回傳 a；介於 a 與 b 之間回傳 x 本身；大於 b 回傳 b

範例：

```
#define sensorPin1 7
#define sensorPin2 8
#define sensorPin 12
void setup()
{
   int val;
   PinMode(sensorPin1,INPUT); // 將腳位 sensorPin1 (7) 定為輸入模式
   PinMode(sensorPin2,INPUT); // 將腳位 sensorPin2 (8) 定為輸入模式
   PinMode(sensorPin,INPUT); // 將腳位 sensorPin (12) 定為輸入模式
   val = constrain(analogRead(sensorPin), analogRead (sensorPin1), analogRead
(sensorPin2)) ;
   // 忽略大於 255 的數
}
void loop()
{
}
```

map(value, fromLow, fromHigh, toLow, toHigh)

將 value 變數依照 fromLow 與 fromHigh 範圍，對等轉換至 toLow 與 toHigh 範圍。時常使用於讀取類比訊號，轉換至程式所需要的範圍值。

例如：

```
#define sensorPin1 7
#define sensorPin2 8
#define sensorPin 12
void setup()
{
   int val;
   PinMode(sensorPin1,INPUT); // 將腳位 sensorPin1 (7) 定為輸入模式
```

```
    PinMode(sensorPin2,INPUT); // 將腳位 sensorPin2 (8) 定為輸入模式
    PinMode(sensorPin,INPUT); // 將腳位 sensorPin (12) 定為輸入模式
    val = map(analogRead(sensorPin), analogRead (sensorPin1), analogRead
(sensorPin2),0,100) ;
    // 將 analog0 所讀取到的訊號對等轉換至 100 – 200 之間的數值
}
void loop()
{      }
```

double pow(base, exponent)

回傳一個數(base)的指數(exponent)值。

範例：

```
int y=2;
double x = pow(y, 32); // 設定 x 為 y 的 32 次方
```

double sqrt(x)

回傳 double 型態的取平方根值。

範例：

```
int y=2123;
double x = sqrt (y);   // 回傳 2123 平方根的近似值
```

三角函式

- ➢ sin()
- ➢ cos()
- ➢ tan()

double sin(rad)

回傳角度（radians）的三角函式 sine 值。

範例：

```
int y=45;
double sine = sin (y);   // 近似值  0.70710678118654
```

double cos(rad)

回傳角度（radians）的三角函式 cosine 值。

範例：

```
int y=45;
double cosine = cos (y);   // 近似值  0.70710678118654
```

double tan(rad)

回傳角度（radians）的三角函式 tangent 值。

範例：

```
int y=45;
double tangent = tan (y);   // 近似值  1
```

亂數函式

➢ randomSeed()
➢ random()

本函數是用來產生亂數用途：

randomSeed(seed)

事實上在 Arduino 裡的亂數是可以被預知的。所以如果需要一個真正的亂數，可以呼叫此函式重新設定產生亂數種子。你可以使用亂數當作亂數的種子，以確保數字以隨機的方式出現，通常會使用類比輸入當作亂數種子，藉此可以產生與環境有關的亂數。

範例：

```
#define sensorPin 7
void setup()
{
randomSeed(analogRead(sensorPin)); // 使用類比輸入當作亂數種子
}
void loop()
{
}
```

long random(min, max)

回傳指定區間的亂數，型態為 long。如果沒有指定最小值，預設為 0。

範例：

```
#define sensorPin 7
long randNumber;
void setup(){
  Serial.begin(9600);
  // if analog input Pin sensorPin(7) is unconnected, random analog
  // noise will cause the call to randomSeed() to generate
  // different seed numbers each time the sketch runs.
  // randomSeed() will then shuffle the random function.
  randomSeed(analogRead(sensorPin));
}
void loop() {
  // print a random number from 0 to 299
  randNumber = random(300);
  Serial.println(randNumber);
```

```
// print a random number from   0 to 100
randNumber = random(0, 100);   // 回傳 0－99 之間的數字
Serial.println(randNumber);
delay(50);
}
```

通訊函式

你可以在許多例子中，看見一些使用序列埠與電腦交換資訊的範例，以下是函式解釋。

Serial.begin(speed)

你可以指定 Arduino 從電腦交換資訊的速率，通常我們使用 9600 bps。當然也可以使用其他的速度，但是通常不會超過 115,200 bps（每秒位元組）。

範例：

```
void setup() {
   Serial.begin(9600);        // open the serial port at 9600 bps:
}
void loop() {
 }
```

Serial.print(data)

Serial.print(data, 格式字串(encoding))

經序列埠傳送資料，提供編碼方式的選項。如果沒有指定，預設以一般文字傳送。

範例：

```
int x = 0;     // variable
```

```
void setup() {
   Serial.begin(9600);          // open the serial port at 9600 bps:
}

void loop() {
   // print labels
   Serial.print("NO FORMAT");          // prints a label
   Serial.print("\t");                 // prints a tab
   Serial.print("DEC");
   Serial.print("\t");
   Serial.print("HEX");
   Serial.print("\t");
   Serial.print("OCT");
   Serial.print("\t");
   Serial.print("BIN");
   Serial.print("\t");
}
```

Serial.println(data)

Serial.println(data, ,格式字串(encoding))

與 Serial.print()相同，但會在資料尾端加上換行字元（ ）。意思如同你在鍵盤上打了一些資料後按下 Enter。

範例：

```
int x = 0;      // variable
void setup() {
   Serial.begin(9600);          // open the serial port at 9600 bps:
}
void loop() {
   // print labels
   Serial.print("NO FORMAT");          // prints a label
   Serial.print("\t");                 // prints a tab
   Serial.print("DEC");
   Serial.print("\t");
```

```
Serial.print("HEX");
Serial.print("\t");
Serial.print("OCT");
Serial.print("\t");
Serial.print("BIN");
Serial.print("\t");

for(x=0; x< 64; x++){      // only part of the ASCII chart, change to suit
  // print it out in many formats:
  Serial.print(x);              // print as an ASCII-encoded decimal - same as "DEC"
  Serial.print("\t");      // prints a tab
  Serial.print(x, DEC);    // print as an ASCII-encoded decimal
  Serial.print("\t");      // prints a tab
  Serial.print(x, HEX);    // print as an ASCII-encoded hexadecimal
  Serial.print("\t");      // prints a tab
  Serial.print(x, OCT);    // print as an ASCII-encoded octal
  Serial.print("\t");      // prints a tab
  Serial.println(x, BIN);  // print as an ASCII-encoded binary
  //                  then adds the carriage return with "println"
  delay(200);                   // delay 200 milliseconds
}
Serial.println("");          // prints another carriage return
}
```

格式字串(encoding)

Arduino 的 print()和 println()，在列印內容時，可以指定列印內容使用哪一種格式列印，若不指定，則以原有內容列印。

列印格式如下：

1. BIN(二進位，或以 2 為基數)，

2. OCT(八進制，或以 8 為基數)，

3. DEC(十進位，或以 10 為基數)，

4. HEX(十六進位，或以 16 為基數)。

使用範例如下：

- Serial.print(78,BIN)輸出為 "1001110"

- Serial.print(78,OCT)輸出為 "116"

- Serial.print(78,DEC)輸出為 "78"

- Serial.print(78,HEX)輸出為 "4E"

對於浮點型數位，可以指定輸出的小數數位。例如

- Serial.println(1.23456,0)輸出為 "1"

- Serial.println(1.23456,2)輸出為 "1.23"

- Serial.println(1.23456,4)輸出為 "1.2346"

Print & Println 列印格式(printformat01)

```
/*
使用 for 迴圈列印一個數字的各種格式。
*/
int x = 0;      // 定義一個變數並賦值

void setup() {
    Serial.begin(9600);        // 打開串口傳輸，並設置串列傳輸速率為 9600
}

void loop() {
    //列印標籤
    Serial.print("NO FORMAT");       // 列印一個標籤
    Serial.print("\t");              // 列印一個轉義字元

    Serial.print("DEC");
    Serial.print("\t");

    Serial.print("HEX");
    Serial.print("\t");
```

```
Serial.print("OCT");
Serial.print("\t");

Serial.print("BIN");
Serial.print("\t");

for(x=0; x< 64; x++){     // 列印 ASCII 碼表的一部分, 修改它的格式得到需要
的內容

    // 列印多種格式:
    Serial.print(x);          // 以十進位格式將 x 列印輸出 - 與 "DEC"相同
    Serial.print("\t");       // 橫向跳格

    Serial.print(x, DEC);   // 以十進位格式將 x 列印輸出
    Serial.print("\t");       // 橫向跳格

    Serial.print(x, HEX);   // 以十六進位格式列印輸出
    Serial.print("\t");       // 橫向跳格

    Serial.print(x, OCT);   // 以八進制格式列印輸出
    Serial.print("\t");       // 橫向跳格

    Serial.println(x, BIN);  // 以二進位格式列印輸出
    //                                  然後用 "println"列印一個回車
    delay(200);              // 延時 200ms
}
Serial.println("");         // 列印一個空字元,並自動換行
}
```

int Serial.available()

回傳有多少位元組(bytes)的資料尚未被 read()函式讀取,如果回傳值是 0 代表所有序列埠上資料都已經被 read()函式讀取。

範例:

```
int incomingByte = 0;      // for incoming serial data
```

```
void setup() {
        Serial.begin(9600);          // opens serial port, sets data rate to 9600 bps
}
void loop() {
        // send data only when you receive data:
        if (Serial.available() > 0) {
                // read the incoming byte:
                incomingByte = Serial.read();
                // say what you got:
                Serial.print("I received: ");
                Serial.println(incomingByte, DEC);
        }
}
```

int Serial.read()

以 byte 方式讀取 1byte 的序列資料

範例：

```
int incomingByte = 0;    // for incoming serial data
void setup() {
   Serial.begin(9600);          // opens serial port, sets data rate to 9600 bps
}
void loop() {
   // send data only when you receive data:
   if (Serial.available() > 0) {
     // read the incoming byte:
     incomingByte = Serial.read();
     // say what you got:
     Serial.print("I received: ");
     Serial.println(incomingByte, DEC);
   }
}
```

int Serial.write()

以 byte 方式寫入資料到序列

範例：

```
void setup(){
   Serial.begin(9600);
}
void loop(){
   Serial.write(45); // send a byte with the value 45
     int bytesSent = Serial.write("hello Arduino , I am a beginner in the Arduino
world");
}
```

Serial.flush()

有時候因為資料速度太快，超過程式處理資料的速度，你可以使用此函式清除緩衝區內的資料。經過此函式可以確保緩衝區(buffer)內的資料都是最新的。

範例：

```
void setup(){
   Serial.begin(9600);
}
void loop(){
   Serial.write(45); // send a byte with the value 45
     int bytesSent = Serial.write("hello Arduino , I am a beginner in the Arduino
world");
       Serial.flush();
     }
```

系統函式

Arduino 開發版也提供許多硬體相關的函式：

系統 idle 函式

使用硬體 idle 功能，可以讓 Arduin 進入睡眠狀態，連單晶片都可以進入睡眠狀態，但使用本功能需要使用外掛函式 Enerlib 函式庫，讀者可以到 Arduino 官網：http://playground.arduino.cc/Code/Enerlib，下載其函式庫安裝，或到本書範例檔：https://github.com/brucetsao/arduino_RFProgramming，下載相關函式與範例。

ATMega328 微控器具有六種睡眠模式，底下是依照「省電情況」排列的睡眠模式名稱，以及 Enerlib（註：Energy 和 Library，即：「能源」和「程式庫」的縮寫）程式庫的五道函數指令對照表，排越後面越省電。「消耗電流」欄位指的是 ATmega328 處理器本身，而非整個控制板(趙英傑, 2013, 2014)。

表 4 ATMega328 微控器六種睡眠模式

睡眠模式	Energy 指令	中文直譯	消耗電流
Idle	Idle()	閒置	15mA
ADC Noise Reduction	SleepADC()	類比數位轉換器降低雜訊	6.5mA
Power-save	PowerSave()	省電	1.62mA
Standby	Standby()	待機	1.62mA
Extended Standby		延長待機	0.84mA
Power-down	PowerDown()	斷電	0.36mA

微控器內部除了中央處理器（CPU）， 還有記憶體、類比數位轉換器、序列通訊…等模組。越省電的模式，仍在運作中的模組就越少。

例如，在"Power-Down"（電源關閉）睡眠模式之下，微控器僅剩下**外部中斷**和**看門狗計時器**（**Watchdog Timer**）仍持續運作。而在 Idle 睡眠模式底下，SPI, UART（也就是序列埠）、計時器、類比數位轉換器等，仍持續運作，只有中央處理器和快閃記憶體（Flash）時脈訊號被停止。

時脈訊號就像心跳一樣，一旦停止時脈訊號，相關的元件也隨之暫停。各種睡眠模式的詳細說明，請參閱下表。

表 5 Active Clock Domains and Wake-up Sources in the Different Sleep Modes

Active Clock Domains and Wake-up Sources in the Different Sleep Modes.

Sleep Mode	Active Clock Domains					Oscillators		Wake-up Sources							
	clk_{CPU}	clk_{FLASH}	clk_{IO}	clk_{ADC}	clk_{ASY}	Main Clock Source Enabled	Timer Oscillator Enabled	INT1, INT0 and Pin Change	TWI Address Match	Timer2	SPM/EEPROM Ready	ADC	WDT	Other I/O	Software BOD Disable
Idle		X	X	X	X	X	$X^{(2)}$	X	X	X	X	X	X	X	
ADC Noise Reduction			X	X	X	X	$X^{(2)}$	$X^{(3)}$	X	$X^{(2)}$	X	X	X		
Power-down								$X^{(3)}$	X				X		X
Power-save					X		$X^{(2)}$	$X^{(3)}$	X	X			X		X
Standby$^{(1)}$						X		$X^{(3)}$	X				X		X
Extended Standby					$X^{(2)}$	X	$X^{(2)}$	$X^{(3)}$	X	X			X		X

Notes: 1. Only recommended with external crystal or resonator selected as clock source.
2. If Timer/Counter2 is running in asynchronous mode.
3. For INT1 and INT0, only level interrupt.

資料來源：ATmega328 微控器的資料手冊，第 39 頁，「Power Management and Sleep Modes（電源管理與睡眠模式）」單元(http://www.atmel.com/images/doc8161.pdf)

範例：

```
Arduin 進入睡眠狀態範例(
/*
Enerlib: easy-to-use wrapper for AVR's Sleep library.
By E.P.G. - 11/2010 - Ver. 1.0.0


Example showing how to enter in Idle mode and exit from it with INT0.
*/


#include <Enerlib.h>
```

```
Energy energy;

void INT0_ISR(void)
{

    /*
    The WasSleeping function will return true if Arduino
    was sleeping before the IRQ. Subsequent calls to
    WasSleeping will return false until Arduino reenters
    in a low power state. The WasSleeping function should
    only be called in the ISR.
    */
    if (energy.WasSleeping())
    {
        /*
        Arduino was waked up by IRQ.

        If you shut down external peripherals before sleeping, you
        can reinitialize them here. Look on ATMega's datasheet for
        hardware limitations in the ISR when microcontroller just
        leave any low power state.
        */
    }
    else
    {
        /*
        The IRQ happened in awake state.

        This code is for the "normal" ISR.
        */
    }
}

void setup()
{
    Serial.begin(9600);
    Serial.println("Program Start") ;
    attachInterrupt(0, INT0_ISR, LOW);
    /*
```

```
    Pin 2 will be the "wake button". Due to uC limitations,
    it needs to be a level interrupt.
    For experienced programmers:
        ATMega's datasheet contains information about the rest of
        wake up sources. The Extended Standby is not implemented.
    */

    Serial.println("Now I am Sleeping") ;
    delay(500);
    energy.Idle();
}

void loop()
{

    Serial.println("I am waken ") ;
    delay(1000);
}
```

attachInterrupt(插斷)

當開發者攥寫程式時，在 loop()程式段之中，攥寫許多大量的程式碼，並且重覆的執行，當我們需要在某些時後去檢查某一樣硬體，如按鈕、讀卡機、RFID、鍵盤、滑鼠等周邊裝置，若這些檢查、讀取該周邊的函式，寫在 loop()程式段之中，則必需每一個迴圈都必需耗時去檢查，不但造成程式不順暢，還會錯失讀取這些檢查、讀取該周邊的函式的時機。

這時後我們就需要用到這些 Arduino 開發板外部插斷接腳，由於 Arduino 開發板使用外部插斷接腳，不同開發板其接腳都不太相同，我們可以參考表 6 之 Arduino 開發板外部插斷接腳對照表。

表 6 Arduino 開發板外部插斷接腳對照表

Board	int.0	int.1	int.2	int.3	int.4	int.5
Uno, Ethernet	2	3				

Mega2560	2	3	21	20	19	18
Leonardo	3	2	0	1	7	

attachInterrupt(第幾號外部插斷, 執行之函式名稱, LOW/HIGH);

參數解說：

- 第一個參數：使用那一個外部插斷，其接腳請參考參考表 6 之 Arduino 開發板外部插斷接腳對照表。

- 第二個參數：為執行之函式名稱；在 Arduino 程式區自行定義一個若使用插斷後，執行的函式名稱

- 第三個參數：驅動外部硬體插斷所使用的電位， HIGH 表高電位，LOW 表低電位

範例：

```
外部插斷測式程式(IRQTest)
void setup() {
    // put your setup code here, to run once:

    Serial.begin(9600);
     Serial.println("Program Start") ;
    attachInterrupt(0, TheButtonPressed, LOW);
}

void loop() {
    // put your main code here, to run repeatedly:
      Serial.print("now program run in loop()");
}

void TheButtonPressed()
{
    Serial.println("The Button is pressed by user") ;
}
```

章節小結

本章節概略的介紹 Arduino 程式攥寫的語法、函式等介紹，接下來就是介紹本書主要的內容，讓我們視目以待。

5

CHAPTER

fayalab nugget 系列

本章節主要是介紹珐鎧科技股份有限公司(Faya Lab)NUGGET 系列的產品(曹永忠，許智誠，& 蔡英德，2015c，2015e)，產品網址為：http://www.fayalab.com/product/nugget?sort_by=title&items_per_page=60，主要是為了本書後面進階內容元件，所必要的學習基礎，讀者若對這些元件不熟悉，務必詳加研讀後方能繼續後續內容。

5 * 7 Matrix Display

Led 點陣顯示器是 fayaduino Uno 開發板最常使用來顯示圖形、英文字、甚至中文字的顯示器，本實驗仍只需要一塊 fayaduino Uno 開發板、USB 下載線、fayalab nugget Matrix display 點陣顯示器(曹永忠，許碩芳，許智誠，& 蔡英德，2015a，2015b)。

如下圖所示，這個實驗我們需要用到的實驗硬體有下圖.(a)的 fayalab UNO 與下圖.(b) USB 下載線、下圖.(c) fayalab nugget Matrix display 點陣顯示器：

(a). fayaduino Uno　　　(b). USB 下載線　　(c). fayalab nugget Matrix display

圖 165 顯示 5x7 Led 點陣顯示器所需零件表

如下圖所示，我們可以知道 led 點陣 5x7 顯示器背面有接腳，可以見到『led 點陣 5x7 顯示器』下方有印字的為開始的腳位，由左到右共有 PIN1~PIN6，上面由右到左共有 PIN7~PIN12，讀者要仔細觀看，切勿弄混淆了。

圖 166 顯示 5x7 Led 點陣顯示器接腳圖

如下圖所示，我們可以知道接腳的腳位，但是那一個腳位是代表那一個 LED 燈，我們可以由下圖得知規納成為下表之 5x7 Led 點陣顯示器腳位、行列對照表，讀者可以透過此表得知如何驅動 5x7 Led 點陣顯示器。

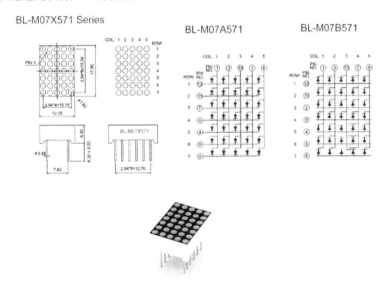

圖 167 5x7 Led 點陣顯示器接腳說明

對於如何使用『fayalab nugget Matrix display』，讀者可以參考下表的接腳表，進行電路組立。

表 7 5x7 Led 點陣顯示器接腳表

fayalab nugget Matrix display	Aruino 開發板接腳
Row1	Arduino Uno digital Pin 8
Row2	Arduino Uno digital Pin 7
Row3	Arduino Uno digital Pin 6
Row4	Arduino Uno digital Pin 5
Row5	Arduino Uno digital Pin 4
Row6	Arduino Uno digital Pin 3
Row7	Arduino Uno digital Pin 2
C1	Arduino Uno digital Pin 9
C2	Arduino Uno digital Pin 10
C3	Arduino Uno digital Pin 11
C4	Arduino Uno digital Pin 12
C5	Arduino Uno digital Pin 13

我們遵照前面所述，將 fayaduino Uno 開發板的驅動程式安裝好之後，讀者參考上表與上圖之後，完成電路的連接，完成後如下圖所示之 fayalab nugget Matrix display 實際組裝圖。

圖 168 5x7 Led 點陣顯示器實際組裝圖

我們遵照前幾章所述，將 fayaduino Uno 開發板的驅動程式安裝好之後，我們打開 Arduino 開發板的開發工具：Sketch IDE 整合開發軟體，攥寫一段程式，如下表所示之 5x7 Led 點陣顯示器測試程式一，可以看到 5x7 Led 點陣顯示器顯示一個『R』。

表 8 5x7 Led 點陣顯示器測試程式一

5x7 Led 點陣顯示器測試程式一(ngt_matrix57_display.ino)

// Faya-Nugget Sample Code
// Date: 2015/1/28
// Module Name: 5x7 Matrix Display
// Module Number: #ngt-dp-matrix57-1A
// Description:Prtint a letter "R" on 5x7 dot matrix display.
 	
// Wiring: Module Pin ==> Arduino Pin
//   C1 ==> D13
//   C2 ==> D12
//   C3 ==> D11
//   C4 ==> D10
//   C5 ==> D9
//   Row1 ==> D8
//   Row2 ==> D7
//   Row3 ==> D6
//   Row4 ==> D5
//   Row5 ==> D4
//   Row6 ==> D3

```
//                        Row7 ==> D2

//define pins
int C1=13;
int C2=12;
int C3=11;
int C4=10;
int C5=9;
int Row1=8;
int Row2=7;
int Row3=6;
int Row4=5;
int Row5=4;
int Row6=3;
int Row7=2;

void setup()
{
    // initialize the digital pin as output.
    for(int pin=Row7;pin<=C1;pin++)
        pinMode(pin,OUTPUT);
    //reset pin function.
    PinReset();

}

int pictureA[7][5]={{0,0,1,0,0},      //define deiplay pattern "A"
                    {0,1,0,1,0},
                    {1,0,0,0,1},
                    {1,0,0,0,1},
                    {1,1,1,1,1},
                    {1,0,0,0,1},
                    {1,0,0,0,1}};

int pictureR[7][5]={{1,1,1,1,0},      ///define deiplay pattern "R"
                    {1,0,0,0,1},
                    {1,0,0,0,1},
                    {1,1,1,1,0},
                    {1,0,1,0,0},
```

```
                        {1,0,0,1,0},
                        {1,0,0,0,1}};

void loop()
{

  PrintPicture( pictureR );              //print R

}

void PrintPicture(int temp[7][5])
{
  for(int i=0;i<5;i++)
  {
    PinReset();
    digitalWrite(i+9,LOW);
    for(int j=0;j<7;j++)
    {
      if(temp[j][i]==1)
        digitalWrite(8-j,HIGH);
      else
        digitalWrite(8-j,LOW);
    }
    delay(2);
  }

}

void PinReset()      //all pin reset
{
  for(int pin=Row7;pin<=Row1;pin++)
  {
    digitalWrite(pin,LOW);
    if(pin+7<=C1)
      digitalWrite(pin+7,HIGH);
  }

}
```

讀者可以看到本次實驗- 5x7 Led 點陣顯示器測試程式一結果畫面，如下圖所示，以看到 5x7 Led 點陣顯示器顯示一個『R』。

圖 1695x7 Led 點陣顯示器測試程式一結果畫面

控制 Pin 腳

　　我們為了能夠更加了解點陣顯示器如何運作，將 Arduino 開發板的驅動程式安裝好之後，我們打開 Arduino 開發板的開發工具：Sketch IDE 整合開發軟體，攥寫一段程式，如下表所示之 5x7 Led 點陣顯示器測試程式二，可以看到 5x7 Led 點陣顯示器一列一列亮起來。

表 9 5x7 Led 點陣顯示器測試程式二

點陣顯示器測試程式二(ngt_matrix57_Lineup)
/* Pin Mapping for Kingbright Common Cathode 5x7 LED Matrix // Wiring: Module Pin ==> Arduino Pin //　　　　　　　C1 ==> D13 //　　　　　　　C2 ==> D12 //　　　　　　　C3 ==> D11 //　　　　　　　C4 ==> D10 //　　　　　　　C5 ==> D9 //　　　　　　Row1 ==> D8 //　　　　　　Row2 ==> D7

```
//                    Row3 ==> D6
//                    Row4 ==> D5
//                    Row5 ==> D4
//                    Row6 ==> D3
//                    Row7 ==> D2

    Arduino pin2~pin8 = row0~row6, so rowX +2 = pin number
    Arduino pin13~pin9 = column0~column4, 13 - columnY = pin number
*/

// 5x7 LED Matrix
const byte COLS = 5; // 5 Columns
const byte ROWS = 7; // 7 Rows



void setup() {

    initPins() ;

}

void loop() {
  clearLEDs();

  // 往下而下，一排一排(Row)打開
  for (int r = 0; r < ROWS; r++) {
    digitalWrite( r + 2, HIGH);
    delay(300);
  }

  // 往左而右，一行一行(Column)關掉
  for (int c = 0; c < COLS; c++) {
    digitalWrite(13 - c, HIGH);
    delay(300);
  }

  // 暫停 1 秒鐘
  delay(1000);
```

```
}

void initPins()
{
  //                    C1 ==> D13
  //                    C2 ==> D12
  //                    C3 ==> D11
  //                    C4 ==> D10
  //                    C5 ==> D9
  //            Row1 ==> D8
  //            Row2 ==> D7
  //            Row3 ==> D6
  //            Row4 ==> D5
  //            Row5 ==> D4
  //            Row6 ==> D3
  //            Row7 ==> D2
  // 5x7 LED Matrix 接在 pin 2 ~ pin 13
  // 把腳位設置為 output pin
  for (int i = 2; i <= 13; i++) {
    pinMode(i, OUTPUT);
  }

}
void clearLEDs() {
  for (int r = 0; r < ROWS; r++) {
    digitalWrite( r + 2, LOW);
  }

  for (int c = 0; c < COLS; c++) {
    digitalWrite( 13 - c, LOW);   // 共陰極，每一行預設均為接地(Low = 接地，
High = 關燈)
  }
}
```

讀者也可以在作者 YouTube 頻道(https://www.youtube.com/user/UltimaBruce)中，

在網址：https://www.youtube.com/watch?v=I46Nbm2-FJ8&feature=youtu.be，讀者可以

看到本次實驗- 5x7 Led 點陣顯示器測試程式二結果畫面，如下圖所示，以看到 5x7 Led 點陣顯示器一列一列亮起來，又一行一行消失。

圖 1705x7 Led 點陣顯示器測試程式二結果畫面

顯示字型

我們為了能夠更加了解點陣顯示器如何運作，並且可以顯示出字型來，我們將 fayaduino Uno 開發板的驅動程式安裝好之後，我們打開 Arduino 開發板的開發工具：Sketch IDE 整合開發軟體，攥寫一段程式，如下表所示之 5x7 Led 點陣顯示器測試程式三，可以看到 5x7 Led 點陣顯示器顯示 0~9 等字型。

表 10 5x7 Led 點陣顯示器測試程式三

5x7 Led 點陣顯示器測試程式三(ngt_matrix57_Number)

#define MAX_NUM 12
#define ROWS 7
#define COLS 5
 	
// Define 5x7 LED Row & Column Pin
const int row[ROWS] = {8, 7, 6, 5, 4, 3, 2};
const int col[COLS] = {9, 10, 11, 12, 13};
 	
// Matrix LED

```
//   C4 C3 C2 C1 C0
//   O  O  O  O  O   R6
//   O  O  O  O  O   R5
//   O  O  O  O  O   R4
//   O  O  O  O  O   R3
//   O  O  O  O  O   R2
//   O  O  O  O  O   R1
//   O  O  O  O  O   R0
const char matrix[MAX_NUM][ROWS] = {
    {0x1F, 0x11, 0x11, 0x11, 0x11, 0x11, 0x1F}, // Number: 0
    {0x04, 0x04, 0x04, 0x04, 0x04, 0x04, 0x04}, // Number: 1
    {0x1F, 0x01, 0x01, 0x1F, 0x10, 0x10, 0x1F}, // Number: 2
    {0x1F, 0x01, 0x01, 0x1F, 0x01, 0x01, 0x1F}, // Number: 3
    {0x11, 0x11, 0x11, 0x1F, 0x01, 0x01, 0x01}, // Number: 4
    {0x1F, 0x10, 0x10, 0x1F, 0x01, 0x01, 0x1F}, // Number: 5
    {0x1F, 0x10, 0x10, 0x1F, 0x11, 0x11, 0x1F}, // Number: 6
    {0x1F, 0x01, 0x01, 0x01, 0x01, 0x01, 0x01}, // Number: 7
    {0x1F, 0x11, 0x11, 0x1F, 0x11, 0x11, 0x1F}, // Number: 8
    {0x1F, 0x11, 0x11, 0x1F, 0x01, 0x01, 0x1F}, // Number: 9
    {0x00, 0x15, 0x0A, 0x1F, 0x0E, 0x15, 0x00}, // Number: *
    {0x00, 0x0A, 0x1F, 0x0A, 0x1F, 0x0A, 0x00}, // Number: #
};

int gNum;

void clearLEDs(void) {
    for (int r = 0; r < ROWS; r++) {
        digitalWrite(row[r], LOW);
    }

    for (int c = 0; c < COLS; c++) {
        digitalWrite(col[c], HIGH);
    }
}

void writeNum(int num) {
    gNum = num;
}
```

```
void refreshMatrix(void) {
  int r, c, onOff;
  char mask;

  for (r = 0; r < ROWS; r++) {
     digitalWrite(row[r], HIGH);
 mask = 0x10;

     for (c = 0; c < COLS; c++, mask >>= 1) {
        onOff = matrix[gNum][r] & mask;
        if (onOff)
           digitalWrite(col[c], LOW);

        delayMicroseconds(50);
        digitalWrite(col[c], HIGH);
     }

     digitalWrite(row[r], LOW);
  }
}

void setup() {
  for (int r = 0; r < ROWS; r++) {
     pinMode(row[r], OUTPUT);
  }

  for (int c = 0; c < COLS; c++) {
     pinMode(col[c], OUTPUT);
  }

  clearLEDs();
  writeNum(0);
}

void loop() {
  // Refresh 5x7 Matrix LEDs
  for (int i = 0; i < 1000; i++)
     refreshMatrix();
```

```
  // Display next number
  if (++gNum >= MAX_NUM) {
    gNum = 0;
  }
}
```

　　讀者也可以在作者 YouTube 頻道(https://www.youtube.com/user/UltimaBruce)中，在網址：https://www.youtube.com/watch?v=nuOFe960rlE&feature=youtu.be，讀者可以看到本次實驗- 5x7 Led 點陣顯示器測試程式三結果畫面，如下圖所示，以看到 5x7 Led 點陣顯示器顯示 0~9 與#、*等字。

圖 1715x7 Led 點陣顯示器測試程式三結果畫面

滑動顯示 5x7 Led 點陣顯示器

　　我們遵照前幾節所述，已將 8x8 Led 點陣顯示器顯示出來，但是只是點亮 8x8 Led 點陣顯示器，如果我們要顯示圖形或文字，由於『8x8 Led 點陣顯示器』需要許多時間顯示，在顯示 8x8 Led 點陣顯示器期間又不可以中斷，這樣會讓圖形不見或停窒，這是因為『8x8 Led 點陣顯示器』的內容是透過每一點點亮，熄滅，掃描每一點之後換列，在往下一列開始，如下圖所示，所以必須一點一點的點亮，由於人類視覺暫留的原理，人類的眼睛與頭腦會自動將之合成一幅完整的畫面(曹永忠, 許碩芳, et al., 2015a, 2015b)。

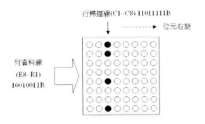

行掃描線(C1~C8)11011111B

- - - - - - - → 位元右旋

列資料線
(R8~R1)
10010011B

圖 172 Led 點陣顯示掃描方式

資料來源：亞洲大學資工系 陳瑞奇(Rikki Chen, CSIE, Asia

Univ.)(http://dns2.asia.edu.tw/~rikki/mps103/mcs-ch12.pdf)

由下圖之 Led 點陣顯示器掃描電路，由於 8 x 8 點的 Led 點陣顯示器，共有 8*8 點，必須將之分成八列八行，將 8 個行接點(C1~C8)與 8 個列接點(R1~R8)，規劃成 8 條資料線與 8 條掃描線。每次資料線送出 1 行編碼資料(1Bytes)，使用掃描線，選擇其中一行輸出，經短暫時間，送出下一行編碼資料，8 行輪流顯示，利用眼睛視覺暫留效應，看到整個編碼圖形的顯示。

如果我們要顯示一個『u』字元在 Led 點陣顯示器上，如下表所示，我們必須先將『u』字元的外形進行編碼，用 8 bit *8 列來進行編碼。

表 11 顯示 u 編碼表

掃瞄順序	顯示資料 (2 進位制)	顯示資料 (16 進位制)
第 1 行	00001000	0x08
第 2 行	00100100	0x24
第 3 行	01010010	0x52
第 4 行	01001000	0x48
第 5 行	01000001	0x41
第 6 行	00100010	0x22
第 7 行	01000100	0x44
第 8 行	00001000	0x08

然後再將上表所示之 8bits *8，如下圖所示，一列一點的顯示出來。們必

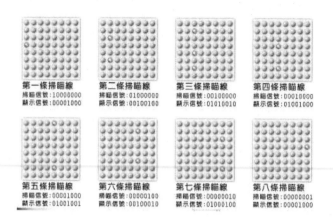

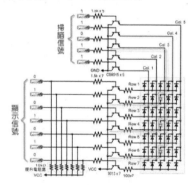

圖 173 顯示 u 之掃描方法

如此一來，Arduino 開發板就必須不中斷的顯示這些 Led 點陣顯示器的所有點，這樣 Arduino 開發板跟本就無力去做別的事，所以我們引入了 Timer 的方法，來重新改寫這個程式(曹永忠, 許碩芳, et al., 2015a, 2015b)。

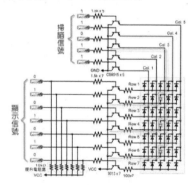

圖 174 Led 點陣顯示掃描電路

資料來源：亞洲大學資工系 陳瑞奇(Rikki Chen, CSIE, Asia Univ.)(http://dns2.asia.edu.tw/~rikki/mps103/mcs-ch12.pdf)

在 fayaduino Uno 開發板的驅動程式安裝好之後，我們打開 Arduino 開發板的開發工具：Sketch IDE 整合開發軟體，攥寫一段程式，如下表所示之滑動顯示 5x7 Led 點陣顯示器測試程式，可以看到 5x7 Led 點陣顯示器滑動顯示『HELLO』。

表 12 滑動顯示 5x7 Led 點陣顯示器測試程式

滑動顯示 5x7 Led 點陣顯示器測試程式(ngt_matrix57_Slide)

```
#include <FrequencyTimer2.h>
#define turnon HIGH
#define turnoff LOW


#define SPACE { \
    { 0, 0, 0, 0, 0}, \
    { 0, 0, 0, 0, 0}, \
    { 0, 0, 0, 0, 0}, \
    { 0, 0, 0, 0, 0}, \
    { 0, 0, 0, 0, 0}, \
    { 0, 0, 0, 0, 0}, \
    { 0, 0, 0, 0, 0} \
}

#define H { \
    { 1, 0,   0, 0, 1}, \
    { 1, 0,   0, 0, 1}, \
    { 1, 0,   0, 0, 1}, \
    { 1, 1,   1, 1, 1}, \
    { 1, 0,   0, 0, 1}, \
    { 1, 0,   0, 0, 1}, \
    { 1, 0,   0, 0, 1}  \
}

#define E   { \
    { 1, 1, 1, 1, 10}, \
    { 1, 0, 0, 0, 0}, \
    { 1, 0, 0, 0, 0}, \
    { 1, 1, 1, 1, 1}, \
    { 1, 0, 0, 0, 0}, \
    { 1, 0, 0, 0, 0}, \
    { 1, 1, 1, 1, 1}   \
}
```

```
#define L { \
    {1, 0, 0, 0, 0}, \
    {1, 0, 0, 0, 0}, \
    {1, 0, 0, 0, 0}, \
    {1, 0, 0, 0, 0}, \
    {1, 0, 0, 0, 0}, \
    {1, 0, 0, 0, 0}, \
    {1, 1, 1, 1, 1}   \
}

#define O { \
    {0, 0, 1, 0, 0}, \
    {0, 1, 0, 1, 0}, \
    {1, 0, 0, 0, 1}, \
    {1, 0, 0, 0, 1}, \
    {1, 0, 0, 0, 1}, \
    {0, 1, 0, 1, 0}, \
    {0, 0, 1, 0, 0}   \
}

byte col = 0;
byte leds[7][5];

// Pin[xx] on led matrix connected to nn on Arduino (-1 is dummy to make array start at pos
1)
int Pins[13]= {-1,2,3, 4, 5, 6, 7,8,9,10,11,12,13};

// col[xx] of leds = Pin yy on led matrix
int cols[5] = {Pins[8], Pins[9], Pins[10], Pins[11], Pins[12]};

// row[xx] of leds = Pin yy on led matrix
int rows[7] = {Pins[7], Pins[6], Pins[5], Pins[4], Pins[3], Pins[2], Pins[1]};

const int numPatterns = 6;
byte patterns[numPatterns][7][5] = {
  H,E,L,L,O,SPACE
};
```

```
int pattern = 0;

void setup() {
  // sets the Pins as output
  for (int i = 1; i <= 16; i++) {
    pinMode(Pins[i], OUTPUT);
  }

  // set up cols and rows
  for (int i = 1; i <= 5; i++) {
    digitalWrite(cols[i - 1], turnoff);
  }

  for (int i = 1; i <= 7; i++) {
    digitalWrite(rows[i - 1], turnoff);
  }

  clearLeds();

  // Turn off toggling of Pin 11
  FrequencyTimer2::disable();
  // Set refresh rate (interrupt timeout period)
  FrequencyTimer2::setPeriod(2000);
  // Set interrupt routine to be called
  FrequencyTimer2::setOnOverflow(display);

  setPattern(pattern);
}

void loop() {


    pattern = ++pattern % numPatterns;
    slidePattern(pattern, 200);


}

void clearLeds() {
```

```
  // Clear display array
  for (int i = 0; i < 7; i++) {
    for (int j = 0; j < 5; j++) {
      leds[i][j] = 0;
    }
  }
}


void setPattern(int pattern) {
  for (int i = 0; i < 7; i++) {
    for (int j = 0; j < 5; j++) {
      leds[i][j] = patterns[pattern][i][j];
    }
  }
}

void slidePattern(int pattern, int del) {
  for (int l = 0; l < 6; l++)
  {
    for (int i = 0; i < 5; i++)
    {
        for (int j = 0; j < 7; j++)
          {
             leds[j][i] = leds[j][i+1];
          }
    }
    for (int j = 0; j < 7; j++)
    {
      leds[j][4] = patterns[pattern][j][0 + 1];
    }
    delay(del);
  }
}

// Interrupt routine
void display() {
  digitalWrite(cols[col], HIGH);    // Turn whole previous column off
  col++;
  if (col == 5) {
```

```
    col = 0;
  }
  for (int row = 0; row < 7; row++) {
    if (leds[row][col] == 1) {
      digitalWrite(rows[row], turnon);    // Turn on this led
    }
    else {
      digitalWrite(rows[row], turnoff); // Turn off this led
    }
  }
  digitalWrite(cols[col], turnoff); // Turn whole column on at once (for equal lighting
times)
}
```

讀者也可以在作者 YouTube 頻道(https://www.youtube.com/user/UltimaBruce)中，
在網址：https://www.youtube.com/watch?v=0cgIpcW-gMs&feature=youtu.be，看到本次
實驗-滑動顯示 5x7 Led 點陣顯示器測試程式結果畫面，如下圖所示，可以看到 5x7
Led 點陣顯示器滑動顯示『HELLO』。

圖 175 滑動顯示 5x7 Led 點陣顯示器結果畫面

8 LED module

Led 是 fayaduino Uno 開發板最簡單、也最常使用來單點的資訊，最容易顯示
Arduino 開發版內部 True 或 False 的狀態值，本實驗仍只需要一塊 fayaduino Uno 開
發板、USB 下載線、8 LED module (產品網址：http://www.fayalab.com/kit/801-nu0004nu)
(曹永忠, 許智誠, & 蔡英德, 2015a, 2015d)。

如下圖所示，這個實驗我們需要用到的實驗硬體有下圖.(a)的 fayalab　UNO 與下圖.(b) USB　下載線、下圖.(c) fayalab nugget 8 LED module：

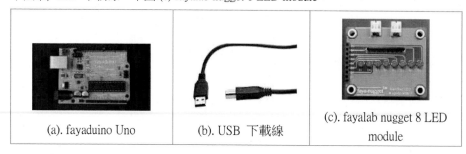

| (a). fayaduino Uno | (b). USB　下載線 | (c). fayalab nugget 8 LED module |

圖　176 8 LED module 所需零件表

如下圖所示，我們可以知道 led 下面有二支接腳，LED 的接腳識別，正常 LED 的腳，長的是代表正，短腳代表負，還有另外一種識別方式，就是為負的一邊會削平，削平的地方代表負，然後維持圓圈的地方代表正，就是這裡，一個正，一個負，這就是 LED 接腳的識別方式，讀者要仔細觀看，切勿弄混淆了。

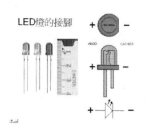

圖　177 led 接腳圖

如何連接『fayalab nugget 8 LED module』，請參考下表接腳表，進行電路組立。

表　13 8 LED module 接腳表

fayalab nugget 8 LED module	Aruino　開發板接腳
D0	Arduino Uno digital Pin 2
D1	Arduino Uno digital Pin 3

fayalab nugget 8 LED module	Aruino 開發板接腳
D2	Arduino Uno digital Pin 4
D3	Arduino Uno digital Pin 5
D4	Arduino Uno digital Pin 6
D5	Arduino Uno digital Pin 7
D6	Arduino Uno digital Pin 8
D7	Arduino Uno digital Pin 9
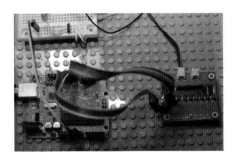	

我們遵照前面所述，將 fayaduino Uno 開發板的驅動程式安裝好之後，作者參考上表與上圖之後，完成電路的連接，完成後如下圖所示之 8 LED module 實際組裝圖。

![圖 178 8 LED module 實際組裝圖]

圖 178 8 LED module 實際組裝圖

我們遵照前幾章所述，將 fayaduino Uno 開發板的驅動程式安裝好之後，我們打開 Arduino 開發板的開發工具：Sketch IDE 整合開發軟體，攥寫一段程式，如下表所示之 8 LED module 測試程式一，可以看到 8 LED module 顯示一個『Led 燈』。

表 14 8 LED module 測試程式一

8 LED module 測試程式一(ngt_8bit_LED_oneled)

void setup() {
  // put your setup code here, to run once:
  pinMode(2,OUTPUT);
  digitalWrite(2,HIGH);
}
 	
void loop() {
  // put your main code here, to run repeatedly:
 	
}

讀者可以看到本次實驗- 8 LED module 測試程式一結果畫面，如下圖所示，以看到 8 LED module 顯示一個『Led 燈』。

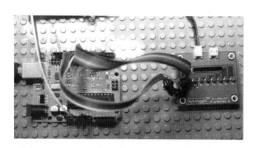

圖 179 8 LED module 測試程式一結果畫面

單方向輪流顯示八個 Led 燈

我們為了能夠更加了解 8 LED module 如何運作，將 fayaduino Uno 開發板的驅動程式安裝好之後，我們打開 Arduino 開發板的開發工具：Sketch IDE 整合開發軟體，撰寫一段程式，如下表所示之 8 LED module 測試程式二，可以看到 8 LED 從第一個亮起來之後熄滅，輪流往下一個亮、滅。

表 15 8 LED module 測試程式二

8 LED module 測試程式二(ngt_8bit_LED)

```
// Faya-Nugget Sample Code
// Date: 2015/1/26
// Module Name: 8-bit Red LED
// Module Number: #ngt-dp-led8r-1A
// Description: Make a shift-left running LED.

// Wiring: Module Pin ==> Arduino Pin
//                    D0 ==> D2
//                    D1 ==> D3
//                    D2 ==> D4
//                    D3 ==> D5
//                    D4 ==> D6
//                    D5 ==> D7
//                    D6 ==> D8
//                    D7 ==> D9


// define pins
#define Led0_Pin 2

// the setup routine runs once when you press reset:
void setup() {
  // initialize the digital pin as an output.
  for(int i=Led0_Pin; i<=Led0_Pin+7; i+=1)
        pinMode(i, OUTPUT);
}

// the loop routine runs over and over again forever:
void loop() {

  for(int i=Led0_Pin; i<=Led0_Pin+7; i+=1)
  {
        digitalWrite(i, HIGH);
        delay(500);
```

```
        digitalWrite(i, LOW);
        delay(100);
    }
}
```

讀者也可以在作者 YouTube 頻道(https://www.youtube.com/user/UltimaBruce)中，
在網址：https://www.youtube.com/watch?v=X4hlo5ZHNrE&feature=youtu.be，讀者可以
看到本次實驗- 8 LED module 測試程式二結果畫面，如下圖所示，可以看到 8 LED
從第一個亮起來之後熄滅，輪流往下一個亮、滅。

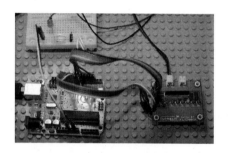

圖 180 8 LED module 測試程式二結果畫面

雙方向輪流顯示八個 Led 燈

我們為了能夠更加了解 8 LED module 如何運作，將 fayaduino Uno 開發板的驅
動程式安裝好之後，我們打開 Arduino 開發板的開發工具：Sketch IDE 整合開發軟
體，攥寫一段程式，如下表所示之 8 LED module 測試程式三，可以看到 8 LED 從
第一個亮起來之後熄滅，輪流往下一個亮、滅，到最後之後，反方向重覆亮、滅，
如此來回重覆亮、滅。

表 16 8 LED module 測試程式三

8 LED module 測試程式三(ngt_8bit_LED_BIDir)
// Faya-Nugget Sample Code
// Date: 2015/1/26
// Module Name: 8-bit Red LED

```
// Module Number: #ngt-dp-led8r-1A
// Description: Make a shift-left running LED.

// Wiring: Module Pin ==> Arduino Pin
//                D0 ==> D2
//                D1 ==> D3
//                D2 ==> D4
//                D3 ==> D5
//                D4 ==> D6
//                D5 ==> D7
//                D6 ==> D8
//                D7 ==> D9


// define pins
#define Led0_Pin 2
#define delaysec 500
int dirway = 1 ;
int ledpos = 0 ;
// the setup routine runs once when you press reset:
void setup() {
  // initialize the digital pin as an output.
  for(int i=Led0_Pin; i<=Led0_Pin+7; i+=1)
      pinMode(i, OUTPUT);
}


// the loop routine runs over and over again forever:
void loop() {

      digitalWrite(ledpos+Led0_Pin, HIGH);
      delay(delaysec);
      digitalWrite(ledpos+Led0_Pin, LOW);
      delay(delaysec/3);
    ledpos +=dirway ;
    if (ledpos > 7)
    {
        ledpos = 6 ;
        dirway = -1 ;
    }
```

```
        if (ledpos < 0)
        {
            ledpos = 1 ;
            dirway = +1 ;
        }

}
```

　　讀者也可以在作者 YouTube 頻道(https://www.youtube.com/user/UltimaBruce)中，在網址：https://www.youtube.com/watch?v=kiZ4fPKvZa4&feature=youtu.be，讀者可以看到本次實驗- 8 LED module 測試程式三結果畫面，如下圖所示，可以看到 8 LED 從第一個亮起來之後熄滅，輪流往下一個亮、滅，到最後之後，反方向重覆亮、滅，如此來回重覆亮、滅。

圖 181 8 LED module 測試程式三結果畫面

4-digits 7-segment display

　　顯示數字是非常常見的一件事，也是 fayaduino Uno 開發板最簡單、也最常使用來顯示數字資訊，最容易顯示 Arduino 開發版內部數字的狀態值，本實驗仍只需要一塊 fayaduino Uno 開發板、USB 下載線、fayalab nugget 4-digits 7-segment display (產品網址：http://www.fayalab.com/kit/801-nu0022nu) (曹永忠, 許智誠, et al., 2015a, 2015d)。

　　如下圖所示，這個實驗我們需要用到的實驗硬體有下圖.(a)的 fayalab　UNO 與下圖.(b) USB 下載線、下圖.(c) fayalab nugget 4-digits 7-segment display：

4-digits 7-segment display	Aruino 開發板接腳
A	Arduino Uno digital Pin 2
B	Arduino Uno digital Pin 3
C	Arduino Uno digital Pin 4
D	Arduino Uno digital Pin 5
E	Arduino Uno digital Pin 6
F	Arduino Uno digital Pin 7
G	Arduino Uno digital Pin 8
DP	Arduino Uno digital Pin 9
EN	Arduino Uno digital Pin 12
S1	Arduino Uno digital Pin 11

(a). fayaduino Uno　　(b). USB 下載線　　(c). fayalab nugget 4-digits 7-segment display

圖 182 4-digits 7-segment 所需零件表

S2	Arduino Uno digital Pin 10

　　如下圖所示，我們可以知道四位數的七段顯示器底下，共有 12 個腳位，其中
8 個的功能就是控制七段顯示器，另 4 個腳位則代表想要控制哪一個七段顯示
器，當腳位 0 為 LOW、而腳位 1、2、3 為 HIGH 時，代表想要控制最右邊的七段顯示
器，依此類推，讀者要仔細觀看，切勿弄混淆了。

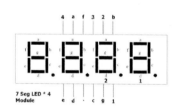

圖 183 四位數 7 段顯示器

　　如下圖所示，控制七段顯示器的 8 個腳位，a、b、c、d、e、f、g、h(dp)，

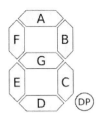

圖 184 單位數七段顯示器

　　如下圖所示，因為有 4 個七段顯示器，我們必須使用掃描的方式不斷地顯示每一個七段顯示器，只要掃描速度夠快，基於視覺暫留原理，人眼便無法察覺，以為所有數字皆為同時顯示。

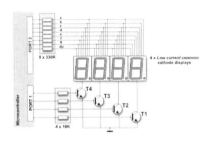

圖 185 四位數 7 段顯示器基本接腳

　　如何組立『fayalab nugget 4-digits 7-segment display』，我們參考下表進行電路組立。

表 17 四位數七段顯示器接腳表

4-digits 7-segment display	Aruino 開發板接腳
A	Arduino Uno digital Pin 2
B	Arduino Uno digital Pin 3
C	Arduino Uno digital Pin 4
D	Arduino Uno digital Pin 5

4-digits 7-segment display	Aruino 開發板接腳
E	Arduino Uno digital Pin 6
F	Arduino Uno digital Pin 7
G	Arduino Uno digital Pin 8
DP	Arduino Uno digital Pin 9
EN	Arduino Uno digital Pin 12
S1	Arduino Uno digital Pin 11
S2	Arduino Uno digital Pin 10

我們遵照前面所述,將 fayaduino Uno 開發板的驅動程式安裝好之後,作者參考上表與上圖之後,完成電路的連接,完成後如下圖所示之四位數七段顯示器實際組裝圖。

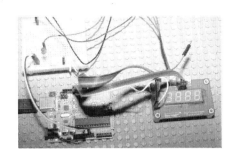

圖 186 四位數七段顯示器實際組裝圖

　　我們遵照前幾章所述，將 fayaduino Uno 開發板的驅動程式安裝好之後，我們
打開 Arduino 開發板的開發工具：Sketch IDE 整合開發軟體，攢寫一段程式，如下
表所示之四位數七段顯示器測試程式一，可以看到四位數七段顯示器顯示『98』的
數字。

表 18 四位數七段顯示器測試程式一

四位數七段顯示器測試程式一(ngt_4d7seg)
// Faya-Nugget Sample Code
// Date: 2015/1/28
// Module Name: 4-digit 7-segment Display
// Module Number: #ngt-dp-4d7seg-1A
// Description: Show a number on 4-digit 7-segment display
//　　　　　　　　The subroutine in this program can used for future development of this module.
// Wiring: Module Pin ==> Arduino Pin
//　　　　　　　　S2 ==> D10
//　　　　　　　　S1 ==> D11
//　　　　　　　　EN ==> D12
//　　　　　　　　A ==> D2
//　　　　　　　　B ==> D3
//　　　　　　　　C ==> D4
//　　　　　　　　D ==> D5
//　　　　　　　　E ==> D6
//　　　　　　　　F ==> D7
//　　　　　　　　G ==> D8

```
//                          DP ==> D9

//define pins
int S2=10;
int S1=11;
int EN=12;
int A=2;
int B=3;
int C=4;
int D=5;
int E=6;
int F=7;
int G=8;
int DP=9;

void setup()
{
    // initialize the digital pin as an output.
    for(int pin=DP;pin<=S2;pin++)
       pinMode(pin,OUTPUT);
    //reset pin function.
    PinReset();

}


void loop()
{
    digitalWrite(EN,LOW);    // set S1=0, S2=0, EN=0
    digitalWrite(S1,LOW);    // to light up first digit
    digitalWrite(S2,LOW);
    PrintNumber(4);          // print number 4
    delay(2);
    PinReset();              // all pin reset(low)
    delay(2);

    digitalWrite(EN,LOW);    // set S1=0, S2=1, EN=0
    digitalWrite(S1,LOW);    // to light up 2nd digit
    digitalWrite(S2,HIGH);
```

```
        PrintNumber(5);          // print number 5
        delay(2);
        PinReset();              // all pin reset(low)
        delay(2);

        digitalWrite(EN,LOW);    // set S1=1, S2=0, EN=0
        digitalWrite(S1,HIGH);   // to light up 3rd digit
        digitalWrite(S2,LOW);
        PrintNumber(6);          // print number 6
        delay(2);
        PinReset();              // all pin reset(low)
        delay(2);

        digitalWrite(EN,LOW);    // set S1=1, S2=1, EN=0
        digitalWrite(S1,HIGH);   // to light 4th digit
        digitalWrite(S2,HIGH);
        PrintNumber(7);          // print number 7
        delay(2);
        PinReset();              // all pin reset(low)
        delay(2);

}

void PrintNumber(int num)    // print number subroutine
{
    switch(num)
    {
        case 1:
            digitalWrite(A,LOW);
            digitalWrite(B,HIGH);
            digitalWrite(C,HIGH);
            digitalWrite(D,LOW);
            digitalWrite(E,LOW);
            digitalWrite(F,LOW);
            digitalWrite(G,LOW);
            digitalWrite(DP,LOW);
            break;
        case 2:
            digitalWrite(A,HIGH);
```

```
        digitalWrite(B,HIGH);
        digitalWrite(C,LOW);
        digitalWrite(D,HIGH);
        digitalWrite(E,HIGH);
        digitalWrite(F,LOW);
        digitalWrite(G,HIGH);
        digitalWrite(DP,LOW);
        break;
case 3:
        digitalWrite(A,HIGH);
        digitalWrite(B,HIGH);
        digitalWrite(C,HIGH);
        digitalWrite(D,HIGH);
        digitalWrite(E,LOW);
        digitalWrite(F,LOW);
        digitalWrite(G,HIGH);
        digitalWrite(DP,LOW);
        break;
case 4:
        digitalWrite(A,LOW);
        digitalWrite(B,HIGH);
        digitalWrite(C,HIGH);
        digitalWrite(D,LOW);
        digitalWrite(E,LOW);
        digitalWrite(F,HIGH);
        digitalWrite(G,HIGH);
        digitalWrite(DP,LOW);
        break;
case 5:
        digitalWrite(A,HIGH);
        digitalWrite(B,LOW);
        digitalWrite(C,HIGH);
        digitalWrite(D,HIGH);
        digitalWrite(E,LOW);
        digitalWrite(F,HIGH);
        digitalWrite(G,HIGH);
        digitalWrite(DP,LOW);
        break;
case 6:
```

```
        digitalWrite(A,HIGH);
        digitalWrite(B,LOW);
        digitalWrite(C,HIGH);
        digitalWrite(D,HIGH);
        digitalWrite(E,HIGH);
        digitalWrite(F,HIGH);
        digitalWrite(G,HIGH);
        digitalWrite(DP,LOW);
        break;
    case 7:
        digitalWrite(A,HIGH);
        digitalWrite(B,HIGH);
        digitalWrite(C,HIGH);
        digitalWrite(D,LOW);
        digitalWrite(E,LOW);
        digitalWrite(F,LOW);
        digitalWrite(G,LOW);
        digitalWrite(DP,LOW);
        break;
    case 8:
        digitalWrite(A,HIGH);
        digitalWrite(B,HIGH);
        digitalWrite(C,HIGH);
        digitalWrite(D,HIGH);
        digitalWrite(E,HIGH);
        digitalWrite(F,HIGH);
        digitalWrite(G,HIGH);
        digitalWrite(DP,LOW);
        break;
    case 9:
        digitalWrite(A,HIGH);
        digitalWrite(B,HIGH);
        digitalWrite(C,HIGH);
        digitalWrite(D,HIGH);
        digitalWrite(E,LOW);
        digitalWrite(F,HIGH);
        digitalWrite(G,HIGH);
        digitalWrite(DP,LOW);
        break;
```

```
        case 0:
            digitalWrite(A,HIGH);
            digitalWrite(B,HIGH);
            digitalWrite(C,HIGH);
            digitalWrite(D,HIGH);
            digitalWrite(E,HIGH);
            digitalWrite(F,HIGH);
            digitalWrite(G,LOW);
            digitalWrite(DP,LOW);
            break;
    }
}


void PinReset()
{
    for(int pin=DP;pin<=S2;pin++)
        digitalWrite(pin,LOW);

}
```

　　讀者可以看到本次實驗-四位數七段顯示器測試程式一結果畫面，如下圖所示，可以看到四位數七段顯示器顯示『98』的數字。。

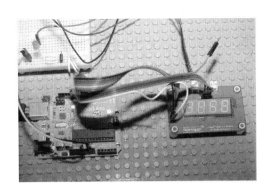

圖 1878 四位數七段顯示器測試程式一結果畫面

四位數數字累計

我們為了能夠更加了解四位數七段顯示器如何運作，將 fayaduino Uno 開發板的驅動程式安裝好之後，我們打開 Arduino 開發板的開發工具：Sketch IDE 整合開發軟體，攢寫一段程式，如下表所示之四位數七段顯示器測試程式二，可以看到四位數七段顯示器的四個數字由『0001』往上遞增。

表 198 四位數七段顯示器測試程式二

四位數七段顯示器測試程式二(ngt_4d7seg_4NumberUp)
// 七段顯示器製作倒數功能 (vturnon)
#define S2 10
#define S1 11
#define EN 12
//　　light up first digit set S1=0, S2=0, EN=0
//　　light up 2nd digit set S1=0, S2=1, EN=0
//　　light up 3rd digit set S1=1, S2=0, EN=0
//　　light up 4th digit et S1=1, S2=1, EN=0
#define aPin 2
#define bPin 3
#define cPin 4
#define dPin 5
#define ePin 6

```
#define fPin 7
#define gPin 8
#define dotPin 9
#define turnon HIGH
#define turnoff LOW
#define digitalon HIGH
#define digitaloff LOW
int number = 0;

unsigned long time_previous;
void setup() {
    pinMode(EN, OUTPUT);
    pinMode(S1, OUTPUT);
    pinMode(S2, OUTPUT);
    pinMode(aPin, OUTPUT);
    pinMode(bPin, OUTPUT);
    pinMode(cPin, OUTPUT);
    pinMode(dPin, OUTPUT);
    pinMode(ePin, OUTPUT);
    pinMode(fPin, OUTPUT);
    pinMode(gPin, OUTPUT);
    pinMode(dotPin, OUTPUT);
    digitalWrite(dotPin, turnoff);   // 關閉小數點
     Serial.begin(9600);

}

void loop() {
      int i ;
    // 經過一秒後就讓 number 加 1
    unsigned long time_now = millis();
    if(time_now - time_previous > 1000){
       number++;
       time_previous += 1000;
 //     Serial.println("number=%d\n", number);
    }

    // 不斷地寫入數字
    showNumber(number);
```

```
}

void showNumber(int no)
{
    if (no == -1)
    {
        ShowSegment(1, -1) ;
    }
    else
    {
        ShowSegment(1, (no/1000)) ;
        delay(5) ;
        ShowSegment(2, (no/100)) ;
        delay(5) ;
        ShowSegment(3, (no/10)) ;
        delay(5) ;
        ShowSegment(4, (no%10)) ;
        delay(5) ;
    }
}

void ShowSegment(int digital, int number)
{
    switch (digital)
        {
            case 4:
            digitalWrite(S1, digitaloff);
            digitalWrite(S2, digitaloff);
            digitalWrite(EN, digitaloff);

            break ;

            case 3:
            digitalWrite(S1, digitaloff);
            digitalWrite(S2, digitalon);
            digitalWrite(EN, digitaloff);
            break ;

            case 2:
            digitalWrite(S1, digitalon);
```

```
        digitalWrite(S2, digitaloff);
        digitalWrite(EN, digitaloff);
         break ;

         case 1:
        digitalWrite(S1, digitalon);
        digitalWrite(S2, digitalon);
        digitalWrite(EN, digitaloff);
         break ;
      }

switch (number)
   {
      case 9:
               // 顯示數字 '9'
        digitalWrite(aPin, turnon);
        digitalWrite(bPin, turnon);
        digitalWrite(cPin, turnon);
        digitalWrite(dPin, turnoff);
        digitalWrite(ePin, turnoff);
        digitalWrite(fPin, turnon);
        digitalWrite(gPin, turnon);
         break ;

         case 8:
        // 顯示數字 '8'
        digitalWrite(aPin, turnon);
        digitalWrite(bPin, turnon);
        digitalWrite(cPin, turnon);
        digitalWrite(dPin, turnon);
        digitalWrite(ePin, turnon);
        digitalWrite(fPin, turnon);
        digitalWrite(gPin, turnon);
        break ;

        case 7:
        // 顯示數字 '7'
        digitalWrite(aPin, turnon);
        digitalWrite(bPin, turnon);
```

```
      digitalWrite(cPin, turnon);
      digitalWrite(dPin, turnoff);
      digitalWrite(ePin, turnoff);
      digitalWrite(fPin, turnoff);
      digitalWrite(gPin, turnoff);
      break ;

   case 6:
      // 顯示數字 '6'
      digitalWrite(aPin, turnon);
      digitalWrite(bPin, turnoff);
      digitalWrite(cPin, turnon);
      digitalWrite(dPin, turnon);
      digitalWrite(ePin, turnon);
      digitalWrite(fPin, turnon);
      digitalWrite(gPin, turnon);
      break ;

   case 5:
      // 顯示數字 '5'
      digitalWrite(aPin, turnon);
      digitalWrite(bPin, turnoff);
      digitalWrite(cPin, turnon);
      digitalWrite(dPin, turnon);
      digitalWrite(ePin, turnoff);
      digitalWrite(fPin, turnon);
      digitalWrite(gPin, turnon);
      break ;

   case 4:
      // 顯示數字 '4'
      digitalWrite(aPin, turnoff);
      digitalWrite(bPin, turnon);
      digitalWrite(cPin, turnon);
      digitalWrite(dPin, turnoff);
      digitalWrite(ePin, turnoff);
      digitalWrite(fPin, turnon);
      digitalWrite(gPin, turnon);
      break ;
```

```
case 3:
// 顯示數字 '3'
digitalWrite(aPin, turnon);
digitalWrite(bPin, turnon);
digitalWrite(cPin, turnon);
digitalWrite(dPin, turnon);
digitalWrite(ePin, turnoff);
digitalWrite(fPin, turnoff);
digitalWrite(gPin, turnon);
break ;

 case 2:
// 顯示數字 '2'
digitalWrite(aPin, turnon);
digitalWrite(bPin, turnon);
digitalWrite(cPin, turnoff);
digitalWrite(dPin, turnon);
digitalWrite(ePin, turnon);
digitalWrite(fPin, turnoff);
digitalWrite(gPin, turnon);
break ;

case 1:
// 顯示數字 '1'
digitalWrite(aPin, turnoff);
digitalWrite(bPin, turnon);
digitalWrite(cPin, turnon);
digitalWrite(dPin, turnoff);
digitalWrite(ePin, turnoff);
digitalWrite(fPin, turnoff);
digitalWrite(gPin, turnoff);
break ;

case 0:
// 顯示數字 '0'
digitalWrite(aPin, turnon);
digitalWrite(bPin, turnon);
digitalWrite(cPin, turnon);
```

```
        digitalWrite(dPin, turnon);
        digitalWrite(ePin, turnon);
        digitalWrite(fPin, turnon);
        digitalWrite(gPin, turnoff);
        break ;

    case -1:
    // all Off
        digitalWrite(aPin, turnoff);
        digitalWrite(bPin, turnoff);
        digitalWrite(cPin, turnoff);
        digitalWrite(dPin, turnoff);
        digitalWrite(ePin, turnoff);
        digitalWrite(fPin, turnoff);
        digitalWrite(gPin, turnoff);
        break ;


    }
}
```

　　讀者也可以在作者 YouTube 頻道(https://www.youtube.com/user/UltimaBruce)中，
在網址：https://www.youtube.com/watch?v=4X3vTjM6H7E&feature=youtu.be，讀者可以
看到本次實驗- 四位數七段顯示器測試程式二結果畫面，如下圖所示，可以看到四
位數七段顯示器的四個數字由『0001』往上遞增。

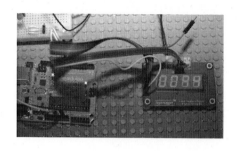

圖 188 四位數七段顯示器測試程式二結果畫面

Light Sensor

對於自動控制而言，外部狀態的偵測是非常重要的一項課題，尤其是外部亮度的偵測，更是非常常見的需求，本實驗仍只需要一塊 fayaduino Uno 開發板、USB 下載線、fayalab nugget light sensor（產品網址：http://www.fayalab.com/kit/801-nu0014nu）。

如下圖所示，這個實驗我們需要用到的實驗硬體有下圖.(a)的 fayalab UNO 與下圖.(b) USB 下載線、下圖.(c) fayalab nugget light sensor：

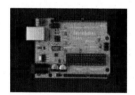  

(a). fayaduino Uno   (b). USB 下載線   (c). fayalab nugget light sensor

圖 189 fayalab nugget light sensor 所需零件表

何謂光敏電阻，如下圖所示，光敏電阻是利用光電導效應的一種特殊的電阻，簡稱光電阻，又名光導管。它的電阻和光線的強弱有直接關係。光強度增加，則電阻減小；光強度減小，則電阻增大。是利用光電導效應的一種特殊的電阻，簡稱光電阻，又名光導管。它的電阻和光線的強弱有直接關係。光強度增加，則電阻減小；光強度減小，則電阻增大。

其光敏電阻原理就是當有光線照射時，電阻內原本處於穩定狀態的電子受到激發，成為自由電子。所以光線越強，產生的自由電子也就越多，電阻就會越小。

- 暗電阻：當電阻在完全沒有光線照射的狀態下（室溫），稱這時的電阻值為暗電阻（當電阻值穩定不變時，例如 1kM 歐姆），與暗電阻相對應的電流為暗電流。

- 亮電阻：當電阻在充足光線照射的狀態下（室溫），稱這時的電阻值為亮電阻（當電阻值穩定不變時，例如 1 歐姆），與亮電阻相對應的電流為亮電流。

圖 190 光敏電阻

由下圖所示，由於光敏電阻受光會改變電阻值，但是電阻本身不會輸出任何的電壓或電流，所以我們設計簡單的分壓電路來偵測光敏電阻受光之後的阻值改變。

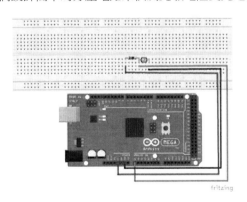

圖 191 光敏電阻基本量測電路

由於本書使用 fayalab nugget light sensor 模組，所以我們遵從下表來組立電路，來完成本節的實驗：

表 20 偵測亮度模組接腳表

fayalab nugget light sensor	Aruino 開發板接腳
Vout	Arduino Uno Analog Pin A0

我們遵照前面所述，將 fayaduino Uno 開發板的驅動程式安裝好之後，作者參考上表與上圖之後，完成電路的連接，完成後如下圖所示之偵測亮度模組實際組裝圖。

圖 192 偵測亮度模組實際組裝圖

我們遵照前幾章所述，將 fayaduino Uno 開發板的驅動程式安裝好之後，我們打開 Arduino 開發板的開發工具：Sketch IDE 整合開發軟體，撰寫一段程式，如下表所示之偵測亮度模組測試程式一，可以看到讀取到週邊亮度的資訊。

表 21 偵測亮度模組測試程式一

偵測亮度模組測試程式一(ngt_light_sensor)
// Faya-Nugget Sample Code
// Date: 2015/1/27
// Module Name: Light Sensor
// Module Number: #ngt-ss-cds-1A
// Description: Detect light maginitude and show the result in serial monitor.

```
// Wiring: Module Pin ==> Arduino Pin
//                    Vout ==> A0

void setup()
{
    Serial.begin(9600);                //setup uart baud rate
}

void loop()
{
    int cds;
    cds=analogRead(A0);                //read A0 pin value in the cds.
    Serial.print("Brightness: ");
    switch(cds/100)
    {
        case 10:
            Serial.println("* * * * * * * * * *");
            break;
        case 9:
            Serial.println("* * * * * * * * *");
            break;
        case 8:
            Serial.println("* * * * * * * *");
            break;
        case 7:
            Serial.println("* * * * * * *");
            break;
        case 6:
            Serial.println("* * * * * *");
            break;
        case 5:
            Serial.println("* * * * *");
            break;
        case 4:
            Serial.println("* * * *");
            break;
        case 3:
            Serial.println("* * *");
            break;
```

```
    case 2:
        Serial.println("* *");
        break;
    case 1:
        Serial.println("*");
        break;
    }

    delay(500);
}
```

　　讀者可以看到本次實驗-偵測亮度模組測試程式一結果畫面，如下圖所示，可以看到顯示星號的 Bar 來代表所偵測到的亮度值。

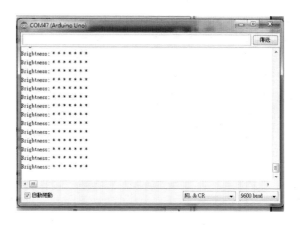

圖 193 偵測亮度模組測試程式一結果畫面

透過偵測亮度控制亮度

　　我們已經可以透過使用光敏電組設計而成的 fayalab nugget light sensor 模組來偵測外界亮度，如果我們可以根據量測的亮度值來控制另外一個燈泡的亮度，那就更加實用了。

　　我們修改上節的電路，加入 Led 燈泡，並透過 PWM 的方式來控制亮度(曹永忠, 許智誠, et al., 2015a; 曹永忠, 許智誠, & 蔡英德, 2015b; 曹永忠, 許智誠, et al., 2015d; 曹永忠, 許智誠, & 蔡英德, 2015f), 所以讀者可以參考下圖所示, 來組立電路。

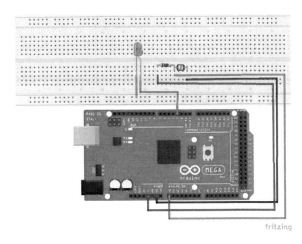

圖 194 偵測光控 PWM 控制 Led 電路

由於本書使用 fayalab nugget light sensor 模組, 所以我們遵從下表來組立電路, 來完成本節的實驗:

表 22 偵測光控 PWM 控制 Led 電路接腳表

fayalab nugget light sensor	Aruino 開發板接腳
Vout	Arduino Uno Analog Pin 0
Led 燈泡	驅動列行意義
Led +	Arduino PWM Pin 3
Led -	Arduino GND

我們遵照前面所述，將 fayaduino Uno 開發板的驅動程式安裝好之後，作者參考上表與上圖之後，完成電路的連接，完成後如下圖所示之偵測亮度模組實際組裝圖。

圖 195 偵測光控 PWM 控制 Led 電路實際組裝圖

　　我們遵照前幾章所述，將 fayaduino Uno 開發板的驅動程式安裝好之後，我們打開 Arduino 開發板的開發工具：Sketch IDE 整合開發軟體，攥寫一段程式，如下表所示之四位數七段顯示器測試程式一，可以看到 Led 燈泡隨偵測亮度模組讀取值，越大就越暗，越小就越亮。

表 23 偵測亮度模組測試程式二

偵測亮度模組測試程式二(ngt_light_sensor_PWM)

```
// Wiring: Module Pin ==> Arduino Pin
//                Vout ==> A0
#define LedPin 3

void setup()
{
 //    pinMode(LedPin,OUTPUT);
      Serial.begin(9600);                //setup uart baud rate
}

void loop()
{
     int cds;
```

- 278 -

```
cds=analogRead(A0);                    //read A0 pin value in the cds.
analogWrite(LedPin,255-(cds/4)) ;
Serial.print("Brightness:( ");
Serial.print(cds);
Serial.print("):");
switch(cds/100)
{
    case 10:
        Serial.println("* * * * * * * * * *");
        break;
    case 9:
        Serial.println("* * * * * * * * *");
        break;
    case 8:
        Serial.println("* * * * * * * *");
        break;
    case 7:
        Serial.println("* * * * * * *");
        break;
    case 6:
        Serial.println("* * * * * *");
        break;
    case 5:
        Serial.println("* * * * *");
        break;
    case 4:
        Serial.println("* * * *");
        break;
    case 3:
        Serial.println("* * *");
        break;
    case 2:
        Serial.println("* *");
        break;
    case 1:
        Serial.println("*");
        break;
}
```

```
      delay(100);
}
```

　　讀者也可以在作者 YouTube 頻道(https://www.youtube.com/user/UltimaBruce)中，
在網址：https://www.youtube.com/watch?v=LFPhcW6PCDQ&feature=youtu.be，讀者可
以看到本次實驗-偵測亮度模組測試程式二，如下圖所示，可以看到 Led 燈泡隨偵
測亮度模組讀取值，越大就越暗，越小就越亮。

圖 196 偵測亮度模組測試程式二結果畫面

可變電阻感測器(Slider Potentiometer)

　　對於自動控制而言，微量的控制是常見的一項課題，尤其是控制燈光，馬達轉
速等等，更是非常常見的需求，所以可變電阻的應用變的非常普遍，尤其是線性的
可變電阻更加普遍。本實驗仍只需要一塊 fayaduino Uno 開發板、USB 下載線、fayalab
nugget slider potentiometer (產品網址：http://www.fayalab.com/kit/801-nu0008nu)。

　　如下圖所示，這個實驗我們需要用到的實驗硬體有下圖.(a)的 fayalab UNO 與下
圖.(b) USB 下載線、下圖.(c) fayalab nugget slider potentiometer：

(a). fayaduino Uno

(b). USB 下載線

(c). fayalab nugget slider poten-
tiometer

圖 197 fayalab nugget slider potentiometer 所需零件表

何謂可變電阻（英文：Potentiometer，通俗上也簡稱 Pot，少數直譯成電位計），中文稱為可變電阻器（VR，Variable Resistor）或簡稱可變電阻，如下圖所示，是一種具有三個端子，其中有兩個固定接點與一個滑動接點，可經由滑動而改變滑動端與兩個固定端間電阻值的電子零件，屬於被動元件，使用時可形成不同的分壓比率，改變滑動點的電位，因而得名。

圖 198 可變電阻器

至於只有兩個端子的可變電阻器（rheostat）（或已將滑動端與其中一個固定端保持連接，對外實際只有兩個有效端子的）並不稱為電位器，只能稱為可變電阻（variable resistor）。

常見的碳膜或陶瓷膜電位器可以透過銅箔或銅片與印刷膜接觸旋轉或滑動產生於輸出、輸入端的不同電阻。較大功率的電位器則是使用線繞式。

電阻材質分類

● 碳膜式（Carbon Film）：使用碳膜作為電阻膜。

● 瓷金膜（Metal Film）：使用以陶瓷（ceramic）與金屬（metal）材質混合製成的特殊瓷金（cermet）膜作為電阻膜。

● 線繞式（Wirewound）：使用金屬線繞製作為電阻。比起碳膜或瓷金膜而言，可承受較大功率。

構造分類

● 旋轉式：常見的形式。通常的旋轉角度約 270～300 度。

● 單圈式：常見的形式。

● 多圈式：用於須精密調整的場合。

● 直線滑動式：如下圖所示，通常用於混音器，便於立即看出音量的位置與
做淡入淡出控制。

圖 199 可變電阻

數量分類

● 單聯式：一轉軸只控制單一電位計。

● 雙聯式：兩個電位器使用同一轉軸控制，主要用於雙聲道中，可同時控制
兩個聲道。

電阻值變化尺度分類

● 線性尺度式：電阻值的變化與旋轉角度或移動距離呈線性關係，此種電位
器稱為 B 型電位器。

● 對數尺度式：電阻值的變化與旋轉角度或移動距離呈對數關係，此種電位
器主要用途是音量控制，其中常用的是 A 型電位器，適合順時針方向為
大音量、逆時針方向為小音量的場合；此外還有對數尺度的變化方向與 A
型相反的 C 型電位器。

其他特別型式

● 附開關電位器：通常用於將音量開關與電源開關合一，即逆時針旋轉至底
使開關切斷而關閉電源。

微調用電位器或可變電阻

● 作為微調用的電位器或可變電阻，通常位於設備內部、印刷電路板上，用於不需經常調整的地方，這種小型電位器或可變電阻，中文一般稱為半可變電阻，英文一般稱為 trimpot 或 trimmer(微調器。如不特別說明，trimmer 雖以可變電阻為多，但也可能是可變電容)。

由下圖所示，由於光敏電阻受光會改變電阻值，但是電阻本身不會輸出任何的電壓或電流，所以我們設計簡單的分壓電路來偵測光敏電阻受光之後的阻值改變。

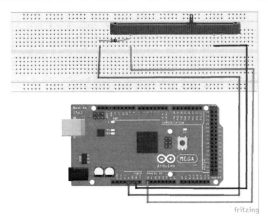

圖 200 可變電阻基本電路

由於本書使用 fayalab nugget slider potentiometer 模組，所以我們遵從下表來組立電路，來完成本節的實驗：

表 24 可變電阻模組接腳表

fayalab nugget slider potentiometer	Aruino 開發板接腳
B(右邊上方)	Arduino Uno Analog Pin A0
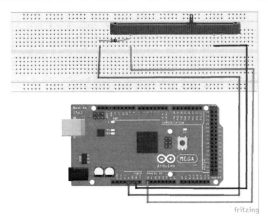	

我們遵照前面所述，將 fayaduino Uno 開發板的驅動程式安裝好之後，作者參

考上表與上圖之後，完成電路的連接，完成後如下圖所示之偵測亮度模組實際組裝圖。

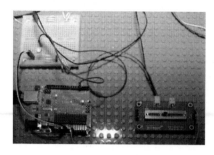

圖 201 可變電阻模組實際組裝圖

我們遵照前幾章所述，將 fayaduino Uno 開發板的驅動程式安裝好之後，我們打開 Arduino 開發板的開發工具：Sketch IDE 整合開發軟體，攥寫一段程式，如下表所示之可變電阻模組測試程式一，可以看到調動 fayalab nugget slider potentiometer 模組之後，可以看到得到不同的阻值。

表 25 可變電阻模組測試程式一

可變電阻模組測試程式一(ngt_slider_vr)

// Faya-Nugget Sample Code
// Date: 2015/1/26
// Module Name: Slide Potentiometer
// Module Number: #ngt-ot-sldvr-1A
// Description: Detect the resistance value of slide potentiometer (0~10K) and show in series monitor.
//   Note1: the tolerance of the resistrance is ignored.
//   Note2: the resistance is measured between GND and Ouput Terminal (terminal C)
 	
// Wiring: Module Pin ==> Arduino Pin
//   VCC ==> A
//   B ==> A0
//   GND ==> C

```
void setup()
{
  Serial.begin(9600);              //the setup uart baud rate
}

void loop()
{
  int SldVR_10K;

  SldVR_10K=analogRead(A0);                    //Read analog pin-0 value

  Serial.print("Current resistance (0~10K) = ");
  SldVR_10K=map(SldVR_10K,1023,0,10000,0);
  Serial.print(SldVR_10K);                      //Show Slide VR 10K value
  Serial.println(" ohm");

  Serial.println("...........................");
  delay(1000);

}
```

　　讀者可以看到本次實驗-可變電阻模組測試程式一結果畫面，如下圖所示，可以看到調動 fayalab nugget slider potentiometer 模組之後，可以看到得到不同的阻值。

圖 202 可變電阻模組測試程式一結果畫面

透過可變電阻簡單控制流水燈

我們修改上節的電路，加入 8 Led 點陣顯示器，並透過 fayalab nugget slider potentiometer 改變時來控制所亮得 Led 數目，所以讀者可以參考下圖所示，來組立電路。

表 26 可變電阻模組接腳表

fayalab nugget slider potentiometer	Aruino 開發板接腳
B(右邊上方)	Arduino Uno Analog Pin A0
fayalab nugget 8 LED module	Aruino 開發板接腳
D0	Arduino Uno digital Pin 2
D1	Arduino Uno digital Pin 3
D2	Arduino Uno digital Pin 4
D3	Arduino Uno digital Pin 5
D4	Arduino Uno digital Pin 6
D5	Arduino Uno digital Pin 7
D6	Arduino Uno digital Pin 8
D7	Arduino Uno digital Pin 9
 8 Led 點陣顯示器	

我們遵照前面所述，將 fayaduino Uno 開發板的驅動程式安裝好之後，作者參考上表與上圖之後，完成電路的連接，完成後如下圖所示之整合可變電阻之流水燈控制電路實際組裝圖。

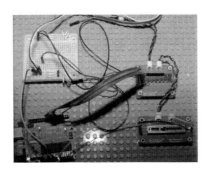

圖 203 整合可變電阻之流水燈控制電路實際組裝圖

　　我們遵照前幾章所述，將 fayaduino Uno 開發板的驅動程式安裝好之後，我們打開 Arduino 開發板的開發工具：Sketch IDE 整合開發軟體，攥寫一段程式，如下表所示之整合可變電阻之流水燈控制電路測試程式一，可以看到 Led 燈泡隨偵測亮度模組讀取值，越大就亮的 Led 燈就越多，越小就亮的 Led 燈就越少。

表 27 整合可變電阻之流水燈控制電路測試程式一

整合可變電阻之流水燈控制電路測試程式一(ngt_8bit_LED_1to8_VR)

```
int x =800 ;
int y = 300;

void setup() {
  // put your setup code here, to run once:
  pinMode(2,OUTPUT);
  pinMode(3,OUTPUT);
  pinMode(4,OUTPUT);
  pinMode(5,OUTPUT);
  pinMode(6,OUTPUT);
  pinMode(7,OUTPUT);
  pinMode(8,OUTPUT);
  pinMode(9,OUTPUT);


}

void loop() {
  // put your main code here, to run repeatedly:
```

```
x = analogRead(A0);
y = x /2 ;
digitalWrite(2, HIGH);      // turn the LED on (HIGH is the voltage level)
delay(x);                   // wait for a second
digitalWrite(2, LOW);       // turn the LED off by making the voltage LOW
delay(y);                   // wait for a second


digitalWrite(3, HIGH);      // turn the LED on (HIGH is the voltage level)
delay(x);                   // wait for a second
digitalWrite(3, LOW);       // turn the LED off by making the voltage LOW
delay(y);                   // wait for a second


digitalWrite(4, HIGH);      // turn the LED on (HIGH is the voltage level)
delay(x);                   // wait for a second
digitalWrite(4, LOW);       // turn the LED off by making the voltage LOW
delay(y);                   // wait for a second


digitalWrite(5, HIGH);      // turn the LED on (HIGH is the voltage level)
delay(x);                   // wait for a second
digitalWrite(5, LOW);       // turn the LED off by making the voltage LOW
delay(y);                   // wait for a second


digitalWrite(6, HIGH);      // turn the LED on (HIGH is the voltage level)
delay(x);                   // wait for a second
digitalWrite(6, LOW);       // turn the LED off by making the voltage LOW
delay(y);                   // wait for a second


digitalWrite(7, HIGH);      // turn the LED on (HIGH is the voltage level)
delay(x);                   // wait for a second
digitalWrite(7, LOW);       // turn the LED off by making the voltage LOW
delay(y);                   // wait for a second


digitalWrite(8, HIGH);      // turn the LED on (HIGH is the voltage level)
delay(x);                   // wait for a second
digitalWrite(8, LOW);       // turn the LED off by making the voltage LOW
delay(y);                   // wait for a second


digitalWrite(9, HIGH);      // turn the LED on (HIGH is the voltage level)
delay(x);                   // wait for a second
```

```
digitalWrite(9, LOW);       // turn the LED off by making the voltage LOW
delay(y);                   // wait for a second


}
```

讀者也可以在作者 YouTube 頻道(https://www.youtube.com/user/UltimaBruce)中，
在網址：https://www.youtube.com/watch?v=CqpZvzmYT0U&feature=youtu.be，讀者可以
看到本次實驗-整合可變電阻之流水燈控制電路測試程式一，如下圖所示，可以看
到 Led 燈泡隨偵測亮度模組讀取值，越大就亮的 Led 燈就越多，越小就亮的 Led
燈就越少。

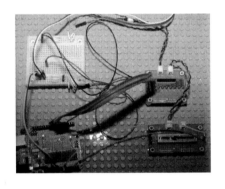

圖 204 整合可變電阻之流水燈控制電路測試程式一結果畫面

透過可變電阻即時控制流水燈

我們修改上節的電路，加入 8 Led 點陣顯示器，並透過 fayalab nugget slider
potentiometer 改變時來控制所亮得 Led 的速度，所以讀者可以參考下圖所示，來組
立電路。

表 28 可變電阻模組接腳表

fayalab nugget slider potentiometer	Aruino 開發板接腳
B(右邊上方)	Arduino Uno Analog Pin A0

fayalab nugget slider potentiometer	Aruino 開發板接腳
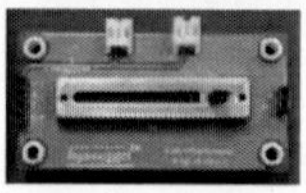	

fayalab nugget 8 LED module	Aruino 開發板接腳
D0	Arduino Uno digital Pin 2
D1	Arduino Uno digital Pin 3
D2	Arduino Uno digital Pin 4
D3	Arduino Uno digital Pin 5
D4	Arduino Uno digital Pin 6
D5	Arduino Uno digital Pin 7
D6	Arduino Uno digital Pin 8
D7	Arduino Uno digital Pin 9

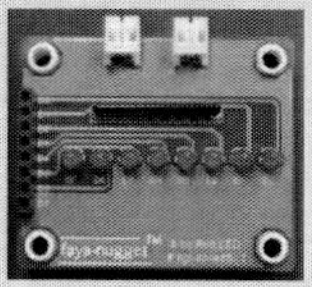

8 Led 點陣顯示器

　　我們遵照前面所述，將 fayaduino Uno 開發板的驅動程式安裝好之後，作者參考上表與上圖之後，完成電路的連接，完成後如下圖所示之整合可變電阻之流水燈控制電路實際組裝圖。

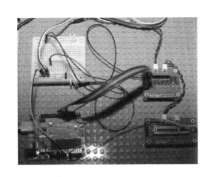

圖 205 整合可變電阻之流水燈控制電路實際組裝圖

　　我們遵照前幾章所述，將 fayaduino Uno 開發板的驅動程式安裝好之後，我們打開 Arduino 開發板的開發工具：Sketch IDE 整合開發軟體，攥寫一段程式，如下表所示之整合可變電阻之流水燈控制電路測試程式一，可以看到 Led 燈泡隨偵測亮度模組讀取值，越大就亮燈變換的速度就越快，越小就亮燈變換的速度就越慢。

表 29 整合可變電阻之流水燈控制電路測試程式二

整合可變電阻之流水燈控制電路測試程式二(ngt_8bit_LED_1to8_QuickVR)

int x =800 ;
int y = 300;
 	
void setup() {
　// put your setup code here, to run once:
　pinMode(2,OUTPUT);
　pinMode(3,OUTPUT);
　pinMode(4,OUTPUT);
　pinMode(5,OUTPUT);
　pinMode(6,OUTPUT);
　pinMode(7,OUTPUT);
　pinMode(8,OUTPUT);
　pinMode(9,OUTPUT);
 	
}
 	
void loop() {

```
// put your main code here, to run repeatedly:
x = analogRead(A0);
y = x /2 ;
digitalWrite(2, HIGH);      // turn the LED on (HIGH is the voltage level)
delay(analogRead(A0));                 // wait for a second
digitalWrite(2, LOW);     // turn the LED off by making the voltage LOW
delay(analogRead(A0)/2);                  // wait for a second


digitalWrite(3, HIGH);      // turn the LED on (HIGH is the voltage level)
delay(analogRead(A0));                 // wait for a second
digitalWrite(3, LOW);     // turn the LED off by making the voltage LOW
delay(analogRead(A0)/2);                  // wait for a second


digitalWrite(4, HIGH);      // turn the LED on (HIGH is the voltage level)
delay(analogRead(A0));                 // wait for a second
digitalWrite(4, LOW);     // turn the LED off by making the voltage LOW
delay(analogRead(A0)/2);                  // wait for a second


digitalWrite(5, HIGH);      // turn the LED on (HIGH is the voltage level)
delay(analogRead(A0));                 // wait for a second
digitalWrite(5, LOW);     // turn the LED off by making the voltage LOW
delay(analogRead(A0)/2);                  // wait for a second


digitalWrite(6, HIGH);      // turn the LED on (HIGH is the voltage level)
delay(analogRead(A0));                 // wait for a second
digitalWrite(6, LOW);     // turn the LED off by making the voltage LOW
delay(analogRead(A0)/2);                  // wait for a second


digitalWrite(7, HIGH);      // turn the LED on (HIGH is the voltage level)
delay(analogRead(A0));                 // wait for a second
digitalWrite(7, LOW);     // turn the LED off by making the voltage LOW
delay(analogRead(A0)/2);                  // wait for a second


digitalWrite(8, HIGH);      // turn the LED on (HIGH is the voltage level)
delay(analogRead(A0));                 // wait for a second
digitalWrite(8, LOW);     // turn the LED off by making the voltage LOW
delay(analogRead(A0)/2);                  // wait for a second


digitalWrite(9, HIGH);      // turn the LED on (HIGH is the voltage level)
```

```
    delay(analogRead(A0));                    // wait for a second
    digitalWrite(9, LOW);        // turn the LED off by making the voltage LOW
    delay(analogRead(A0)/2);                      // wait for a second


}
```

　　讀者也可以在作者 YouTube 頻道(https://www.youtube.com/user/UltimaBruce)中，在網址：https://www.youtube.com/watch?v=hId_tRY_2ag&feature=youtu.be，讀者可以看到本次實驗-整合可變電阻之流水燈控制電路測試程式二，如下圖所示，可以看到 Led 燈泡隨偵測亮度模組讀取值，越大就亮燈變換的速度就越快，越小就亮燈變換的速度就越慢。

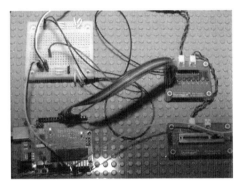

圖 206 整合可變電阻之流水燈控制電路測試程式二結果畫面

觸摸感測器(Touch slider)

　　對於自動控制而言，微量按鍵是常見的一項課題，尤其是控制燈光，馬達轉速等等，更是非常常見的需求，本實驗仍只需要一塊 fayaduino Uno 開發板、USB 下載線、 fayalab nugget slider potentiometer （產品網址：http://www.fayalab.com/kit/801-nu0008nu ）與 fayalab Leaf - Speaker （產品網址：http://www.fayalab.com/kit/801-lf0006lf)。

　　如下圖所示，這個實驗我們需要用到的實驗硬體有下圖.(a)的 fayalab UNO 與下圖.(b) USB 下載線、下圖.(c) fayalab nugget Touch slider、下圖. (d).fayalab Leaf - Speaker：

(a). fayaduino Uno

(b). USB 下載線

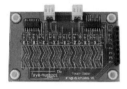

(c). fayalab nugget Touch slider

(d).fayalab Leaf - Speaker

圖 207 fayalab nugget Touch slider 所需零件表

由於本書使用 fayalab nugget Touch slider 模組，所以我們遵從下表來組立電路，來完成本節的實驗：

表 30 觸摸感測器模組接腳表

fayalab nugget Touch slider	Aruino 開發板接腳
P0	Arduino Uno digital Pin 2
P1	Arduino Uno digital Pin 3
P2	Arduino Uno digital Pin 4
P3	Arduino Uno digital Pin 5
P4	Arduino Uno digital Pin 6
P5	Arduino Uno digital Pin 7
P6	Arduino Uno digital Pin 8
P7	Arduino Uno digital Pin 9

fayalab nugget Touch slider	Aruino 開發板接腳
fayalab nugget Touch slider	
fayalab Leaf - Speaker	Aruino 開發板接腳
S+	Arduino Uno digital Pin 11
GND	Arduino Uno GND
fayalab Leaf - Speaker	

我們遵照前面所述，將 fayaduino Uno 開發板的驅動程式安裝好之後，作者參考上表與上圖之後，完成電路的連接，完成後如下圖所示之觸摸感測器模組實際組裝圖。

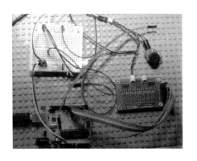

圖 208 觸摸感測器模組實際組裝圖

我們遵照前幾章所述，將 fayaduino Uno 開發板的驅動程式安裝好之後，我們打開 Arduino 開發板的開發工具：Sketch IDE 整合開發軟體，攥寫一段程式，如下表所示之觸摸感測器模組測試程式一，可以看到當手指觸控到不同位置時，產生不同的聲音。

觸摸感測器模組測試程式一(ngt_touch_slider)
// Faya-Nugget Sample Code
// Date: 2015/1/27
// Module Name: Touch Slider
// Module Number: #ngt-di-tchsdr8-1A
// Description: Detect the touch button and show its corresponging diatonic scale is serial monitor
//   When P7 ==> Diatonic scale Do
//   When P6 ==> Diatonic scale Re
//   When P5 ==> Diatonic scale Mi
//   When P4 ==> Diatonic scale Fa
//   When P3 ==> Diatonic scale So
//   When P2 ==> Diatonic scale La
//   When P1 ==> Diatonic scale Si
//   When P0 ==> Diatonic scale DO'
// Wiring: Module Pin ==> Arduino Pin
//   P0 ==> D2
//   P1 ==> D3
//   P2 ==> D4
//   P3 ==> D5
//   P4 ==> D6
//   P5 ==> D7
//   P6 ==> D8
//   P7 ==> D9
// define pins
#define TuSld_P0 2
#define TuSld_P1 3
#define TuSld_P2 4
#define TuSld_P3 5
#define TuSld_P4 6
#define TuSld_P5 7
#define TuSld_P6 8
#define TuSld_P7 9

```
#define TuSld_P7 9
#define Buz 11           //You can connect Buzzer Module(#ngt-mm-embuzr) to pin11

void setup()
{
  //setup uart baud rate.
  Serial.begin(9600);

  pinMode(TuSld_P0, INPUT);
  pinMode(TuSld_P1, INPUT);
  pinMode(TuSld_P2, INPUT);
  pinMode(TuSld_P3, INPUT);
  pinMode(TuSld_P4, INPUT);
  pinMode(TuSld_P5, INPUT);
  pinMode(TuSld_P6, INPUT);
  pinMode(TuSld_P7, INPUT);

  Serial.println("Please touch the slider");
}

void loop()
{
  if(digitalRead(TuSld_P7)==HIGH)      //Diatonic scale Do
  {
    Serial.println("Do   Frequency= 262 Hz");
    tone(Buz,262);
    delay(200);
  }

  if(digitalRead(TuSld_P6)==HIGH)      //Diatonic scale Re
  {
    Serial.println("Re   Frequency= 294 Hz");
    tone(Buz,294);
    delay(200);
  }

  if(digitalRead(TuSld_P5)==HIGH)      //Diatonic scale Mi
  {
    Serial.println("Mi   Frequency= 330 Hz");
```

```
    tone(Buz,330);
    delay(200);
  }


  if(digitalRead(TuSld_P4)==HIGH)    //Diatonic scale Fa
  {
    Serial.println("Fa    Frequency= 349 Hz");
    tone(Buz,349);
    delay(200);
  }


  if(digitalRead(TuSld_P3)==HIGH)     //Diatonic scale So
  {
    Serial.println("So    Frequency= 392 Hz");
    tone(Buz,392);
    delay(200);
  }


  if(digitalRead(TuSld_P2)==HIGH)     //Diatonic scale La
  {
    Serial.println("La    Frequency= 440 Hz");
    tone(Buz,440);
    delay(200);
  }


  if(digitalRead(TuSld_P1)==HIGH)     //Diatonic scale Si
  {
    Serial.println("Si    Frequency= 494 Hz");
    tone(Buz,494);
    delay(200);
  }


  if(digitalRead(TuSld_P0)==HIGH)     //Diatonic scale Do'
  {
    Serial.println("Do' Frequency= 523 Hz");
    tone(Buz,523);
    delay(200);
  }
```

```
    noTone(Buz);
}
```

　　讀者也可以在作者 YouTube 頻道(https://www.youtube.com/user/UltimaBruce)中，在網址：https://www.youtube.com/watch?v=lCciiaN4UZA&feature=youtu.be，讀者可以看到本次實驗-觸摸感測器模組測試程式一結果畫面，如下圖所示，可以看到當手指觸控到不同位置時，產生不同的聲音。

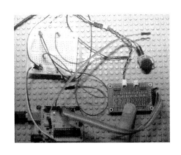

圖 209 觸摸感測器模組測試程式一結果畫面

Temperature Sensor(AD590)

　　測量溫度是非常常見的一件事，也是 fayaduino Uno 開發板最簡單、也最常使用的一種基本功能。

　　本實驗仍只需要一塊 fayaduino Uno 開發板、USB 下載線、fayalab nugget temperature sensor (產品網址：http://www.fayalab.com/zh-hant/node/69689)。

　　如下圖所示，這個實驗我們需要用到的實驗硬體有下圖.(a)的 fayalab　UNO 與下圖.(b) USB 下載線、下圖.(c) fayalab nugget temperature sensor：

(a). fayaduino Uno　　　　(b). USB 下載線　　　(c). fayalab nugget temperature sensor

圖 210 Temperature Sensor(AD590)所需零件表

　　由於本書使用 fayalab nugget temperature sensor 模組，所以我們遵從下表來組立

電路，來完成本節的實驗：

表 32 Temperature Sensor(AD590)接腳表

Temperature Sensor(AD590)	Aruino 開發板接腳
Out	Arduino Uno Analog Pin A0
<div align="center">fayalab nugget temperature sensor</div>	

　　我們遵照前面所述，將 fayaduino Uno 開發板的驅動程式安裝好之後，作者參

考上表與上圖之後，完成電路的連接，完成後如下圖所示 Temperature Sensor(AD590)

實際組裝圖。

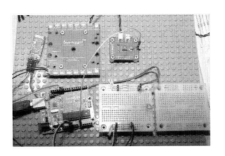

圖 211 Temperature Sensor(AD590)實際組裝圖

　　我們遵照前幾章所述，將 fayaduino Uno 開發板的驅動程式安裝好之後，我們打開 Arduino 開發板的開發工具：Sketch IDE 整合開發軟體，攥寫一段程式，如下表所示之 Temperature Sensor(AD590)測試程式一，可以看到讀取到的電阻值，即為溫度的對照值。

表 33 Temperature Sensor(AD590)測試程式一

Temperature Sensor(AD590)測試程式一(ngt_ad590_new)
| ```
// Faya-Nugget Sample Code
// Date: 2015/1/27
// Module Name: AD-590 Temperature Sensor
// Module Number: #ngt-ss-ad590-1A
// Description: Show current temperature in serial monitor

// Wiring: Module Pin ==> Arduino Pin
//                 Vout ==> A0


void setup()
{
   Serial.begin(9600);              //setup uart baud rate
}

int Celsius=0;
int KelvinScale=0;

void loop()
``` |
```

```
{
    KelvinScale=analogRead(A0);
    Celsius=KelvinScale-273;                    //KelvinScale(K) - 273 = Celsius(C)
    Serial.print("KelvinScale= ");
    Serial.print(KelvinScale);                  //show Kelvin Scale vaule in serlial monito
    Serial.print(" K");

    Serial.print("        ");

    Serial.print("Celsius= ");
    Serial.print(Celsius);                      //show Celsius vaule in serial monitor
    Serial.println(" C");
    delay(1000);
}
```

　　讀者可以看到本次實驗- 四位數七段顯示器測試程式一結果畫面，如下圖所示，可以可以看到讀取到的電阻值，即為溫度的對照值。

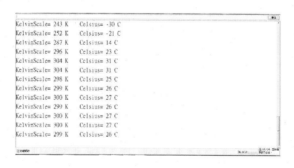

圖 212 8 Temperature Sensor(AD590)測試程式一結果畫面

Encoder Switch

　　測量旋轉方向是非常常見的一件事，也是 fayaduino Uno 開發板最簡單、也最常使用來顯示數字資訊，最容易顯示 Arduino 開發版內部數字的狀態值，本實驗仍只需要一塊 fayaduino Uno 開發板、USB 下載線、fayalab nugget encoder switch (產品網址：http://www.fayalab.com/kit/801-nu0018nu)。

如下圖所示，這個實驗我們需要用到的實驗硬體有下圖.(a)的 fayalab　UNO 與下圖.(b) USB 下載線、下圖.(c) fayalab nugget encoder switch：

(a). fayaduino Uno　　　　(b). USB 下載線　　　(c). f fayalab nugget encoder switch

圖 213 fayalab nugget encoder switch 所需零件表

由於本書使用 fayalab nugget encoder switch 模組，所以我們遵從下表來組立電路，來完成本節的實驗：

表 34 fayalab nugget encoder switch 接腳表

fayalab nugget encoder switch	Aruino 開發板接腳
PB	Arduino Uno digital Pin 2
A	Arduino Uno digital Pin 3
B	Arduino Uno digital Pin 4
fayalab nugget encoder switch	

我們遵照前面所述，將 fayaduino Uno 開發板的驅動程式安裝好之後，作者參考上表與上圖之後，完成電路的連接，完成後如下圖所示之 fayalab nugget encoder switch 實際組裝圖。

圖 214 fayalab nugget encoder switch 實際組裝圖

　　我們遵照前幾章所述，將 fayaduino Uno 開發板的驅動程式安裝好之後，我們打開 Arduino 開發板的開發工具：Sketch IDE 整合開發軟體，攥寫一段程式，如下表所示之 fayalab nugget encoder switch 測試程式一，可以看到右旋數字會增加，左旋數字會減少，按下按鈕數字會歸零。

表 35 fayalab nugget encoder switch 測試程式一

fayalab nugget encoder switch 測試程式一(ngt_encoder_switch)

// Faya-Nugget Sample Code
// Date: 2015/1/27
// Module Name: Encoder Switch
// Module Number: #ngt-di-encdrsw-1A
// Description:Use encoder switch to count the number and show in serail monitor
//　　　　　　　　When rotate Clockwise => Number +1;
//　　　　　　　　When rotate Counterclockwise => Number -1;
//　　　　　　　　When button pressed, ==> Number reset to 0;
 	
// Wiring: Module Pin ==> Arduino Pin
//　　　　　　　　PB ==> D2
//　　　　　　　　A ==> D3
//　　　　　　　　B ==> D4
 	
//define pins
#define EnCoder_PB 2
#define EnCoder_A 3
#define EnCoder_B 4
 	
void setup()

```
{
  //setup uart baud rate.
  Serial.begin (9600);

  pinMode (EnCoder_PB,INPUT);
  pinMode (EnCoder_A,INPUT);
  pinMode (EnCoder_B,INPUT);

}


int Count=0;
int encoderLast = LOW;
int temp = LOW;

void loop()
{
    temp = digitalRead(EnCoder_A);

    if ((encoderLast == LOW) && (temp == HIGH))
    {
      if (digitalRead(EnCoder_B) == LOW)     //Count up
         Count++;
      else                                   //Count down
         Count--;

      Serial.print("Count= ");
      Serial.println(Count);
    }

    if (digitalRead(EnCoder_PB)==HIGH)      ////Count reset
    {
      Count=0;
      Serial.print("Count= ");
      Serial.println(Count);
      delay(500);
    }
    encoderLast = temp;
}
```

讀者可以看到本次實驗- fayalab nugget encoder switch 測試程式一，如下圖所示，可以看到右旋數字會增加，左旋數字會減少，按下按紐數字會歸零。

圖 215 fayalab nugget encoder switch 測試程式一結果畫面

Joystick

在自動控制領域內，操控物品、機械手臂、吊架等設備是非常常見的一件事，也是 fayaduino Uno 開發板最簡單、也最常使用來操控兩軸方向的元件，最容易顯示 Arduino 開發版內部數字的狀態值，本實驗仍只需要一塊 fayaduino Uno 開發板、USB 下 載 線 、 fayalab nugget Joystick （ 產 品 網 址 ： http://www.fayalab.com/kit/801-nu0001nu) (曹永忠, 許智誠, et al., 2015a, 2015d)。

如下圖所示，這個實驗我們需要用到的實驗硬體有下圖.(a)的 fayalab UNO 與下圖.(b) USB 下載線、下圖.(c) fayalab nugget Joystick：

(a). fayaduino Uno   (b). USB 下載線   (c). fayalab nugget Joystick

圖 216 fayalab nugget Joystick 所需零件表

由於本書使用 fayalab nugget Joystick 模組，所以我們遵從下表來組立電路，來完成本節的實驗：

表 36 fayalab nugget Joystick 接腳表

fayalab nugget Joystick	Aruino 開發板接腳
VRX	Arduino Uno Analog Pin A0
VRY	Arduino Uno Analog Pin A1
SW	Arduino Uno Analog Pin A2

我們遵照前面所述，將 fayaduino Uno 開發板的驅動程式安裝好之後，作者參考上表與上圖之後，完成電路的連接，完成後如下圖所示之 fayalab nugget Joystick 實際組裝圖。

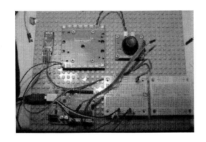

圖 217 fayalab nugget Joystick 實際組裝圖

我們遵照前幾章所述，將 fayaduino Uno 開發板的驅動程式安裝好之後，我們打開 Arduino 開發板的開發工具：Sketch IDE 整合開發軟體，攢寫一段程式，如下表所示之 fayalab nugget Joystick 測試程式一，當我們操控搖桿，可以看到那一個方向的移動值。

表 37 fayalab nugget Joystick 測試程式一

fayalab nugget Joystick 測試程式一(ngt_joystick)

```
// Faya-Nugget Sample Code
// Date: 2015/1/26
// Module Name: JoyStick Switch
// Module Number: #ngt-ai-jystksw-1A
// Description: Detect the motrion of the joystick and show the results in serial monitor.


// Wiring: Module Pin ==> Arduino Pin
//                    VRX ==> A0
//                    VRY ==> A1
//                     SW ==> A2



void setup()
{
  Serial.begin(9600);              // setup uart baud rate
}



void loop()
{
  int VR_X;
  int VR_Y;
  int SW;

  VR_X=analogRead(A0);           //Read analog pin-0 value
  VR_Y=analogRead(A1);           //Read analog pin-1 value
  SW=analogRead(A2);             //Read analog pin-2 value

  Serial.print("VR_X = ");         //Show VR X value
  Serial.println(VR_X);

  Serial.print("VR_Y = ");         //Show VR Y value
  Serial.println(VR_Y);

  Serial.print("SW = ");           //Show SW value
  Serial.println(SW);
```

```
Serial.print("Status: ");
if(VR_Y>600)                          //VR Y analog value > 600 is up
    Serial.print(" up ");
if(VR_Y<500)                          //VR Y analog value < 500 is down
    Serial.print(" down ");
if(VR_X>600)                          //VR X analog value > 600 is right
    Serial.print(" right ");
if(VR_X<500)                          //VR X analog value < 500 is lift
    Serial.print(" left ");
if(VR_Y<600 && VR_Y>500 && VR_X<600 && VR_X>500)
    Serial.print(" mid ");

if(SW>625)                            //touch switch
    Serial.print(" SW = on ");
else
    Serial.print(" SW = off ");

Serial.println("");
Serial.println("..........................");
delay(1000);
}
```

　　讀者可以看到本次實驗- fayalab nugget Joystick 測試程式一結果畫面，如下圖所示，當我們操控搖桿，可以看到那一個方向的移動值。

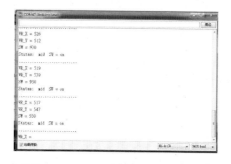

圖 218 fayalab nugget Joystick 測試程式一結果畫面

3V Motor

在自動控制領域內，動力是非常常見的一件事，也是 fayaduino Uno 開發板最簡單、也最常使用來移動物品的動力元件，最容易顯示 Arduino 開發版內部數字的狀態值，本實驗仍只需要一塊 fayaduino Uno 開發板、USB 下載線、fayalab nugget 3v motor (產品網址：http://www.fayalab.com/kit/801-nu0006nu)。

如下圖所示，這個實驗我們需要用到的實驗硬體有下圖.(a)的 fayalab　UNO 與下圖.(b) USB 下載線、下圖.(c) fayalab nugget 3v motor：

(a). fayaduino Uno　　　(b). USB 下載線　　　(c). fayalab nugget 3v motor

圖 219 fayalab nugget 3v motor 所需零件表

由於本書使用 fayalab nugget 3v motor 模組，所以我們遵從下表來組立電路，來完成本節的實驗：

表 38 fayalab nugget 3v motor 接腳表

fayalab nugget 3v motor	Aruino 開發板接腳
SIG	Arduino Uno digital Pin 9
DIR	Arduino Uno digital Pin 8

我們遵照前面所述,將 fayaduino Uno 開發板的驅動程式安裝好之後,作者參考上表與上圖之後,完成電路的連接,完成後如下圖所示之 fayalab nugget 3v motor 實際組裝圖。

圖 220 fayalab nugget 3v motor 實際組裝圖

我們遵照前幾章所述,將 fayaduino Uno 開發板的驅動程式安裝好之後,我們打開 Arduino 開發板的開發工具:Sketch IDE 整合開發軟體,攥寫一段程式,如下表所示之 fayalab nugget 3v motor 測試程式一,可以看到 3V 的小馬達轉動起來。

表 39 fayalab nugget 3v motor 測試程式一

fayalab nugget 3v motor 測試程式一(ngt_dc3v_fan)
// Faya-Nugget Sample Code
// Date: 2015/1/28
// Module Name: 3V DC Motor

```
// Module Number: #ngt-mt-dc3v-1A
// Description: Using Arduino code to control DC motor.

// Wiring: Module Pin ==> Arduino Pin
//                 SIG ==> D9
//                 DIR ==> D8

//define pins
int SIG = 9;
int DIR = 8;

void setup()
{
  // initialize the digital pin as an output.
  pinMode(SIG,OUTPUT);
  pinMode(DIR,OUTPUT);

  //reset pin function.
  PinRester();
}

void loop()
{
  analogWrite(SIG,100);      //control motor speed, pwm = 0~255
  digitalWrite(DIR,LOW);      //LOW = Clockwise, HIGH = CounterClockwise
}

void PinRester()
{
  digitalWrite(SIG,LOW);
  digitalWrite(DIR,LOW);

}
```

　　讀者可以看到本次實驗- fayalab nugget 3v motor 測試程式一結果畫面，如下圖所示，可以看到 3V 的小馬達轉動起來。

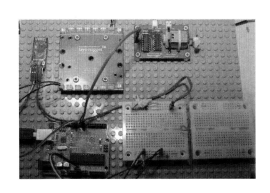

圖 221 fayalab nugget 3v motor 測試程式一結果畫面

整合搖桿控制小馬達

單純的馬達轉動似乎無法滿足我們的需求，我們加入『fayalab nugget Joystick』來當做操控桿，可以控制轉動方向與轉速，那就更加完美了。

所以我們加入 fayalab nugget Joystick 模組，所以我們遵從下表來組立電路，來完成本節的實驗：

表 40 fayalab nugget 3v motor 控制接腳表

fayalab nugget 3v motor	Aruino 開發板接腳
SIG	Arduino Uno digital Pin 9
DIR	Arduino Uno digital Pin 8
fayalab nugget Joystick	Aruino 開發板接腳
VRX	Arduino Uno Analog Pin A0
VRY	Arduino Uno Analog Pin A1
SW	Arduino Uno Analog Pin A2

fayalab nugget 3v motor	Aruino 開發板接腳

我們遵照前面所述，將 fayaduino Uno 開發板的驅動程式安裝好之後，作者參考上表與上圖之後，完成電路的連接，完成後如下圖所示之整合控制搖桿之 fayalab nugget 3v motor 實際組裝圖。

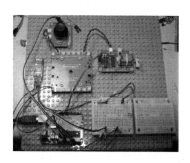

圖 222 整合控制搖桿之 fayalab nugget 3v motor 實際組裝圖

我們遵照前幾章所述，將 fayaduino Uno 開發板的驅動程式安裝好之後，我們打開 Arduino 開發板的開發工具：Sketch IDE 整合開發軟體，攥寫一段程式，如下表所示之 fayalab nugget 3v motor 測試程式二，我們就可以使用 fayalab nugget Joystick 來當做操控桿，可以控制轉動方向與轉速。

表 41 fayalab nugget 3v motor 測試程式二

fayalab nugget 3v motor 測試程式二(ngt_dc3v_fan_control)
// Faya-Nugget Sample Code
// Date: 2015/1/28
// Module Name: 3V DC Motor
// Module Number: #ngt-mt-dc3v-1A
// Description: Using Arduino code to control DC motor.
// Wiring: Module Pin ==> Arduino Pin
//   SIG ==> D9

```
//                          DIR ==> D8

// Wiring: Module Pin ==> Arduino Pin
//                          VRX ==> A0
//                          VRY ==> A1
//                           SW ==> A2

//define pins
int SIG = 9;
int DIR = 8;
int flag = 1 ;

void setup()
{
   // initialize the digital pin as an output.
   pinMode(SIG,OUTPUT);
   pinMode(DIR,OUTPUT);

   //reset pin function.
   PinRester();
}

void loop()
{

    int VR_X;
   int VR_Y;
   int SW;
   VR_X=analogRead(A0);         //Read analog pin-0 value
   VR_Y=analogRead(A1);         //Read analog pin-1 value
   SW=analogRead(A2);           //Read analog pin-2 value

     if(SW>625)
     {
          flag = flag *(-1) ;
     }


             if(VR_X>600)
```

```
                {
                        analogWrite(SIG,map(VR_X,600,1023,50,255));
                }

                if(VR_X<400)
                {
                        analogWrite(SIG,map(VR_X,400,0,50,255));
                }

                if((VR_X>=400) && (VR_X<=600) )
                        analogWrite(SIG,0) ;

                if (flag == 1)
                        digitalWrite(DIR,LOW);     //LOW = Clockwise, HIGH = Coun-
terClockwise
                else
                        digitalWrite(DIR,HIGH);     //LOW = Clockwise, HIGH = Coun-
terClockwise
}

void PinRester()
{
    digitalWrite(SIG,LOW);
    digitalWrite(DIR,LOW);

}
```

　　讀者也可以在作者 YouTube 頻道(https://www.youtube.com/user/UltimaBruce)中，在網址 https://www.youtube.com/watch?v=KfuwbI37ENk&feature=youtu.be ，看到本次實驗-，我們就可以使用 fayalab nugget Joystick 來當做操控桿，可以控制轉動方向與轉速。

　　讀者可以看到本次實驗- fayalab nugget 3v motor 測試程式二，如下圖所示，我們就可以使用 fayalab nugget Joystick 來當做操控桿，可以控制轉動方向與轉速。

fayalab nugget 3v motor測試程式二結果畫面.mp4

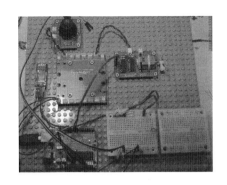

圖 223 fayalab nugget 3v motor 測試程式二結果畫面

章節小結

本章主要介紹使用 NUGGET 元件的基本原理與使用範例，先讓讀者透過本章熟悉這些元件的基本用法，在往下的章節才能更快實做出我們設計的實驗。

6

CHAPTER

基礎程式設計

本章節主要是教各位讀者基本操作與常用的基本模組程式，希望讀者能仔細閱讀，因為在下一章實作時，重覆的部份就不在重覆敘述之。

如何執行 AppInventor 程式

由於我們寫好 App Inventor 2 程式後，都必需先使用 Android 作業系統的手機或平板進行測試程式，所以本節專門介紹如何在手機、平板上測試 APPs 的程式。

首先，如下圖所示，我們在 App Inventor 2 程式模塊編輯畫面之中，在『Connect』的選單下，選取 AICompanion。

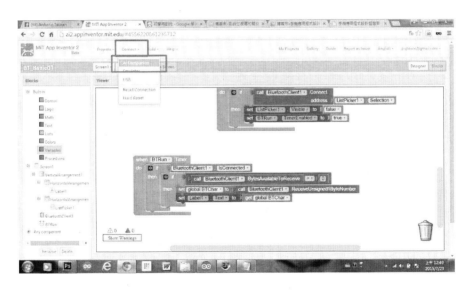

圖 224 啟動手機測試功能

如下圖所示，系統會出現一個 QR Code 的畫面。

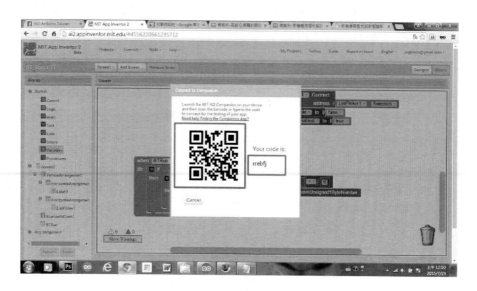

圖 225 手機 QRCODE

如下圖所示，我們在使用 Android 的手機、平板，執行已安裝好的『MIT App Inventor 2 Companion』，點選之後進入如下圖。

圖 226 啟動 MIT_AI2_Companion

如下圖所示，我們在選擇『scan QR code，點選之後進入如下圖。

圖 227 掃描 QRCode

　　如下圖所示，手機會啟動掃描 QR code 的程式功能，這時後只要將手機、平板的 Camera 鏡頭描準畫面的 QR Code 就可以了。

圖 228 掃描 QRCodeing

　　如下圖所示，如果手機會啟動掃描 QR code 成功的話，系統會回傳 QR Code 碼到如下圖所示的紅框之中。

圖 229 取得 QR 程式碼

如下圖所示，我們點選如下圖所示的紅框之中的『connect with code』，就可以進入測試程式區。

圖 230 執行程式

如下圖所示，如果程式沒有問題，我們就可以成功進入測試程式的主畫面。

圖 231 執行程式主畫面

上傳電腦原始碼

本書有許多 App Inventor 2 程式範例，我們如果不想要一一重寫，可以取得範例網站的程式原始碼後，讀者可以參考本節內容，將這些程式原始碼上傳到我們個人帳號的 App Inventor 2 個人保管箱內，就可以編譯、發怖或進一步修改程式。

首先，如下圖所示，我們在 App Inventor 2 程式模塊編輯畫面之中，在『Projects』的選單下。

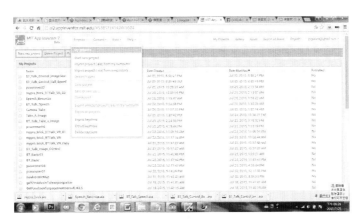

圖 232 切換到專案管理畫面

如下圖所示，我們在 App Inventor 2 程式模塊編輯畫面之中，點選在『Projects』的選單下『import project (.aia) from my computer』。

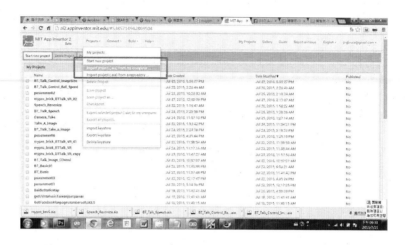

圖 233 上傳原始碼到我的專案箱

如下圖所示，出現『import project...』的對話窗，點選在『選擇檔案』的按紐。

圖 234 選擇檔案對話窗

如下圖所示，出現『開啟舊檔』的對話窗，請切換到您存放程式碼路徑，並點選您要上傳的『程式碼』。

圖 235 選擇電腦原始檔

如下圖所示，出現『開啟舊檔』的對話窗，請切換到您存放程式碼路徑，並點選您要上傳的『程式碼』，並按下『開啟』的按紐。

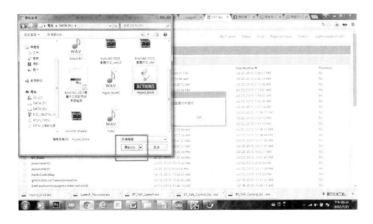

圖 236 開啟該範例

如下圖所示，出現『import project...』的對話窗，點選在『OK』的按紐。

圖 237 開始上傳該範例

如下圖所示，如果上傳程式碼沒有問題，就會回到 App Inventor 2 的元件編輯畫面，代表您已經正確上傳該程式原始碼了。

圖 238 上傳範例後開啟該範例

Arduino 藍芽通訊

Arduino 藍芽通訊是本書主要的重點，本節介紹 Arduino 開發板如何使用藍芽模組與與模組之間的電路組立。

如下圖所示，這個實驗我們需要用到的實驗硬體有下圖.(a)的 fayalab　UNO 與下圖.(b) USB 下載線、下圖.(c) 藍芽通訊模組(HC-05)：

(a). fayaduino Uno　　　　　(b). USB 下載線　　　　(c). 藍芽通訊模組(HC-05)

圖 239 藍芽通訊模組(HC-05)所需零件表

　　如下圖所示，我們可以看到連接藍芽通訊模組(HC-05)，只要連接 VCC、GND、TXD、RXD 等四個腳位，讀者要仔細觀看，切勿弄混淆了。

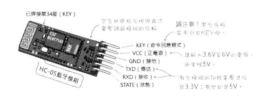

圖 240 附帶底板的 HC-05 藍牙模組接腳圖

資料來源：趙英傑老師網站(http://swf.com.tw/?p=693)(趙英傑, 2013, 2014)

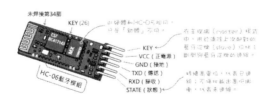

圖 241 附帶底板的 HC-06 藍牙模組接腳圖

資料來源：趙英傑老師網站(http://swf.com.tw/?p=693)(趙英傑, 2013, 2014)

　　如下圖所示，我們可以知道只要將藍芽通訊模組(HC-05)的 VCC 接在 Arduino 開發板 +5V 的腳位(有的要接 3.3V)，GND 接在 Arduino 開發板 GND 的腳位，剩下的 TXD、、RXD 兩個通訊接腳，如果要用實體通訊接腳連接，就可以接在 Arduino

開發板 Tx0、、Rx0 的腳位，如果使用 Arduino Mega 2560 開發板又可以多三組通訊腳位可以使用，或者讀者可以使用軟體通訊埠，也一樣可以達到相同功能，只不過速度無法如同硬體的通訊埠那麼快。

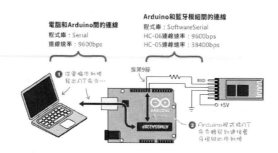

圖 242 連接藍芽模組之簡圖

資料來源：趙英傑老師網站(http://swf.com.tw/?p=712)(趙英傑, 2013, 2014)

由於本書使用 HC-05 藍牙模組，所以我們遵從下表來組立電路，來完成本節的實驗：

表 42 HC-05 藍牙模組接腳表

HC-05 藍牙模組	Arduino 開發板接腳
VCC	Arduino +5V Pin
GND	Arduino Gnd Pin
TX	Arduino Uno digital Pin 8
RX	Arduino Uno digital Pin 9

我們遵照前面所述，將 fayaduino Uno 開發板的驅動程式安裝好之後，作者參考上表與上圖之後，完成電路的連接，完成後如下圖所示之藍牙模組 HC-05 接腳實際組裝圖。

圖 243 藍牙模組 HC-05 接腳實際組裝圖

我們遵照前幾章所述，將 fayaduino Uno 開發板的驅動程式安裝好之後，我們打開 Arduino 開發板的開發工具：Sketch IDE 整合開發軟體，攥寫一段程式，如下表所示之藍牙模組 HC-05 測試程式一，來進行藍牙模組 HC-05 的通訊測試。

表 43 藍牙模組 HC-05 測試程式一

藍牙模組 HC-05 測試程式一(BT_Talk)
| ```
// ref HC-05 與 HC-06 藍牙模組補充說明（三）：使用 Arduino 設定 AT 命令
// ref http://swf.com.tw/?p=712

#include <SoftwareSerial.h>    // 引用程式庫

// 定義連接藍牙模組的序列埠
SoftwareSerial BT(8, 9); // 接收腳, 傳送腳
char val;   // 儲存接收資料的變數

void setup() {
  Serial.begin(9600);    // 與電腦序列埠連線
  Serial.println("BT is ready!");
``` |
```

```
  // 設定藍牙模組的連線速率
  // 如果是 HC-05，請改成 38400
  BT.begin(9600);
}

void loop() {

  // 若收到藍牙模組的資料，則送到「序列埠監控視窗」
  if (BT.available()) {
    val = BT.read();
    Serial.print(val);
  }

  // 若收到「序列埠監控視窗」的資料，則送到藍牙模組
  if (Serial.available()) {
    val = Serial.read();
    BT.write(val);
  }
}
```

讀者可以看到本次實驗-藍牙模組 HC-05 測試程式一結果畫面，如下圖所示，以看到輸入的字元可以轉送到藍芽另一端接收端。

圖 244 藍牙模組 HC-05 測試程式一結果畫面

手機安裝藍芽裝置

如下圖所示，一般手機、平板的主畫面或程式集中可以選到『設定：Setup』。

圖 245 手機主畫面

如下圖所示，點入『設定：Setup』之後，可以到『設定：Setup』的主畫面，，如您的手機、平板的藍芽裝置未打開，請將藍芽裝置開啟。

圖 246 設定主畫面

如下圖所示，開啟藍芽裝置之後，可以看到目前可以使用的藍芽裝置。

圖 247 目前已連接藍芽畫面

如下圖所示，我們要將我們要新增的藍芽裝置加入手機、平板之中， 請點選下圖紅框處：搜尋裝置，方能增加新的藍芽裝置。

圖 248 搜尋藍芽裝置

如下圖所示，當我們要找到新的藍芽裝置，點選它之後，會出現下圖畫面，要求使用者輸入配對的 Pin 碼，一般為『0000』或『1234』。

圖 249 第一次配對-要求輸入配對碼

如下圖所示，我們可以輸入配對的 Pin 碼，一般為『0000』或『1234』，來完成配對的要求。

圖 250 藍芽要求配對

如下圖所示，我們可以輸入配對的 Pin 碼，一般為『0000』或『1234』，來完成配對的要求，本書例子為『1234』。

圖 251 輸入配對密碼(1234)

　　如下圖所示，如果輸入配對的 Pin 碼正確無誤，則會完成配對，該藍芽裝置會加入手機、平板的藍芽裝置清單之中。

圖 252 完成配對後-出現在已配對區

　　如下圖所示，完成後，手機、平板會顯示已完成配對的藍芽裝置清單。

圖 253 目前已連接藍芽畫面

　　如下圖所示，完成配對的藍芽裝置後，我們可以用回上頁回到設定主畫面，完成新增藍芽裝置的配對。

圖 254 完成藍芽配對等完成畫面

安裝 Bluetooth RC APPs 應用程式

本書再測試 Arduino 開發板連接藍芽裝置，為了測試這些程式是否傳輸、接收命令是否正確，我們會先行安裝市面穩定的藍芽通訊 APPs 應用程式。

本書使用 Fadjar Hamidi F 公司攥寫的『 Bluetooth RC 』，其網址：https://play.google.com/store/apps/details?id=appinventor.ai_test.BluetoothRC&hl=zh_TW，讀者可以到該網址下載之。

本章節主要是介紹讀者如何安裝 Fadjar Hamidi F 公司攥寫的『Bluetooth RC』。

如下圖所示，在手機主畫面進入 play 商店。

圖 255 手機主畫面進入 play 商店

如下圖所示，下圖為 play 商店主畫面。

圖 256 Play 商店主畫面

如下圖紅框處所示，我們在 Google Play 商店主畫面 - 按下查詢紐。

圖 257 Play 商店主畫面 - 按下查詢紐

如下圖紅框處所示，我們在輸入『Bluetooth RC』查詢該 APPs 應用程式。

圖 258 Play 商店主畫面 - 輸入查詢文字

如下圖紅框處所示，我們在輸入『Bluetooth RC』查詢，找到 BluetoothRC 應用程式。

圖 259 找到 BluetoothRC 應用程式

如下圖紅框處所示，找到 BluetoothRC 應用程式 -點下安裝。

圖 260 找到 BluetoothRC 應用程式 -點下安裝

如下圖紅框處所示，點下『接受』，進行安裝。

圖 261 BluetoothRC 應用程式安裝主畫面要求授權

如下圖所示，BluetoothRC 應用程式安裝中。

圖 262 BluetoothRC 應用程式安裝中

如下圖所示，BluetoothRC 應用程式安裝中。

圖 263 BluetoothRC 應用程式安裝中二

如下圖所示，BluetoothRC 應用程式安裝完成。

圖 264 BluetoothRC 應用程式安裝完成

如下圖紅框處所示，我們可以點選『開啟』來執行 BluetoothRC 應用程式。

圖 265 BluetoothRC 應用程式安裝完成後執行

如下圖所示，安裝好 BluetoothRC 應用程式之後，一般說來手機、平板的桌面或程式集中會出現『BluetoothRC』的圖示。

圖 266 BluetoothRC 應用程式安裝完成後的桌面

BluetoothRC 應用程式通訊測試

一般而言，如下圖所示，我們安裝好 BluetoothRC 應用程式之後，手機、平板
的桌面或程式集中會出現『BluetoothRC』的圖示。

圖 267 桌面的 BluetoothRC 應用程式

如下圖所示，我們點選手機、平板的桌面或程式集中『BluetoothRC』的圖示，進入 BluetoothRC 應用程式。

圖 268 執行 BluetoothRC 應用程式

如下圖所示，為 BluetoothRC 應用程式進入系統的抬頭畫面。

圖 269 BluetoothRC init 應用程式執行中

如下圖所示，為 BluetoothRC 應用程式主畫面。

圖 270 BluetoothRC 應用程式執行主畫面

如下圖紅框處所示，首先，我們要為 BluetoothRC 應用程式選定工作使用的藍芽裝置，讀者要注意，系統必須要開啟藍芽裝置，且已將要連線的藍芽裝置配對完成後，並已經在手機、平板的藍芽已配對清單中，方能被選到。

圖 271 BluetoothRC 應用程式執行主畫面 - 選取藍芽裝置

如下圖所示，我們要可以選擇已經在手機、平板已配對清單中的藍芽，選定為

BluetoothRC 應用程式工作使用的藍芽裝置。

圖 272 BluetoothRC 應用程式執行主畫面 - 已配對藍芽裝置列表

如下圖紅框處所示，我們要可以選擇已經在手機、平板已配對清單中的藍芽，進行 BluetoothRC 應用程式工作使用。

圖 273 BluetoothRC 應用程式執行主畫面 - 選取配對藍芽裝置

如下圖紅框處所示，系統會出現目前 BluetoothRC 應用程式工作使用藍芽裝置之 MAC。

圖 274 BluetoothRC 應用程式執行主畫面 - 完成選取藍芽裝置

如下圖紅框處所示，點選 BluetoothRC 應用程式執行主畫面紅框處 - 啟動文字通訊功能。

圖 275 BluetoothRC 應用程式執行主畫面 - 啟動文字通訊功能

如下圖所示，為 BluetoothRC 文字通訊功能主畫面。

圖 276 BluetoothRC 文字通訊功能主畫面

如下圖紅框處所示，啟動藍芽通訊。

圖 277 BluetoothRC 文字通訊功能主畫面 -完成 開啟藍芽通訊

如下圖紅框處所示，我們可以輸入任何文字，進行藍芽傳輸。

圖 278 BluetoothRC 文字通訊功能主畫面 - 輸入送出文字

如下圖紅框處所示,按下向右三角形,將上方輸入的文字,透過選定的藍芽裝置傳輸到連接的另一方藍芽裝置。

圖 279 BluetoothRC 文字通訊功能主畫面 - 傳送輸入文字

Arduino 藍芽模組控制

由於本章節只要使用藍芽模組(HC-05/HC-06)，所以本實驗仍只需要一塊 fayaduino Uno 開發板、USB 下載線、8 藍芽模組(HC-05/HC-06)。

如下圖所示，這個實驗我們需要用到的實驗硬體有下圖.(a)的 fayalab UNO 與下圖.(b) USB 下載線、下圖.(c) 藍芽模組(HC-05/HC-06)：

(a). fayaduino Uno

(b). USB 下載線

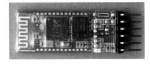

(c). 藍芽模組(HC-05/HC-06)

圖 280 藍芽模組(HC-05/HC-06)所需零件表

由於本書使用藍芽模組，所以我們遵從下表來組立電路，來完成本節的實驗：

表 44 使用手機控制風扇接腳表

藍芽模組(HC-05)	Arduino 開發板
VCC	Arduino Uno +5V
GND	Arduino Uno GND
TX	Arduino Uno digitalPin 11
RX	Arduino Uno digitalPin 12
藍芽模組(HC-05/HC-06)	

我們遵照前幾章所述，將 fayaduino Uno 開發板的驅動程式安裝好之後，我們打開 Arduino 開發板的開發工具：Sketch IDE 整合開發軟體，攥寫一段程式，如下表所示之藍芽模組(HC-05/HC-06)測試程式一，並將之編譯後上傳到 Arduino 開發板。

表 45 8 藍芽模組(HC-05/HC-06)

藍芽模組(HC-05/HC-06) (BT_Talk)

```
#include <SoftwareSerial.h>     // 引用程式庫

// 定義連接藍牙模組的序列埠
SoftwareSerial BT(11, 12); // 接收腳, 傳送腳
char val;   // 儲存接收資料的變數

void setup() {
   Serial.begin(9600);     // 與電腦序列埠連線
   Serial.println("BT is ready!");

   // 設定藍牙模組的連線速率
   // 如果是 HC-05，請改成 38400
   BT.begin(9600);
}

void loop() {

   // 若收到藍牙模組的資料，則送到「序列埠監控視窗」
   if (BT.available()) {
     val = BT.read();
     Serial.print(val);
   }

   // 若收到「序列埠監控視窗」的資料，則送到藍牙模組
   if (Serial.available()) {
     val = Serial.read();
     BT.write(val);
   }
}
```

如下圖所示，我們執行後，會出現『BT is ready!』後，在畫面中可以接收到藍芽模組收到的資料，並顯示再監控畫面之中。

圖 281 Arduino 通訊監控畫面-監控藍芽通訊內容

如下圖所示，我們執行後，會出現『BT is ready!』後，我們再上方文字輸入區中，輸入文字。

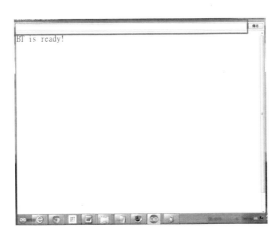

圖 282 Arduino 通訊監控畫面-輸入送出通訊內容字元輸入區

如下圖所示，我們執行後，會出現『BT is ready!』後，我們再上方文字輸入區中，輸入文字，按下右上方的『傳送』鈕，也會把上方文字輸入區中所有文字傳送到藍芽模組配對連接的另一端。

圖 283 Arduino 通訊監控畫面-送出輸入區內容

如下圖所示，我們執行後，藍芽模組配對連接的另一端上圖上方文字輸入區中輸入的文字。

圖 284 BluetoothRC 文字通訊功能主畫面 - 輸入送出文字

如下圖所示，同樣的，我們執行手機、平板上的 Bluetooth RC 應用程式後，再下圖上方文字輸入區中輸入的文字。

圖 285 BluetoothRC 文字通訊功能主畫面 - 傳送輸入文字(含回行鍵)

　　如下圖所示，同樣的，Arduino 通訊監控畫面會收到我們執行手機、平板上的 Bluetooth RC 應用程式其中文字輸入區中輸入的文字。

圖 286 Arduino 通訊監控畫面-送出輸入區內容

手機藍芽基本通訊功能開發

　　由於我們使用 Android 作業系統的手機或平板與 Arduino 開發板的裝置進行控制，由於手機或平板的設計限制，通常無法使用硬體方式連接與通訊，所以本節專門介紹如何在手機、平板上如何使用常見的藍芽通訊來通訊，本節主要介紹 App

Inventor 2 如何建立一個藍芽通訊模組。

　　首先，如下圖所示，我們在 App Inventor 2 程式模塊編輯畫面之中，開立一個新專案。

圖 287 建立新專案

　　首先，如下圖所示，我們在先拉出 VerticalArrangement1。

圖 288 拉出 VerticalArrangement1

如下圖所示，我們在拉出第一個 HorizontalArrangement1。

圖 289 拉出第一個 HorizontalArrangement1

如下圖所示，我們在拉出第二個 HorizontalArrangement2。

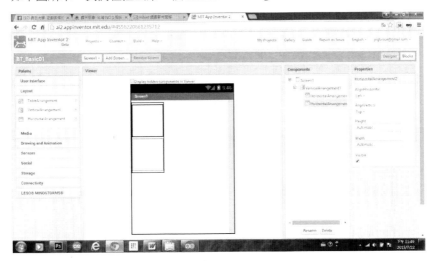

圖 290 拉出第二個 HorizontalArrangement2

如下圖所示，我們在第一個 HorizontalArrangement 內拉出顯示傳輸內容之 Label。

圖 291 拉出顯示傳輸內容之 Label

　　如下圖所示，我們修改在第一個 HorizontalArrangement 內拉出顯示傳輸內容之 Label 的顯示文字。

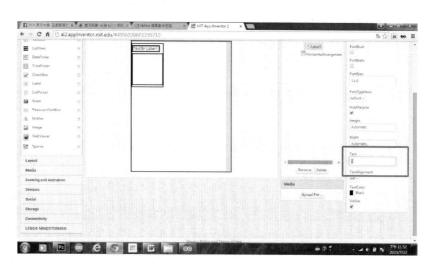

圖 292 修改顯示傳輸內容之 Label 內容值

　　如下圖所示，我們修改在第二個拉出的 HorizontalArrangement2 內拉出拉出 ListPictker(選藍芽裝置用)。

圖 293 拉出 ListPictker(選藍芽裝置用)

如下圖所示，我們修改在第二個拉出的 HorizontalArrangement2 內拉出拉出 ListPictker(選藍芽裝置用)改變其顯示的文字為『Select BT』。

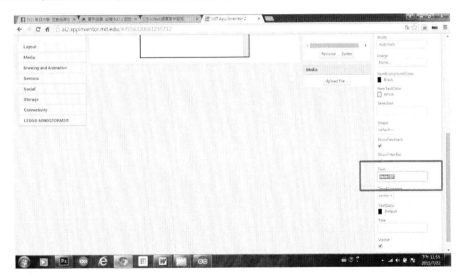

圖 294 修改 ListPictker 顯示名稱

如下圖所示，拉出藍芽 Client 物件。

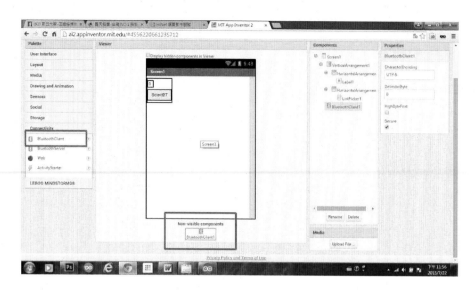

圖 295 拉出藍芽 Client 物件

如下圖所示，拉出驅動藍芽的時間物件。

圖 296 拉出驅動藍芽的時間物件

如下圖所示，我們修改拉出驅動藍芽的時間物件的名稱為『BTRun』。

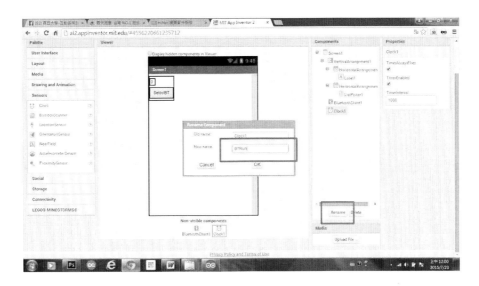

圖 297 修改驅動藍芽的時間物件的名字

如下圖所示，我們為了編修程式，請點選如下圖所示之紅框區『Blocks』按鈕。

圖 298 切換程式設計模式

如下圖所示，，下圖所示之紅框區為 App Inventor 2 的程式編輯區。

圖 299 程式設計模式主畫面

如下圖所示，我們在 App Inventor 2 的程式編輯區，建立 BTChar 變數。

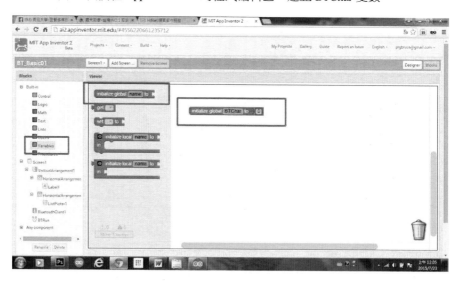

圖 300 建立 BTChar 變數

為了建全的系統，如下圖所示，我們進行系統初始化，在 Screen1.initialize 建立下列敘述。

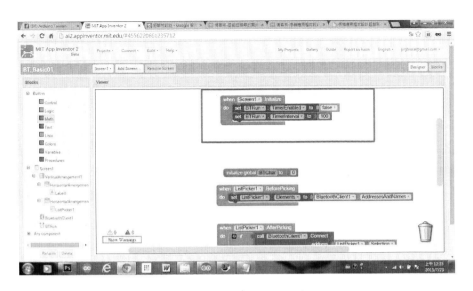

圖 301 系統初始化

　　首先，在點選藍芽裝置『 ListPicker1 』下，如下圖所示，我們在
ListPicker1.BeforePicking 建立下列敘述。

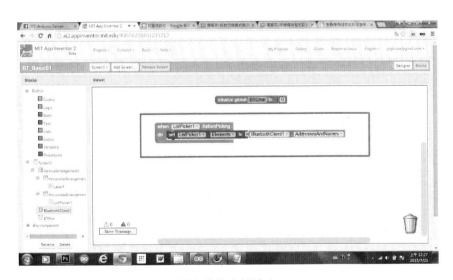

圖 302 將已配對的藍芽資料填入 ListPicker

　　首先，在點選藍芽裝置『ListPicker1』下，撰寫『判斷選到藍芽裝置後連接選
取藍芽裝置』，如下圖所示，我們在 ListPicker1.AfterPicking 建立下列敘述。

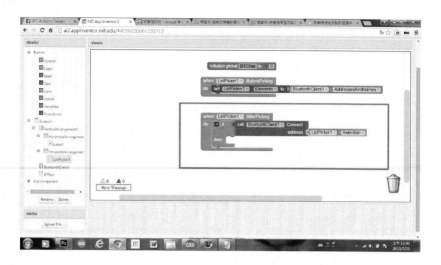

圖 303 判斷選到藍芽裝置後連接選取藍芽裝置

如下圖所示，在點選藍芽裝置『ListPicker1』下，我們在 ListPicker1.AfterPicking
建立下列敘述，因為已經選好藍芽裝智，所以不需要選藍芽裝置『ListPicker1』，所
以將它關掉，並開啟藍芽通訊程式所需要的『BTRun』時間物件 。

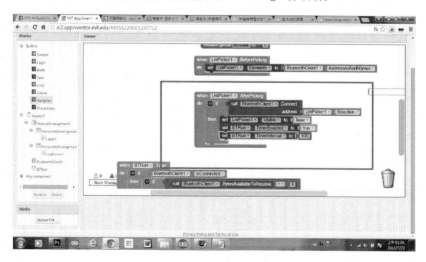

圖 304 連接藍芽後將 ListPickere 關掉

如下圖所示，在藍芽通訊程式所需要的『BTRun』時間物件下，我們為了確定
藍芽已完整建立通訊，先行判斷是否藍芽已完整建立通訊。

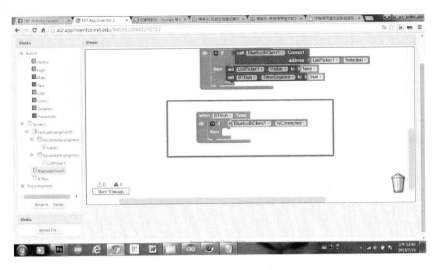

圖 305 定時驅動藍芽-判斷是否藍芽連線中

　　如下圖所示，在藍芽通訊程式所需要的『BTRun』時間物件下，如果藍芽已完整建立通訊，再判斷判斷是否藍芽有資料傳入。

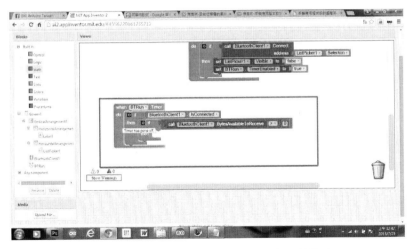

圖 306 定時驅動藍芽-判斷是否藍芽有資料傳入

　　如下圖所示，在藍芽通訊程式所需要的『BTRun』時間物件下，如果藍芽已完整建立通訊，再判斷判斷是否藍芽有資料傳入，再將此資料存入『BTChar』變數裡面。

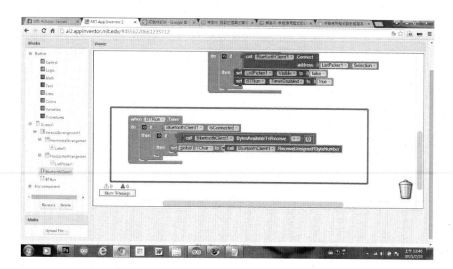

圖 307 定時驅動藍芽-讀出藍芽資料送入變數

如下圖所示，再將『BTChar』變數顯示在畫面的 Label1 的 Text 上。

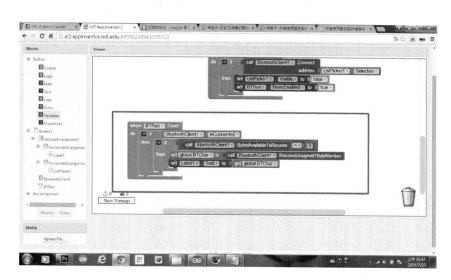

圖 308 定時驅動藍芽-顯示藍芽資料到 Label 物件

首先，如下圖所示，我們在 App Inventor 2 程式模塊編輯畫面之中，在『Connect』的選單下，選取 AICompanion。

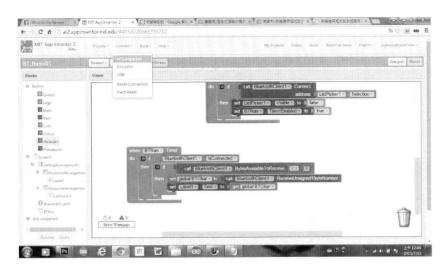

圖 309 啟動手機測試功能

如下圖所示，系統會出現一個 QR Code 的畫面。

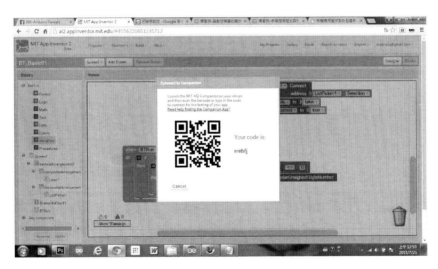

圖 310 手機 QRCODE

如下圖所示，我們在使用 Android 的手機、平板，執行已安裝好的『MIT App Inventor 2 Companion』，點選之後進入如下圖。

圖 311 啟動 MIT_AI2_Companion

如下圖所示,我們在選擇『scan QR code,點選之後進入如下圖。

圖 312 掃描 QRCode

如下圖所示,手機會啟動掃描 QR code 的程式功能,這時後只要將手機、平板的 Camera 鏡頭描準畫面的 QR Code 就可以了。

圖 313 掃描 QRCodeing

　　如下圖所示，如果手機會啟動掃描 QR code 成功的話，系統會回傳 QR Code 碼到如下圖所示的紅框之中。

圖 314 取得 QR 程式碼

　　如下圖所示，我們點選如下圖所示的紅框之中的『connect with code』，就可以進入測試程式區。

圖 315 執行程式

如下圖所示，如果程式沒有問題，我們就可以成功進入測試程式的主畫面。

圖 316 執行程式主畫面

如下圖所示，我們先選擇『SelectBT』來選擇藍芽裝置。

圖 317 選藍芽裝置

如下圖所示，會出現手機、平板中已經配對好的藍芽裝置。

圖 318 顯示藍芽裝置

如下圖所示，我們可以選擇手機、平板中已經配對好的藍芽裝置。

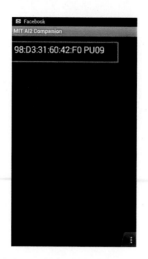

圖 319 選取藍芽裝置

如下圖所示，如果藍芽配對成功，可以正確連接您選擇的藍芽裝置，則會進入通訊模式的主畫面，可以接收配對藍芽裝置傳輸的資料，並顯示在上面。

圖 320 接收藍芽資料顯示中

手機相機程式開發

本節我們要介紹使用 App Inventor 2 程式，攢寫一個使用 Android 作業系統的手機或平板進行拍照的程式。

　　首先，如下圖所示，我們開啟一個新專案，並可以取『Camera_Take』的名字。

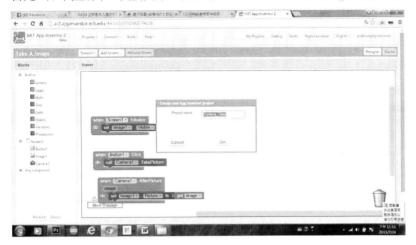

圖 321 開啟新專案

　　首先，我們拉出按鈕。

圖 322 拉出按鈕

如下圖所示，我們將拉出按鈕，改變其名稱為『Take a Photo』。

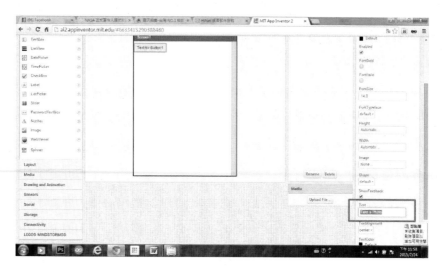

圖 323 修改按紐顯示文字

如下圖所示，我們拉出 Camera 元件。

圖 324 拉出 Camera 物件

如下圖所示，我們拉出 Image 元件。

圖 325 拉出 image 物件

如下圖所示，我們為了編修程式，請點選如下圖所示之紅框區『Blocks』按鈕。

圖 326 切換程式設計模式

為了建全的系統，如下圖所示，我們進行系統初始化，在 Screen1.initialize 建立下列敘述。

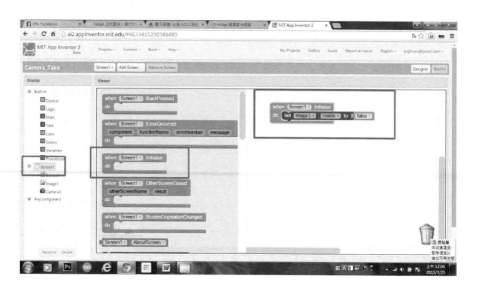

圖 327 畫面初始化設定

　　首先，在點『Take a Photo』的按紐，如下圖所示，我們在 Button1.Click 建立下列敘述。

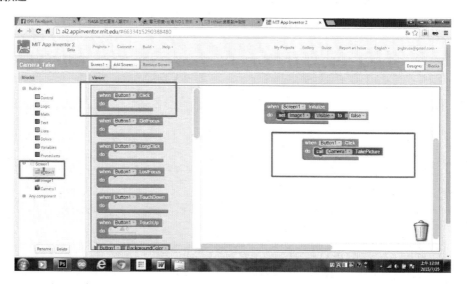

圖 328 按下按紐啟動相機

如下圖所示，我們在 Camera 元件的 Camera1.AfterPicture 建立下列敘述。

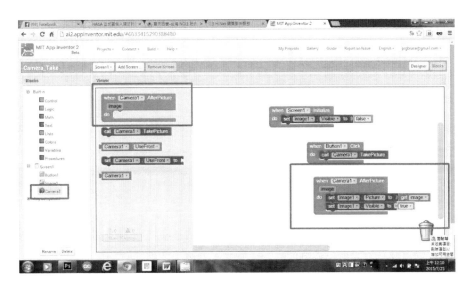

圖 329 拍完照顯示相片

整合手機測試

如何在手機或平板上執行 App Inventor 2 程式，請參考『如何執行 AppInventor 程式』一節。

如下圖所示，我們直接顯示測試程式的主畫面。

圖 330 程式主畫面

如下圖所示，我們點選下圖紅框處『Take a Photo』按紐 7。

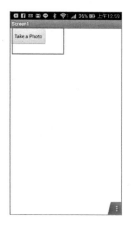

圖 331 按下照相按紐

如下圖所示，我們選擇主體進行拍照。

圖 332 拍完照

如下圖所示，我們選擇主體拍照後，按下手機、平板的拍照紐，拍下照片。

圖 333 按下確定取照片紐

如下圖所示，拍完照片後，系統會將拍到的照片帶回系統，完成拍照。

圖 334　顯示拍照照片於手機上

手機語音辨視

本節我們要介紹使用 App Inventor 2 程式，攢寫一個使用 Android 作業系統的手機或平板使用語音辨視的程式。

首先，如下圖所示，我們開啟一個新專案，並可以取『Speech_Reconize』的名字。

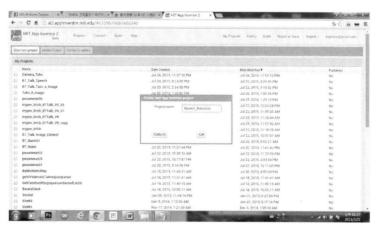

圖 335 開啟新專案

首先，我們拉出視覺化規劃元件。

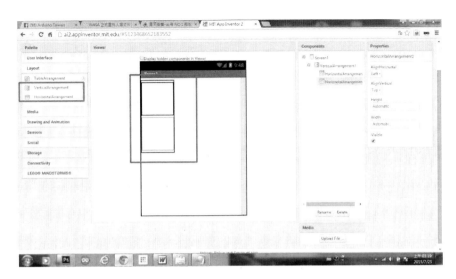

圖 336 拉出視覺化規劃元件

首先，我們拉出顯示用 Label 物件。

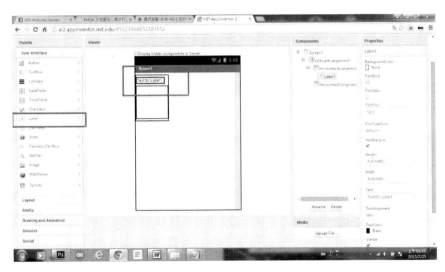

圖 337 拉出顯示用 Label 物件

首先，我們變更 Label 預設顯示內容。

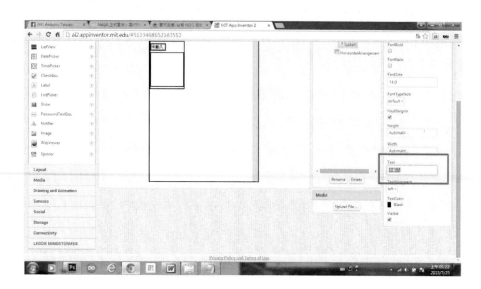

圖 338 變更 Label 預設顯示內容

首先，我們拉出呼叫語音辨視之按紐。

圖 339 拉出呼叫語音辨視之按紐

首先，我們變更按紐顯示內容。

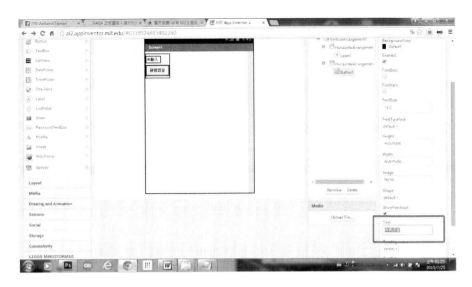

圖 340 變更按紐顯示內容

首先，我們拉出語音辨視物件。

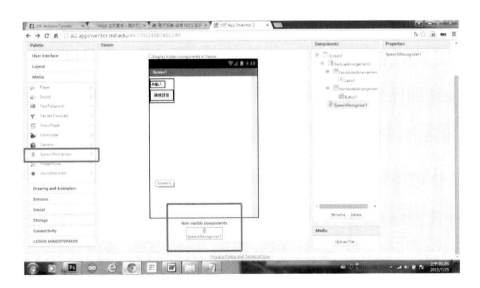

圖 341 拉出語音辨視物件

如下圖所示，我們為了編修程式，請點選如下圖所示之紅框區『Blocks』按紐。

圖 342 切換程式設計模式

如下圖所示，我們在按紐按下時動作建立下列敘述。

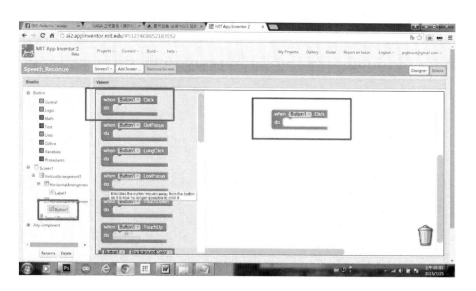

圖 343 按紐按下時動作

如下圖所示，我們在按紐按下時啟動語音辨視。

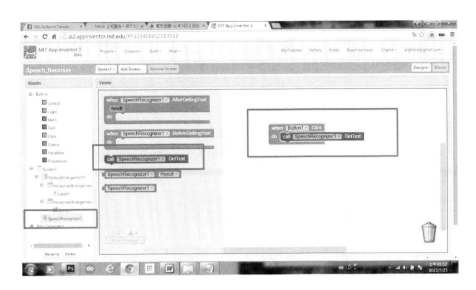

圖 344 啟動語音辨視

如下圖所示，我們在語音辨視後動作建立下列敘述。

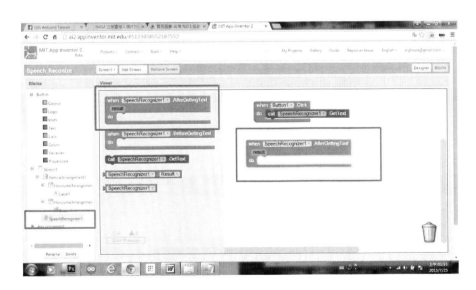

圖 345 語音辨視後動作

如下圖所示，我們在語音辨視後回傳語音辨視結果到 Label 物件上。

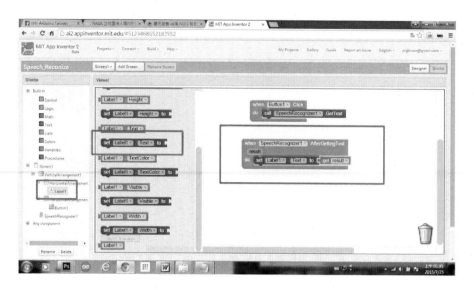

圖 346 回傳語音辨視結果到 Label 物件上

整合手機測試

如何在手機或平板上執行 App Inventor 2 程式,請參考『如何執行 AppInventor 程式』一節。

如下圖所示,我們直接顯示測試程式的主畫面。

圖 347 程式主畫面

如下圖所示，我們點選下圖紅框處『語音辨視』，按下語音辨視按紐。

圖 348 按下語音辨視按紐

如下圖所示，這時後我們就可以輸入語音進行辨識。

圖 349 輸入語音進行辨識

如下圖所示，在輸入語音後進行辨識，如果辨視完成與正確，則顯示語音辨識內容於手機上。

圖 350 顯示語音辨識內容於手機上

傳送文字念出語音

本節我們要介紹使用 App Inventor 2 程式，攥寫一個使用 Android 作業系統的手機或平板，我們輸入一段字，讓系統幫我們念出這一段字的語音。

首先，如下圖所示，我們開啟一個新專案，並可以取『BT_Talk_Text2Speech』的名字。

圖 351 開新專案-BT_Talk_Text2Speech

如下圖所示，我們在 VerticalArrangement1 內拉出拉出 ListPictker(選藍芽裝置用)，並改變其顯示的文字為『Select BT』。

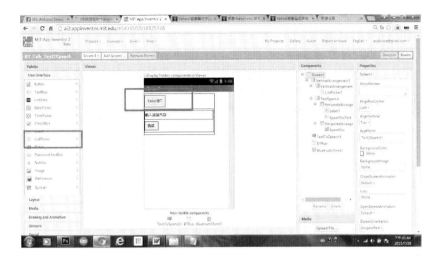

圖 352 拉出藍芽裝置選取物件-ListPicker

如下圖所示，拉出輸入文字區與前置文字。

圖 353 拉出輸入文字區與前置文字

如下圖所示，拉出讀出文字區的按紐並將其按紐改為『說話』。

圖 354 拉出讀出文字區文字並語音輸出

如下圖所示，拉出文字轉語音物件。

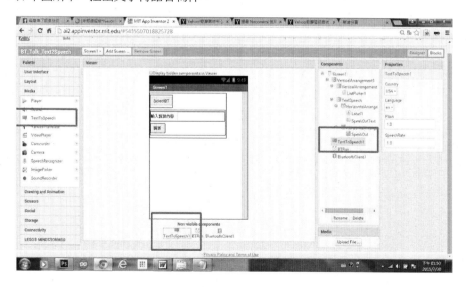

圖 355 拉出文字轉語音物件

如下圖所示，拉出藍芽元件。

圖 356 拉出藍芽元件

如下圖所示，我們為了編修程式，請點選如下圖所示之紅框區『Blocks』按紐。

圖 357 9-程式設計模式

如下圖所示，我們在 App Inventor 2 的程式編輯區，建立初始化變數。

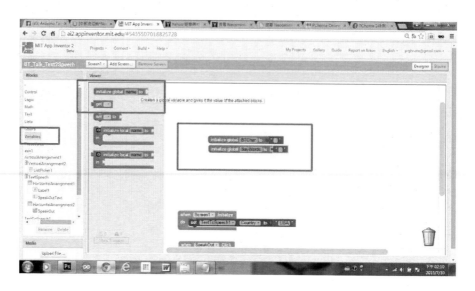

圖 358 初始化變數

為了建全的系統，如下圖所示，我們進行系統初始化，在 Screen1.initialize 建立下列敘述。

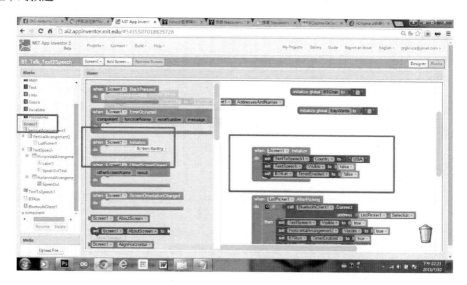

圖 359 系統初始化

首先，在點選藍芽裝置『 ListPicker1 』下，如下圖所示，我們在 ListPicker1.BeforePicking 建立下列敘述。

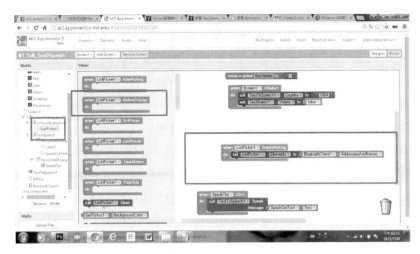

圖 360 設定選取藍芽之系統已配對知藍芽內容

如下圖所示，在點選藍芽裝置『ListPicker1』下，我們在 ListPicker1.AfterPicking
建立下列敘述，因為已經選好藍芽裝智，所以不需要選藍芽裝置『ListPicker1』，所
以將它關掉，並開啟藍芽通訊程式所需要的『BTRun』時間物件 。

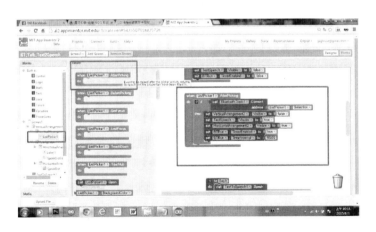

圖 361 選取藍芽後-啟動藍芽傳輸功能

如下圖所示，我們攥寫產生發出語音的函式『SayIt』。

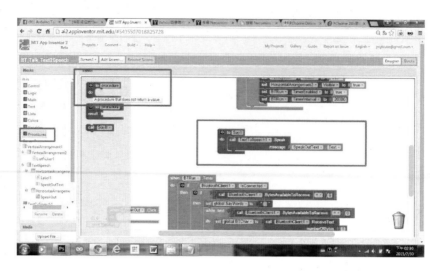

圖 362 產生發出語音的函式

如下圖所示，攥寫藍芽通訊程式所需要的『BTRun』時間物件下，如果藍芽已完整建立通訊，進行藍芽傳輸程式。

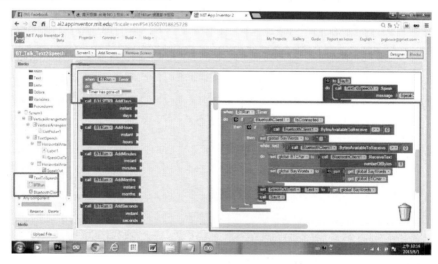

圖 363 攥寫藍芽傳輸程式

如下圖所示，如果按下按紐，則呼叫發出語音的函式『SayIt』。

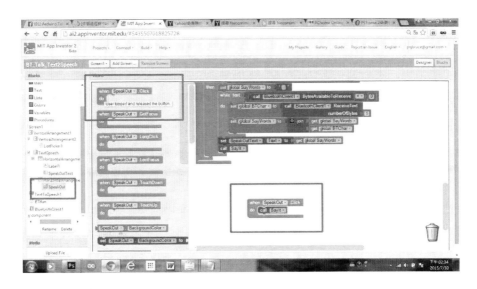

圖 364 設計語音測試紐

整合手機測試

如何在手機或平板上執行 App Inventor 2 程式,請參考『如何執行 AppInventor 程式』一節。

如下圖所示,我們直接顯示測試程式的主畫面。

圖 365 傳送文字讀出語音主畫面

如下圖所示，我們先選擇『SelectBT』來選擇藍芽裝置。

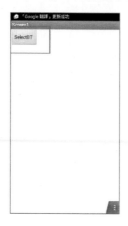

圖 366 點選選取藍芽紐

如下圖所示，會出現手機、平板中已經配對好的藍芽裝置，我們可以選擇手機、平板中已經配對好的藍芽裝置。

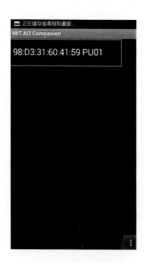

圖 367 選取欄芽裝置

如下圖所示，我們可以先看到『輸入說話內容區』。

圖 368 輸入測試文字

如下圖所示，我們可以先看到『輸入說話內容區』，輸入測試文字 Apple。

圖 369 輸入測試文字 Apple

如下圖所示，我們可以先看到『輸入說話內容區』，輸入測試文字 Apple，按下說話的按紐就會讀出『Apple』的語音。

圖 370 測試文字

為了能夠設計 Arduino 與手機、平板通訊傳送語音，我們先回到 Arduino 開發板設計。

如下圖所示，這個實驗我們需要用到的實驗硬體有下圖.(a)的 fayalab　UNO 與下圖.(b) USB 下載線、下圖.(c) 藍芽模組(HC-05/HC-06)：

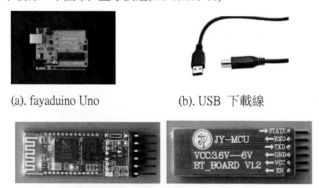

(a). fayaduino Uno　　　　　(b). USB 下載線

(c). 藍芽模組(HC-05/HC-06)

圖 371 藍芽通訊模組(HC-05)所需零件表

如下圖所示，我們可以看到連接藍芽通訊模組(HC-05)，只要連接 VCC、GND、TXD、RXD 等四個腳位，讀者要仔細觀看，切勿弄混淆了。

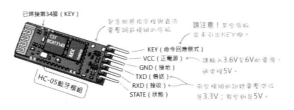

圖 372 附帶底板的 HC-05 藍牙模組接腳圖

資料來源：趙英傑老師網站(http://swf.com.tw/?p=693)(趙英傑, 2013, 2014)

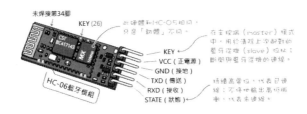

圖 373 附帶底板的 HC-06 藍牙模組接腳圖

資料來源：趙英傑老師網站(http://swf.com.tw/?p=693)(趙英傑, 2013, 2014)

　　如下圖所示，我們可以知道只要將藍芽通訊模組(HC-05)的 VCC 接在 Arduino
開發板 +5V 的腳位(有的要接 3.3V)，GND 接在 Arduino 開發板 GND 的腳位，剩下
的 TXD、、RXD 兩個通訊接腳，如果要用實體通訊接腳連接，就可以接在 Arduino
開發板 Tx0、、Rx0 的腳位，如果使用 Arduino Mega 2560 開發板又可以多三組通訊
腳位可以使用，或者讀者可以使用軟體通訊埠，也一樣可以達到相同功能，只不過
速度無法如同硬體的通訊埠那麼快。

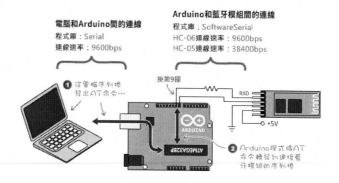

圖 374 連接藍芽模組之簡圖

資料來源：趙英傑老師網站(http://swf.com.tw/?p=712)(趙英傑, 2013, 2014)

由於本書使用 HC-05 藍牙模組，所以我們遵從下表來組立電路，來完成本節的實驗：

表 46 HC-05 藍牙模組接腳表

HC-05 藍牙模組	Arduino 開發板接腳
VCC	Arduino +5V Pin
GND	Arduino Gnd Pin
TX	Arduino Uno digital Pin 8
RX	Arduino Uno digital Pin 9

我們遵照前面所述，將 fayaduino Uno 開發板的驅動程式安裝好之後，作者參考上表與上圖之後，完成電路的連接，完成後如下圖所示之藍牙模組 HC-05 接腳實際組裝圖。

圖 375 藍牙模組 HC-05 接腳實際組裝圖

我們遵照前幾章所述,將 fayaduino Uno 開發板的驅動程式安裝好之後,我們
打開 Arduino 開發板的開發工具:Sketch IDE 整合開發軟體,攥寫一段程式,如下
表所示之藍牙模組 HC-05 測試程式一,來進行藍牙模組 HC-05 的通訊測試。

表 47 藍牙模組 HC-05 測試程式一

藍牙模組 HC-05 測試程式一(BT_Talk)

// ref HC-05 與 HC-06 藍牙模組補充說明(三):使用 Arduino 設定 AT 命令
// ref http://swf.com.tw/?p=712
 	
#include <SoftwareSerial.h>   // 引用程式庫
 	
// 定義連接藍牙模組的序列埠
SoftwareSerial BT(8, 9); // 接收腳, 傳送腳
char val;   // 儲存接收資料的變數
 	
void setup() {
  Serial.begin(9600);   // 與電腦序列埠連線
  Serial.println("BT is ready!");
 	
  // 設定藍牙模組的連線速率
  // 如果是 HC-05,請改成 38400
  BT.begin(9600);
}

```
void loop() {

  // 若收到藍牙模組的資料，則送到「序列埠監控視窗」
  if (BT.available()) {
    val = BT.read();
    Serial.print(val);
  }

  // 若收到「序列埠監控視窗」的資料，則送到藍牙模組
  if (Serial.available()) {
    val = Serial.read();
    BT.write(val);
  }
}
```

如下圖所示，以看到輸入的字元可以轉送到藍芽另一端接收端。

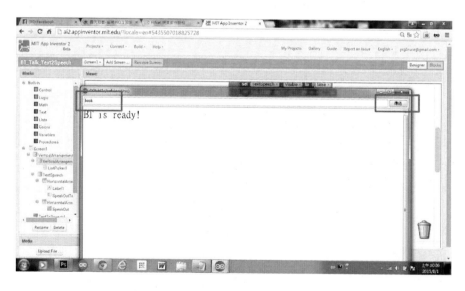

圖 376 從 Arduino 傳送文字

如下圖所示，可以看到 Arduino 開發板的串列埠監控畫面輸入的字元可以轉送

到手機、平板『輸入說話內容』的文字區中。

圖 377 得到測試文字並念出來

如上圖所示,傳送到手機、平板『輸入說話內容』的文字則會透過手機、平板的語音功能讀出文字內容。

章節小結

本章主要介紹使用 Arduino 開發板與手機、平板常會用的的模組,先讓讀者透過本章熟悉這些模組的設計與基本用法,在往下的章節才能更快實做出我們的實驗。

CHAPTER

互動設計

本章介紹讀者如何使用 Arduino 開發板，透過藍芽裝置，與撰寫手機、平板上的 APPs 應用程式，來做互動設計的創作。

由於本章大量使用 App Inventor 2 的開發工具，對於這個開發工具不熟的讀者，作者建議購買：文淵閣工作室的鄧文淵老師所著之『手機應用程式設計超簡單：App Inventor 2 初學特訓班(中文介面增訂版)』(鄧文淵 & 文淵閣工作室, 2015)，請讀者至書局、碁峰出版社、博客來書店(http://www.books.com.tw/products/0010663591)等購買該書，自行閱讀之。

控制球速度

許多玩家一定記得 1987KONAMI 公司在紅白機磁碟機設計的一款遊戲：『PING PONG 乒乓球』，Youtube 網址：https://www.youtube.com/watch?v=_OlnMU58Wx0，那顆跳動的球，風靡了多少人。

本節要介紹讀者，使用 Arduino 開發板，自製控制器，來控制手機、平板上的球。

本實驗仍只需要一塊 fayaduino Uno 開發板、USB 下載線、fayalab nugget slider potentiometer (產品網址：http://www.fayalab.com/kit/801-nu0008nu)。

如下圖所示，這個實驗我們需要用到的實驗硬體有下圖.(a)的 fayalab UNO 與下圖.(b) USB 下載線、下圖.(c) fayalab nugget slider potentiometer、下圖.(d) 藍芽模組(HC-05/HC-06)：

(a). fayaduino Uno   (b). USB 下載線

(c). fayalab nugget slider potentiometer

(d). 藍芽模組(HC-05/HC-06)

圖 378 fayalab nugget slider potentiometer 所需零件表

何謂可變電阻（英文：Potentiometer，通俗上也簡稱 Pot，少數直譯成電位計），中文稱為可變電阻器（VR，Variable Resistor）或簡稱可變電阻，如下圖所示，是一種具有三個端子，其中有兩個固定接點與一個滑動接點，可經由滑動而改變滑動端與兩個固定端間電阻值的電子零件，屬於被動元件，使用時可形成不同的分壓比率，改變滑動點的電位，因而得名。

圖 379 可變電阻器

至於只有兩個端子的可變電阻器（rheostat）（或已將滑動端與其中一個固定端保持連接，對外實際只有兩個有效端子的）並不稱為電位器，只能稱為可變電阻（variable resistor）。

常見的碳膜或陶瓷膜電位器可以透過銅箔或銅片與印刷膜接觸旋轉或滑動產生於輸出、輸入端的不同電阻。較大功率的電位器則是使用線繞式。

電阻材質分類

- 碳膜式（Carbon Film）：使用碳膜作為電阻膜。

- 瓷金膜（Metal Film）：使用以陶瓷（ceramic）與金屬（metal）材質混合製成的特殊瓷金（cermet）膜作為電阻膜。

- 線繞式（Wirewound）：使用金屬線繞製作為電阻。比起碳膜或瓷金膜而言，可承受較大功率。

構造分類

- 旋轉式：常見的形式。通常的旋轉角度約 270～300 度。

- 單圈式：常見的形式。

- 多圈式：用於須精密調整的場合。

- 直線滑動式：如下圖所示，通常用於混音器，便於立即看出音量的位置與做淡入淡出控制。

圖 380 可變電阻

數量分類

- 單聯式：一轉軸只控制單一電位計。

- 雙聯式：兩個電位器使用同一轉軸控制，主要用於雙聲道中，可同時控制兩個聲道。

電阻值變化尺度分類

- 線性尺度式：電阻值的變化與旋轉角度或移動距離呈線性關係，此種電位器稱為 B 型電位器。

- 對數尺度式：電阻值的變化與旋轉角度或移動距離呈對數關係，此種電位器主要用途是音量控制,其中常用的是 A 型電位器,適合順時針方向為大音量、逆時針方向為小音量的場合;此外還有對數尺度的變化方向與 A 型相反的 C 型電位器。

其他特別型式

● 附開關電位器:通常用於將音量開關與電源開關合一,即逆時針旋轉至底使開關切斷而關閉電源。

微調用電位器或可變電阻

● 作為微調用的電位器或可變電阻,通常位於設備內部、印刷電路板上,用於不需經常調整的地方,這種小型電位器或可變電阻,中文一般稱為半可變電阻,英文一般稱為 trimpot 或 trimmer(微調器。如不特別說明,trimmer 雖以可變電阻為多,但也可能是可變電容)。

由下圖所示,由於光敏電阻受光會改變電阻值,但是電阻本身不會輸出任何的電壓或電流,所以我們設計簡單的分壓電路來偵測光敏電阻受光之後的阻值改變。

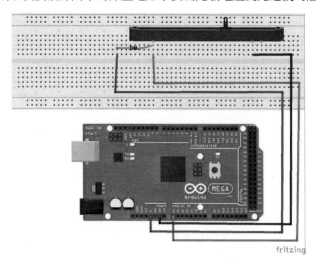

圖 381 可變電阻基本電路

我們遵照前幾章所述,將 fayaduino Uno 開發板的驅動程式安裝好之後,我們打開 Arduino 開發板的開發工具：Sketch IDE 整合開發軟體，攥寫一段程式，如下表所示之可變電阻模組測試程式一，可以看到調動 fayalab nugget slider potentiometer 模組之後，可以看到得到不同的阻值。

由於本書使用 fayalab nugget slider potentiometer 模組，所以我們遵從下表來組立電路，來完成本節的實驗：

表 48 可變電阻模組接腳表

fayalab nugget slider potentiometer	Arduino 開發板
B(右邊上方)	Arduino Uno Analog Pin A0
藍芽模組(HC-05)	Arduino 開發板
VCC	Arduino Uno +5V
GND	Arduino Uno GND
TX	Arduino Uno digitalPin 11
RX	Arduino Uno digitalPin 12

我們遵照前面所述，將 fayaduino Uno 開發板的驅動程式安裝好之後，作者參考上表與上圖之後，完成電路的連接，完成後如下圖所示之可變電阻整合藍芽之實際組裝圖。

圖 382 可變電阻整合藍芽之實際組裝圖

我們遵照前幾章所述,將 fayaduino Uno 開發板的驅動程式安裝好之後,我們

打開 Arduino 開發板的開發工具:Sketch IDE 整合開發軟體,攥寫一段程式,如下

表所示之可變電阻整合藍芽之測試程式一,我們拉動 fayalab nugget slider potenti-

ometer,就可以在 Arduino 開發板的串列埠監控畫面看到數值的改變

表 49 可變電阻整合藍芽之測試程式一

可變電阻整合藍芽之測試程式一(BT_Talk_VR)

// ref HC-05 與 HC-06 藍牙模組補充說明(三):使用 Arduino 設定 AT 命令
// ref http://swf.com.tw/?p=712
 	
#include <SoftwareSerial.h>　　// 引用程式庫
unsigned char senddata ;
 	
// 定義連接藍牙模組的序列埠
SoftwareSerial BT(11, 12); // 接收腳, 傳送腳
unsigned char val;　　// 儲存接收資料的變數
 	
void setup() {
　Serial.begin(9600);　　// 與電腦序列埠連線
　Serial.println("BT is ready!");
 	
　// 設定藍牙模組的連線速率
　// 如果是 HC-05,請改成 38400
　BT.begin(9600);
}

```
void loop() {
      senddata = (unsigned char)(analogRead(A0)/4) ;
    BT.write(senddata);
    Serial.print("Sensor Data is :(");
    Serial.print(senddata,HEX);
    Serial.print(")\n");

    delay(200) ;

// 若收到藍牙模組的資料，則送到「序列埠監控視窗」
  if (BT.available()) {
    val = BT.read();
    Serial.print(val);
  }

// 若收到「序列埠監控視窗」的資料，則送到藍牙模組
  if (Serial.available()) {
    val = Serial.read();
    BT.write(val);
  }
}
```

　　讀者可以看到本次實驗-，如下圖所示，我們拉動 fayalab nugget slider potenti-ometer，就可以在 Arduino 開發板的串列埠監控畫面看到數值的改變顯示星號的 Bar 來代表所偵測到的亮度值。

圖 383 可變電阻整合藍芽之測試程式一結果畫面

到這裡我們已經可以讀取 fayalab nugget slider potentiomete 的數值，並可以將其數值轉化成 0~255，透過腳位(11,12)使用軟體串列埠的功能，傳送到藍芽裝置上。

手機程式設計

為了能夠顯示一個，跳動的球，我們開始使用 App Inventor 2 如何建立滾動的球的程式。

首先，如下圖所示，我們在 App Inventor 2 程式模塊編輯畫面之中，開立一個新專案: BT_Talk_Control_Ball_Speed。

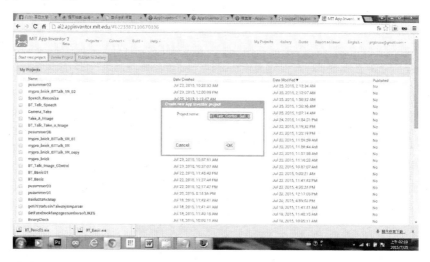

圖 384 開啟新專案

首先，如下圖所示，拉出 ListPictker(選藍芽裝置用)藍芽模組選取器與速度控制按紐(Button)。

圖 385 拉出藍芽模組選取器與速度控制按紐

如下圖所示，拉出 Canvas 畫布。

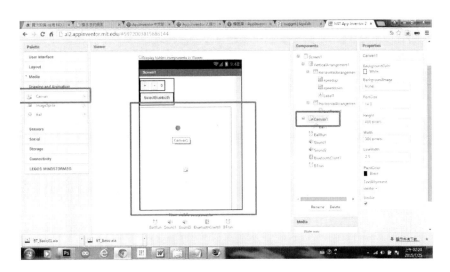

圖 386 拉出 Canva 畫布

如下圖所示，拉出 Ball 物件。

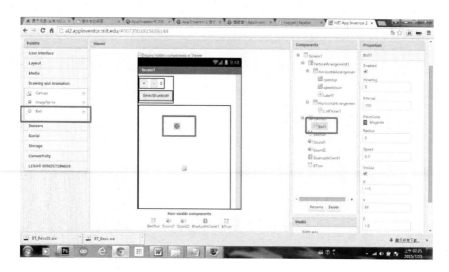

圖 387 拉出 Ball 物件

如下圖所示，拉出驅動 Ball 物件滾動的控制元件 Clock 物件，並將之名稱改為
『BallRun』。

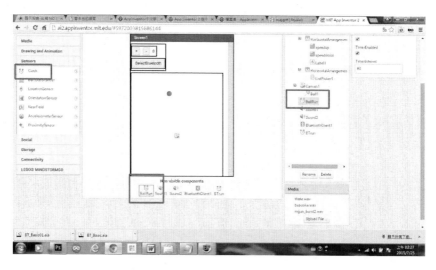

圖 388 拉出控制 Ball 運動之 Clock 物件

如下圖所示，拉出驅動藍芽傳輸的控制物件 Clock 物件，並將之名稱改為
『BTRun』。

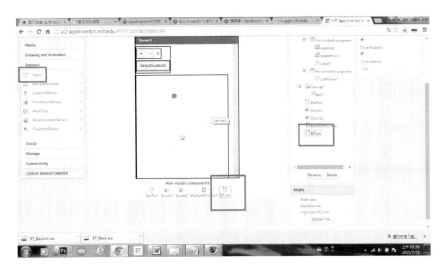

圖 389 拉出控制藍芽通訊之 Clock 物件

如下圖所示，拉出藍芽 Client 物件。

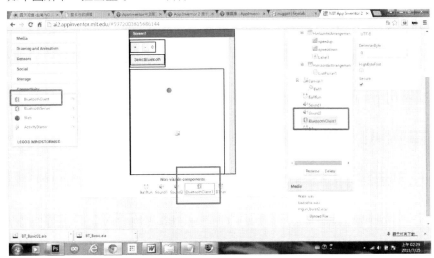

圖 390 拉出藍芽通訊之物件

如下圖所示，拉出音效之 Sound 物件。

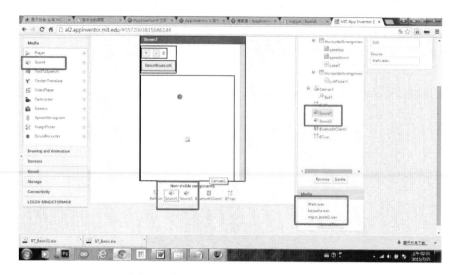

圖 391 拉出音效之 Sound 物件

如下圖所示，我們為了編修程式，請點選如下圖所示之紅框區『Blocks』按鈕。

圖 392 切換程式設計模式

如下圖所示，我們在 App Inventor 2 的程式編輯區，建立初始化變數

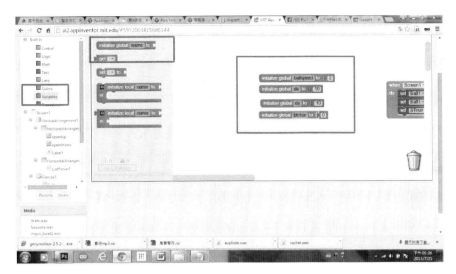

圖 393 初始化變數

為了建全的系統，如下圖所示，我們進行系統初始化，在 Screen1.initialize 建立下列敘述。

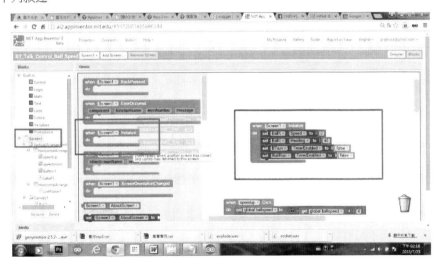

圖 394 系統初始化

如下圖所示，我們在 ListPicker1.BeforePicking 建立下列敘述。

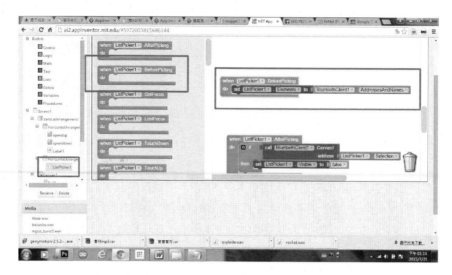

圖 395 設定選取藍芽之系統已配對知藍芽內容

如下圖所示，在點選藍芽裝置『ListPicker1』下，攥寫『判斷選到藍芽裝置後連接選取藍芽裝置』，如下圖所示，我們在 ListPicker1.AfterPicking 建立下列敘述。

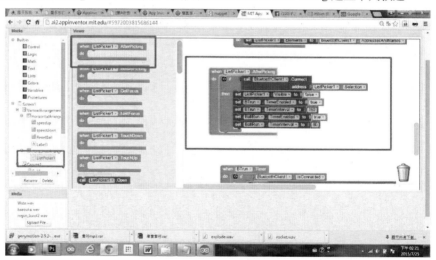

圖 396 選取藍芽後-啟動藍芽傳輸功能

如下圖所示，在點選藍芽裝置『ListPicker1』下，我們在 ListPicker1.AfterPicking 建立下列敘述，因為已經選好藍芽裝智，所以不需要選藍芽裝置『ListPicker1』，所以將它關掉，並開啟藍芽通訊程式所需要的『BTRun』所有程式敘述 。

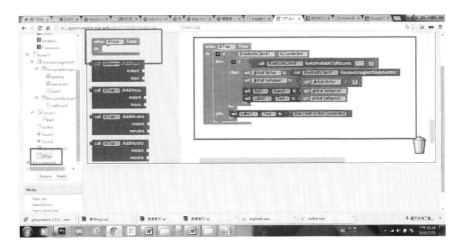

圖 397 攥寫藍芽傳輸程式

如下圖所示，在加快紐 SpeedUp 的『Click』下，我們在 speedup.Click 建立下列敘述。

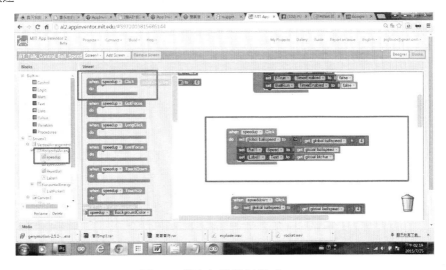

圖 398 攥寫加快按紐程式

如下圖所示，在減慢紐 SpeedDown 的『Click』下，我們在 speeddown.Click 建立下列敘述。

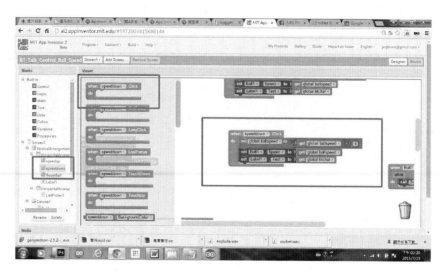

圖 399 攥寫變慢按紐程式

如下圖所示，在 Ball 物件，攥寫球碰壁反彈程式，我們在 Ball1.EdgeReached 建立下列敘述。

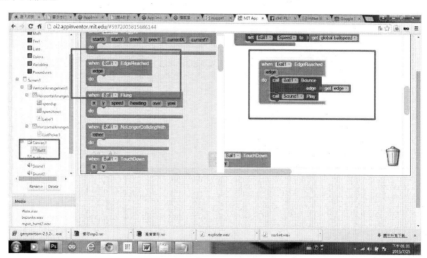

圖 400 攥寫球碰壁反彈程式

如下圖所示，在 Ball 物件，攥寫點到球放大球程式，我們在 Ball1.TouchDown 建立下列敘述。

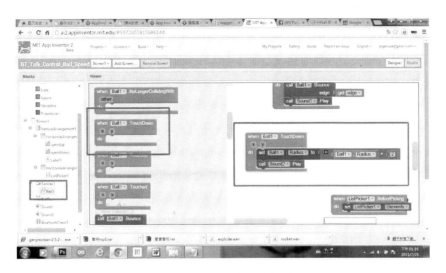

圖 401 攥寫點到球放大球程式

如下圖所示，在 ResetBall 按紐物件，攥寫球重置大小的程式，我們在 ResetBall.Click 建立下列敘述。

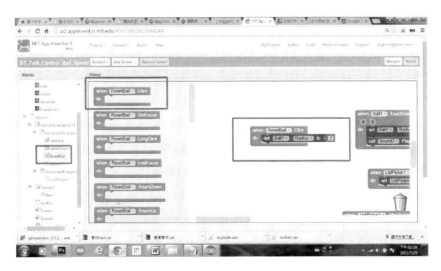

圖 402 攥寫球重置大小的程式

如何在手機或平板上執行 App Inventor 2 程式，請參考『如何執行 AppInventor 程式』一節。

如下圖所示，我們直接顯示測試程式的主畫面。

整合手機測試

如下圖所示，如果程式沒有問題，我們就可以成功進入測試程式的跑動球主畫面。

圖 403 跑動球主畫面

如下圖所示，我們先選擇『SelectBluetooth』來選擇藍芽裝置。

圖 404 點選選取藍芽鈕

如下圖所示，會出現手機、平板中已經配對好的藍芽裝置，我們可以選擇手機、平板中已經配對好的藍芽裝置。

圖 405 選取欄芽裝置

　　如下圖所示，如果藍芽配對成功，正確連接您選擇的藍芽裝置後，則會進入通訊模式的主畫面，可以接收配對藍芽裝置傳輸的資料，並顯示在上面。

　　此時我們可以用可變電阻改變球速度。

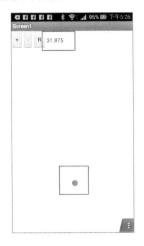

圖 406 可用可變電阻改變球速度

使用 Arduino 控制手機顯示圖片大小

控制圖片使許多玩家非常想做的一件事，在手機、平板上，只要動兩根手指，就可以輕易放大、縮小圖片，但是互動設計上，我們如果可以透過 Arduino 開發板來操控圖片大小，那該有多好。

本節要介紹讀者，使用 Arduino 開發板，自製控制器，來控制手機、平板上的圖片大小。

本實驗仍只需要一塊 fayaduino Uno 開發板、USB 下載線、fayalab nugget slider potentiometer (產品網址：http://www.fayalab.com/kit/801-nu0008nu)。

如下圖所示，這個實驗我們需要用到的實驗硬體有下圖.(a)的 fayalab UNO 與下圖.(b) USB 下載線、下圖.(c) fayalab nugget slider potentiometer、下圖.(d) 藍芽模組 (HC-05/HC-06)：

(a). fayaduino Uno　　　　　(b). USB 下載線

(c). fayalab nugget slider potentiometer

(d). 藍芽模組(HC-05/HC-06)

圖 407 fayalab nugget slider potentiometer 所需零件表

何謂可變電阻（英文：Potentiometer，通俗上也簡稱 Pot，少數直譯成電位計），中文稱為可變電阻器（VR，Variable Resistor）或簡稱可變電阻，如下圖所示，是一種具有三個端子，其中有兩個固定接點與一個滑動接點，可經由滑動而改變滑動端與兩個固定端間電阻值的電子零件，屬於被動元件，使用時可形成不同的分壓比率，改變滑動點的電位，因而得名。

圖 408 可變電阻器

至於只有兩個端子的可變電阻器（rheostat）（或已將滑動端與其中一個固定端保持連接，對外實際只有兩個有效端子的）並不稱為電位器，只能稱為可變電阻（variable resistor）。

常見的碳膜或陶瓷膜電位器可以透過銅箔或銅片與印刷膜接觸旋轉或滑動產生於輸出、輸入端的不同電阻。較大功率的電位器則是使用線繞式。

電阻材質分類

● 碳膜式（Carbon Film）：使用碳膜作為電阻膜。

● 瓷金膜（Metal Film）：使用以陶瓷（ceramic）與金屬（metal）材質混合製成的特殊瓷金（cermet）膜作為電阻膜。

● 線繞式（Wirewound）：使用金屬線繞製作為電阻。比起碳膜或瓷金膜而言，可承受較大功率。

構造分類

● 旋轉式：常見的形式。通常的旋轉角度約 270～300 度。

● 單圈式：常見的形式。

● 多圈式：用於須精密調整的場合。

● 直線滑動式：如下圖所示，通常用於混音器，便於立即看出音量的位置與做淡入淡出控制。

圖 409 可變電阻

數量分類

● 單聯式：一轉軸只控制單一電位計。

● 雙聯式：兩個電位器使用同一轉軸控制，主要用於雙聲道中，可同時控制兩個聲道。

電阻值變化尺度分類

● 線性尺度式：電阻值的變化與旋轉角度或移動距離呈線性關係，此種電位器稱為 B 型電位器。

● 對數尺度式：電阻值的變化與旋轉角度或移動距離呈對數關係，此種電位器主要用途是音量控制，其中常用的是 A 型電位器，適合順時針方向為大音量、逆時針方向為小音量的場合；此外還有對數尺度的變化方向與 A 型相反的 C 型電位器。

其他特別型式

● 附開關電位器：通常用於將音量開關與電源開關合一，即逆時針旋轉至底使開關切斷而關閉電源。

微調用電位器或可變電阻

● 作為微調用的電位器或可變電阻，通常位於設備內部、印刷電路板上，用於不需經常調整的地方，這種小型電位器或可變電阻，中文一般稱為半可變電阻，英文一般稱為 trimpot 或 trimmer（微調器。如不特別說明，trimmer

雖以可變電阻為多，但也可能是可變電容）。

由下圖所示，由於光敏電阻受光會改變電阻值，但是電阻本身不會輸出任何的電壓或電流，所以我們設計簡單的分壓電路來偵測光敏電阻受光之後的阻值改變。

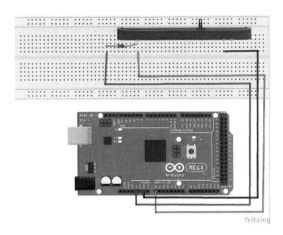

圖 410 可變電阻基本電路

我們遵照前幾章所述，將 fayaduino Uno 開發板的驅動程式安裝好之後，我們打開 Arduino 開發板的開發工具：Sketch IDE 整合開發軟體，攢寫一段程式，如下表所示之可變電阻模組測試程式一，可以看到調動 fayalab nugget slider potentiometer 模組之後，可以看到得到不同的阻值。

由於本書使用 fayalab nugget slider potentiometer 模組，所以我們遵從下表來組立電路，來完成本節的實驗：

表 50 可變電阻模組接腳表

fayalab nugget slider potentiometer	Arduino 開發板
B(右邊上方)	Arduino Uno Analog Pin A0

藍芽模組(HC-05)	Arduino 開發板
VCC	Arduino Uno +5V
GND	Arduino Uno GND
TX	Arduino Uno digitalPin 11
RX	Arduino Uno digitalPin 12
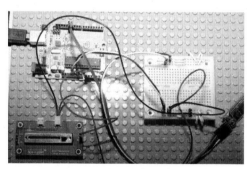	

我們遵照前面所述,將 fayaduino Uno 開發板的驅動程式安裝好之後,作者參考上表與上圖之後,完成電路的連接,完成後如下圖所示之可變電阻整合藍芽之實際組裝圖。

圖 411 可變電阻整合藍芽之實際組裝圖

我們遵照前幾章所述,將 fayaduino Uno 開發板的驅動程式安裝好之後,我們打開 Arduino 開發板的開發工具:Sketch IDE 整合開發軟體,攥寫一段程式,如下表所示之可變電阻整合藍芽之控制圖片測試程式一,我們拉動 fayalab nugget slider potentiometer,就可以在 Arduino 開發板的串列埠監控畫面看到數值的改變。

表 51 可變電阻整合藍芽之控制圖片測試程式一

可變電阻整合藍芽之控制圖片測試程式一(BT_Talk_VR_ImageSize)

```
//  ref HC-05 與 HC-06 藍牙模組補充說明（三）：使用 Arduino 設定 AT 命令
// ref http://swf.com.tw/?p=712

#include <SoftwareSerial.h>     // 引用程式庫
unsigned char senddata ;

// 定義連接藍牙模組的序列埠
SoftwareSerial BT(11, 12); // 接收腳, 傳送腳
unsigned char val;   // 儲存接收資料的變數

void setup() {
  Serial.begin(9600);     // 與電腦序列埠連線
  Serial.println("BT is ready!");

  // 設定藍牙模組的連線速率
  // 如果是 HC-05，請改成 38400
  BT.begin(9600);
}

void loop() {
      senddata = (unsigned char)(analogRead(A0)/4) ;
    BT.write(senddata);
    Serial.print("Sensor Data is :(");
    Serial.print(senddata,HEX);
    Serial.print(")\n");

    delay(1000) ;

  // 若收到藍牙模組的資料，則送到「序列埠監控視窗」
  if (BT.available()) {
    val = BT.read();
    Serial.print(val);
  }

  // 若收到「序列埠監控視窗」的資料，則送到藍牙模組
  if (Serial.available()) {
    val = Serial.read();
    BT.write(val);
  }
```

```
}
```

　　讀者可以看到本次實驗-到這裡我們已經可以讀取 fayalab nugget slider potenti-
omete 的數值，並可以將其數值轉化成 0~255，透過腳位(11,12)使用軟體串列埠的功
能，傳送到藍芽裝置上。

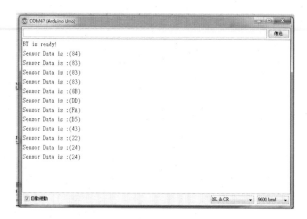

圖 412 可變電阻整合藍芽之控制圖片測試程式一結果畫面

　　到這裡我們已經可以讀取 fayalab nugget slider potentiomete 的數值，並可以將其
數值轉化成 0~255，透過腳位(11,12)使用軟體串列埠的功能，傳送到藍芽裝置上。

手機程式設計

　　為了能夠控制顯示圖片的大小，我們開始使用 App Inventor 2 如何建立顯示圖
片的程式。

　　首先，如下圖所示，我們在 App Inventor 2 程式模塊編輯畫面之中，開立一個
新專案: BT_Talk_Control_ImageSize。

圖 413 開啟新專案- BT_Talk_Control_ImageSize

首先，如下圖所示，拉出 ListPictker(選藍芽裝置用)藍芽模組選取器與速度控制按紐(Button)。

圖 414 拉出藍芽通訊模組與大小控制按紐

如下圖所示，拉出 Image 物件。

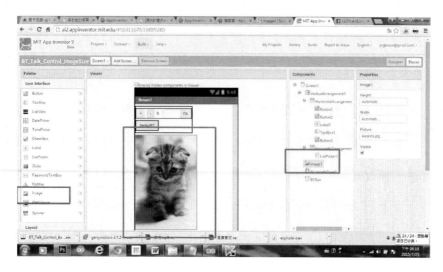

圖 415 拉出 image 物件

如下圖所示，請選 Image 物件的屬性 Picture，準備上傳預設顯示圖片。

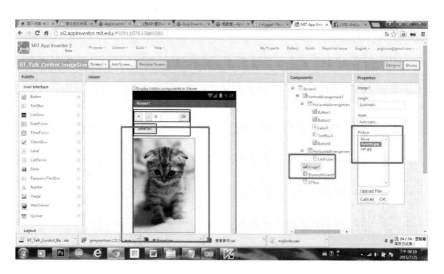

圖 416 設定 image 物件之圖片

如下圖所示，出現 Image 物件圖片上傳對畫窗，請按『選擇檔案』紐。

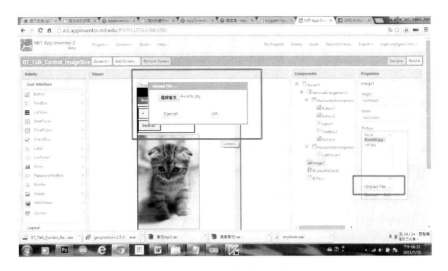

圖 417 上傳 image 物件之圖片

　　如下圖所示，請選到您要上傳 Image 物件的圖片檔案位置，並選擇正確您要上傳的檔案。

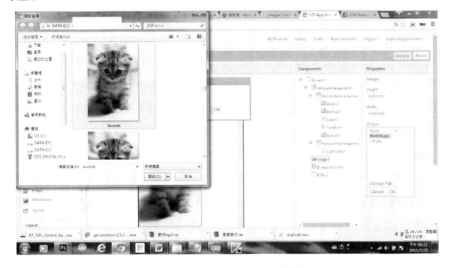

圖 418 選擇上傳 image 物件之圖片

　　如下圖所示，選擇完畢您要上傳的檔案後，請按『OK』，將圖片上傳到 App Inventor 2 的專案中。

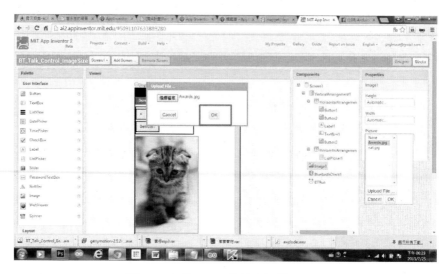

圖 419 上傳 image 物件之圖片

如下圖所示，Image 物件的屬性 Picture，則會變成您上傳的圖片並顯示之。

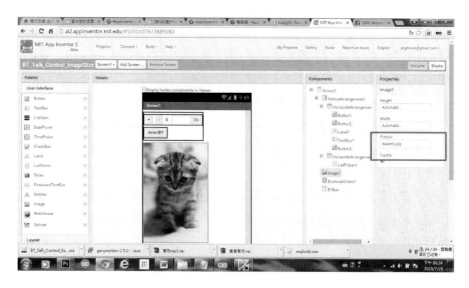

圖 420 完成 image 物件之圖片設定

如下圖所示，我們為了編修程式，請點選如下圖所示之紅框區『Blocks』按紐。

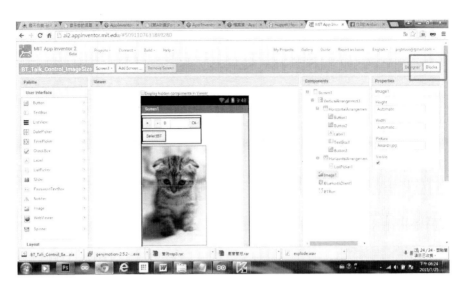

圖 421 切換程式設計模式

如下圖所示，我們在 App Inventor 2 的程式編輯區，建立初始化變數

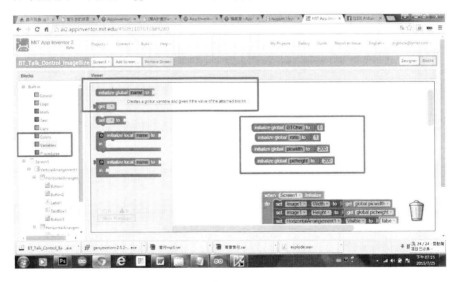

圖 422 初始化變數

為了建全的系統，如下圖所示，我們進行系統初始化，在 Screen1.initialize 建
立下列敘述。

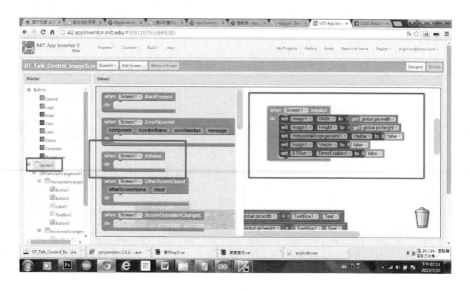

圖 423 系統初始化

如下圖所示，我們在 ListPicker1.BeforePicking 建立下列敘述。

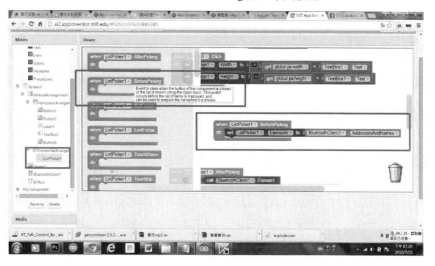

圖 424 設定選取藍芽之系統已配對知藍芽內容

如下圖所示，在點選藍芽裝置『ListPicker1』下，攥寫『判斷選到藍芽裝置後連接選取藍芽裝置』，如下圖所示，我們在 ListPicker1.AfterPicking 建立下列敘述。

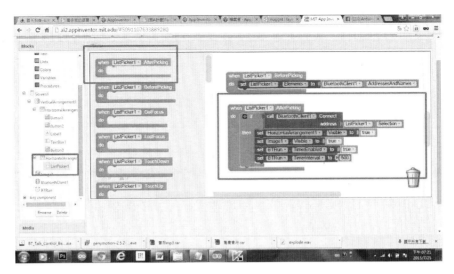

圖 425 選取藍芽後-啟動藍芽傳輸功能

如下圖所示，在點選藍芽驅動『BTRun』下，攥寫『攥寫藍芽傳輸程式』，建
立下列敘述。

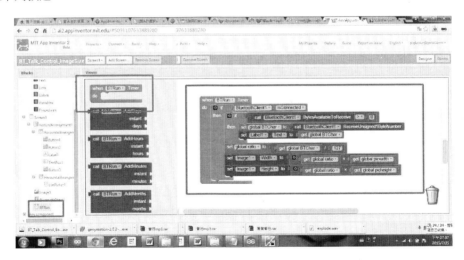

圖 426 攥寫藍芽傳輸程式

如下圖所示，在加快紐 Button1 的『Click』下，我們在 Button1.Click 攥寫放大
按紐程式敘述。

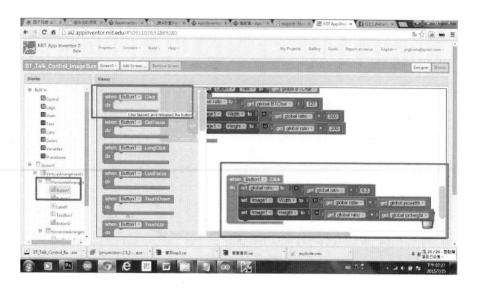

圖 427 攢寫放大按紐程式

如下圖所示，在加快紐 Button2 的『Click』下，我們在 Button2.Click 攢寫縮小按紐程式敘述。

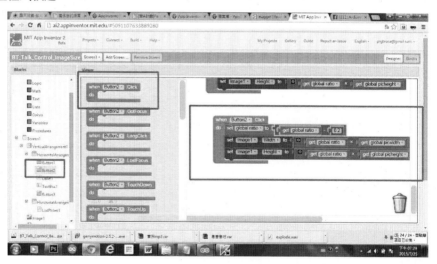

圖 428 攢寫縮小按紐程式

如下圖所示，在加快紐 Button3 的『Click』下，我們在 Button3.Click 攢攢寫縮放按紐程式敘述。

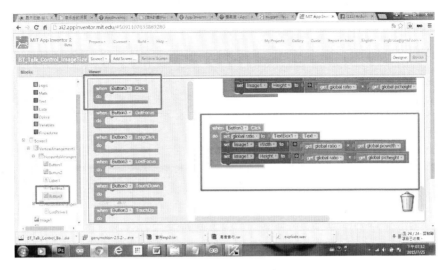

圖 429 攥寫縮放按紐程式

整合手機測試

如何在手機或平板上執行 App Inventor 2 程式，請參考『如何執行 AppInventor 程式』一節。

如下圖所示，如果程式沒有問題，我們就可以成功進入測試程式的跑動球主畫面。

圖 430 控制圖片大小 主畫面

如下圖所示，我們先選擇『SelectBT』來選擇藍芽裝置。

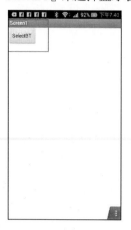

圖 431 點選選取藍芽紐

如下圖所示，會出現手機、平板中已經配對好的藍芽裝置，我們可以選擇手機、平板中已經配對好的藍芽裝置。

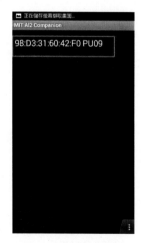

圖 432 選取欄芽裝置

如下圖所示，如果藍芽配對成功，正確連接您選擇的藍芽裝置後，則會進入通訊模式的主畫面，可以接收配對藍芽裝置傳輸的資料，並透過該資料的數值大小改變顯示圖片的大小。

圖 433 可用可變電阻改變圖片大小

用手機語音辨視驅動不同燈號

許多五、六年級生還記得五燈獎的節目,如果我們可以透過語音直接控制亮燈,那就太完美的設計了。所以本章節使用 App Inventor 2 如何建立透過語音直接控制亮燈程式,來完成我們的心願。

首先,如下圖所示,我們在 App Inventor 2 程式模塊編輯畫面之中,開立一個新專案: BT_Talk_Speech_Light。

圖 434 開新專案-BT_Talk_Speech_Light

首先，如下圖所示，拉出 ListPictker(選藍芽裝置用) =>即拉出選擇藍芽通訊模組的元件。

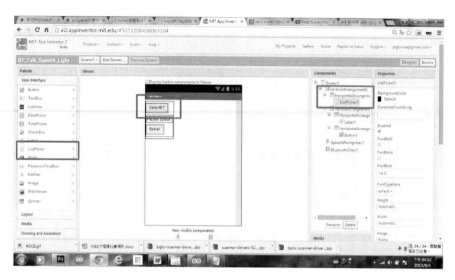

圖 435 拉出選擇藍芽通訊模組的元件

如下圖所示，拉出顯示用的 Label 物件。

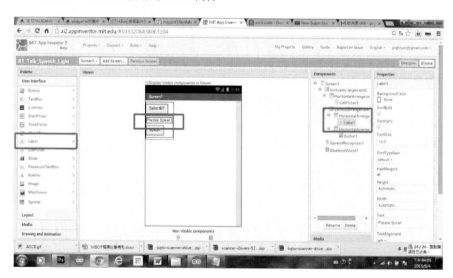

圖 436 語音顯示文字

如下圖所示，拉出啟動語音辨視紐 Button 物件。

圖 437 啟動語音辨視紐

如下圖所示，拉出語音辨視元件(Speech Reconizer)。

圖 438 拉出語音辨視元件

如下圖所示，拉出藍芽傳輸元件(BlueTooth Client)。

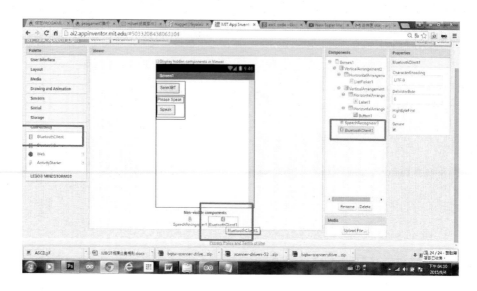

圖 439 拉出藍芽傳輸元件

如下圖所示，我們為了編修程式，請點選如下圖所示之紅框區『Blocks』按鈕。

圖 440 切換程式設計模式

如下圖所示，我們在 App Inventor 2 的程式編輯區，建立初始化變數

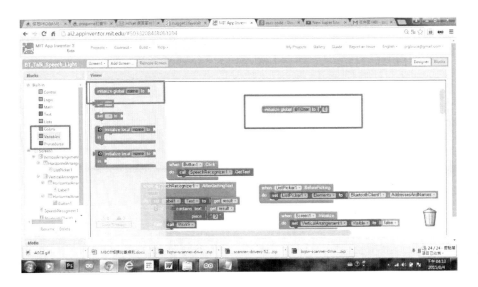

圖 441 初始化變數

　　為了建全的系統，如下圖所示，我們進行系統初始化，在 Screen1.initialize 建
立下列敘述。

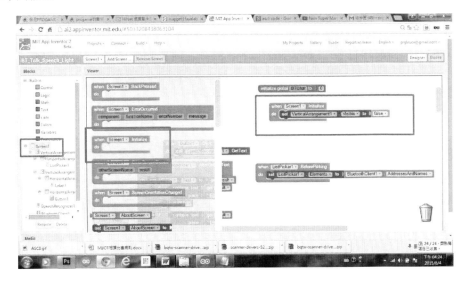

圖 442 系統初始化

如下圖所示，我們在 ListPicker1.BeforePicking 建立下列敘述。

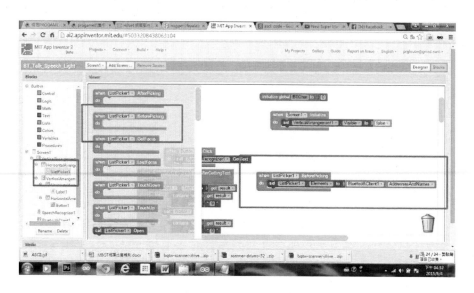

圖 443 設定選取藍芽之系統已配對知藍芽內容

如下圖所示，在點選藍芽裝置『ListPicker1』下，撰寫『判斷選到藍芽裝置後連接選取藍芽裝置』，如下圖所示，我們在 ListPicker1.AfterPicking 建立下列敘述。

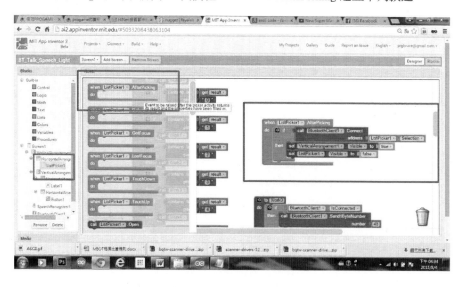

圖 444 選取藍芽後-啟動藍芽傳輸功能

如下圖所示，在按下『Button1』下，撰寫『啟動語音辨視按紐程式』，如下圖所示，我們在 Button1.Click 建立下列敘述。

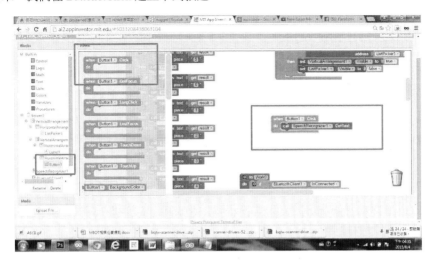

圖 445 啟動語音辨視按鈕程式

　　如下圖所示，我們先行建立 Work0 程序、Work9 程序，主要傳輸給 Arduino 開發板端所有燈全滅與全亮的命令碼。

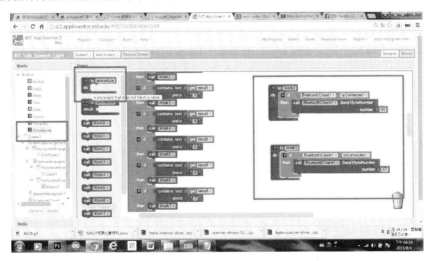

圖 446 全燈熄滅與亮起程式

　　如下圖所示，我們先行建立 Work1 程序~Work8 程序，主要傳輸給 Arduino 開發板端亮一個燈到八個燈的命令碼。

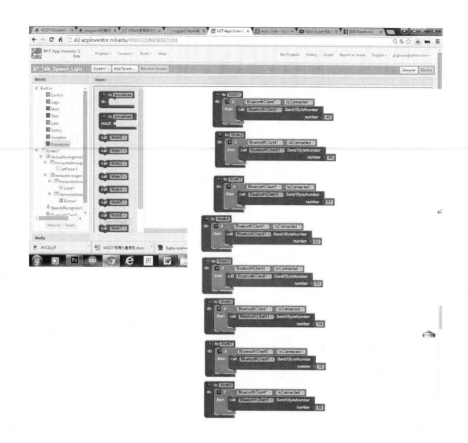

圖 447 點 1_8 燈亮起來程式

　　如下圖所示,我們在語音辨識完成後,根據回傳的字句,判斷其含那一個亮燈的資訊,則傳送那一個令碼。

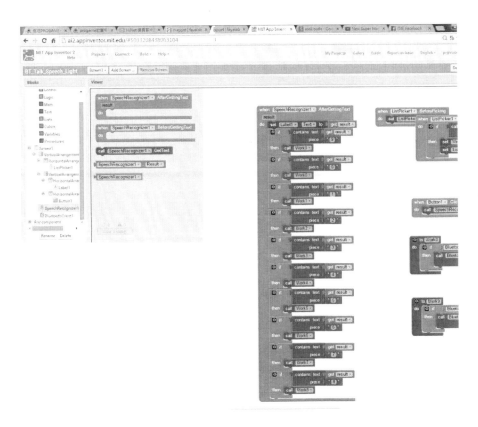

圖 448 根據語音辨識傳送命令碼程式

如下表所示，我們在語音辨識完成後，根據回傳的字句，判斷其含那一個亮燈的資訊，則傳送那一個令碼。

表格 52 燈號命令與相應程序對照表

呼叫程序	命令碼	工作內容
Work0	0	所有的燈全滅
Work9	9	所有的燈全亮
Work1	1	亮第一個燈
Work2	2	亮第二個燈
Work3	3	亮第三個燈

Work4	4	亮第四個燈
Work5	5	亮第五個燈
Work6	6	亮第六個燈
Work7	7	亮第七個燈
Work8	8	亮第八個燈

Arduino 亮燈

由於本章節要使用多個 Leds，所以我們使用『fayalab nugget 8 LED module』，本實驗仍只需要一塊 fayaduino Uno 開發板、USB 下載線、8 LED module (產品網址：http://www.fayalab.com/kit/801-nu0004nu)。

如下圖所示，這個實驗我們需要用到的實驗硬體有下圖.(a)的 fayalab　UNO 與下圖.(b) USB 下載線、下圖.(c) fayalab nugget 8 LED module、下圖.(d) 藍芽模組 (HC-05/HC-06)：

(a). fayaduino Uno   (b). USB 下載線

(c). fayalab nugget 8 LED module

(d). 藍芽模組(HC-05/HC-06)

圖 449 8 LED module 所需零件表

如何連接『fayalab nugget 8 LED module』與藍芽裝置，請參考下表接腳表，進行電路組立。

表 53 用手機語音辨視驅動燈號接腳表

fayalab nugget 8 LED module	Aruino 開發板接腳
D0	Arduino Uno digital Pin 2
D1	Arduino Uno digital Pin 3
D2	Arduino Uno digital Pin 4
D3	Arduino Uno digital Pin 5
D4	Arduino Uno digital Pin 6
D5	Arduino Uno digital Pin 7
D6	Arduino Uno digital Pin 8
D7	Arduino Uno digital Pin 9
藍芽模組(HC-05)	Arduino 開發板
VCC	Arduino Uno +5V
GND	Arduino Uno GND
TX	Arduino Uno digitalPin 11
RX	Arduino Uno digitalPin 12

我們遵照前面所述，將 fayaduino Uno 開發板的驅動程式安裝好之後，作者參考上表與上圖之後，完成電路的連接，完成後如下圖所示之用手機語音辨視驅動燈號接腳實際組裝圖。

圖 450 用手機語音辨視驅動燈號接腳實際組裝圖

我們遵照前幾章所述，將 fayaduino Uno 開發板的驅動程式安裝好之後，我們打開 Arduino 開發板的開發工具：Sketch IDE 整合開發軟體，攢寫一段程式，如下表所示之用手機語音辨視驅動燈號測試程式一，並將之編譯後上傳到 Arduino 開發板。

表 54 用手機語音辨視驅動燈號測試程式一

用手機語音辨視驅動燈號測試程式一(BT_Talk_Speech_Light)
#include <SoftwareSerial.h>　// 引用程式庫
#define LedPinD0 2
#define LedPinD1 3
#define LedPinD2 4
#define LedPinD3 5
#define LedPinD4 6
#define LedPinD5 7
#define LedPinD6 8
#define LedPinD7 9
#define ascStart 48
char getdata；　// 儲存接收資料的變數

```
// 定義連接藍牙模組的序列埠
SoftwareSerial BT(11, 12); // 接收腳, 傳送腳

void setup() {

  pinMode(LedPinD0 , OUTPUT) ;        // set Button pin as input data
  pinMode(LedPinD1 , OUTPUT) ;        // set Button pin as input data
  pinMode(LedPinD2 , OUTPUT) ;        // set Button pin as input data
  pinMode(LedPinD3 , OUTPUT) ;        // set Button pin as input data
  pinMode(LedPinD4 , OUTPUT) ;        // set Button pin as input data
  pinMode(LedPinD5 , OUTPUT) ;        // set Button pin as input data
  pinMode(LedPinD6 , OUTPUT) ;        // set Button pin as input data
  pinMode(LedPinD7 , OUTPUT) ;        // set Button pin as input data

  Serial.begin(9600);      // 與電腦序列埠連線
  Serial.println("BT is ready!");

  // 設定藍牙模組的連線速率
  // 如果是 HC-05，請改成 38400
  BT.begin(9600);
   allLightOn() ;
   delay(1000);
   allLightOff() ;
}

void loop() {

    getdata = '@';
  // 若收到藍牙模組的資料，則送到「序列埠監控視窗」
  if (BT.available()) {
    getdata = BT.read();
    Serial.print(getdata, HEX);
  }

    if (getdata == '0')
       {
          allLightOff() ;
       }
```

```
if (getdata == '9')
    {
        allLightOn() ;
    }

if (getdata == '1')
    {
        digitalWrite(LedPinD0, HIGH) ;
    }

if (getdata == '2')
    {
        digitalWrite(LedPinD1, HIGH) ;
    }

if (getdata == '3')
    {
        digitalWrite(LedPinD2, HIGH) ;
    }

if (getdata == '4')
    {
        digitalWrite(LedPinD3, HIGH) ;
    }

if (getdata == '5')
    {
        digitalWrite(LedPinD4, HIGH) ;
    }

if (getdata == '6')
    {
        digitalWrite(LedPinD5, HIGH) ;
    }

if (getdata == '7')
    {
        digitalWrite(LedPinD6, HIGH) ;
```

```
            }

    if (getdata == '8')
        {
            digitalWrite(LedPinD7, HIGH) ;
        }

    if (getdata == 'T')
        {
            delay(1000);
        }

}

void allLightOn()
{
                digitalWrite(LedPinD0, HIGH) ;
            digitalWrite(LedPinD1, HIGH) ;
            digitalWrite(LedPinD2, HIGH) ;
            digitalWrite(LedPinD3, HIGH) ;
            digitalWrite(LedPinD4, HIGH) ;
            digitalWrite(LedPinD5, HIGH) ;
            digitalWrite(LedPinD6, HIGH) ;
            digitalWrite(LedPinD7, HIGH) ;
}

void allLightOff()
{
            digitalWrite(LedPinD0, LOW) ;
            digitalWrite(LedPinD1, LOW) ;
            digitalWrite(LedPinD2, LOW) ;
            digitalWrite(LedPinD3, LOW) ;
            digitalWrite(LedPinD4, LOW) ;
            digitalWrite(LedPinD5, LOW) ;
            digitalWrite(LedPinD6, LOW) ;
            digitalWrite(LedPinD7, LOW) ;
}
```

讀者可以看到本次實驗- 用手機語音辨視驅動燈號測試程式一結果畫面，如下圖所示，我們可以使用手機、平板，用語音辨視來驅動燈號。

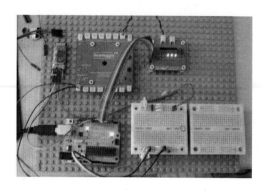

圖 451 用手機語音辨視驅動燈號測試程式一結果畫面

整合手機測試

如何在手機或平板上執行 App Inventor 2 程式，請參考『如何執行 AppInventor 程式』一節。

如下圖所示，我們直接顯示測試程式的主畫面。

圖 452 使用手機進行點燈主畫面

如下圖所示,我們先選擇『SelectBT』來選擇藍芽裝置。

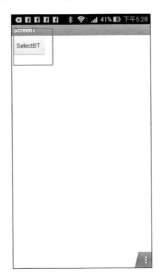

圖 453 點選選取藍芽紐

如下圖所示,會出現手機、平板中已經配對好的藍芽裝置,我們可以選擇手機、平板中已經配對好的藍芽裝置。

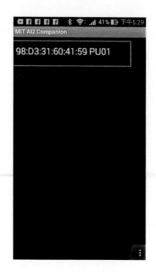

圖 454 選取欄芽裝置

如下圖所示，如果藍芽配對成功，正確連接您選擇的藍芽裝置後，則會進入通訊模式的主畫面，這時後我們參考下圖紅框處，按下『Speak』按紐，驅動語音辨視紐。

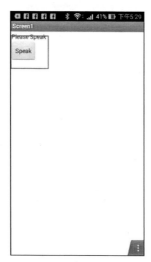

圖 455 按下語音輸入紐

如下圖所示，系統會驅動手機、平板的語音辨視功能，使用者此時就可以輸入『100』的語音。

圖 456 輸入語音畫面

如下圖所示，如果語音輸入正確，系統會從手機、平板的語音辨視功能回傳語音轉文字的內容到系統的 Label 物件顯示出『100』的文字，並將『100』的文字透過藍芽傳輸到 Arduino 開發板設計的一端。

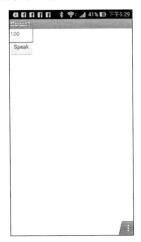

圖 457 取得語音

如下圖所示，我們可以另外輸入『345』的語音，如果語音輸入正確，系統會從手機、平板的語音辨視功能回傳語音轉文字的內容到系統的 Label 物件顯示出

『100』的文字，並將『100』的文字透過藍芽傳輸到 Arduino 開發板設計的一端，讀者可以參考圖 451 用手機語音辨視驅動燈號測試程式一結果畫面，我們就驅動第3、4、5 的燈號。

圖 458 取得語音二

用手機語音辨視驅動燈號進階版

我們可以發現，上節中 Work0~Work9 函式非常相似，所以我們教大家將程式精簡化，所以將上述的函式，透過 App Inventor 2 的函式用法，精簡成為傳入參數的函式，對此用法不太理解的讀者，請先參考文淵閣工作室的鄧文淵老師所著之『手機應用程式設計超簡單：App Inventor 2 初學特訓班(中文介面增訂版)』(鄧文淵 & 文淵閣工作室，2015)，若需要的讀者請至書局、碁峰出版社、博客來書店 (http://www.books.com.tw/products/0010663591)等購買該書，自行閱讀之。

如下圖所示，請讀者先將原有的專案『BT_Talk_Speech_Light』另存新檔為『BT_Talk_Speech_Light2』。

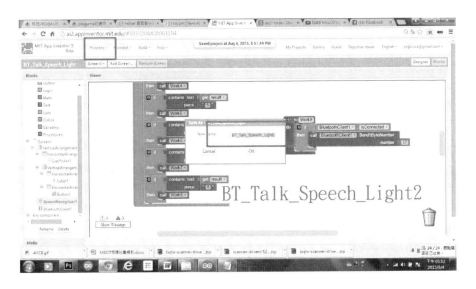

圖 459 另存新檔- BT_Talk_Speech_Light2

如下圖所示，將 Work9、Work0 刪除掉，就是將之拖拉到右下角的垃圾筒。

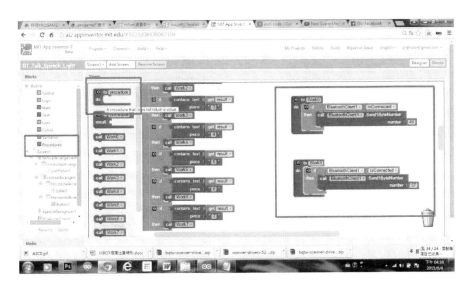

圖 460 刪除全燈熄滅與亮起程式

如下圖所示，將 Work1~Work8 刪除掉，就是將之拖拉到右下角的垃圾筒。

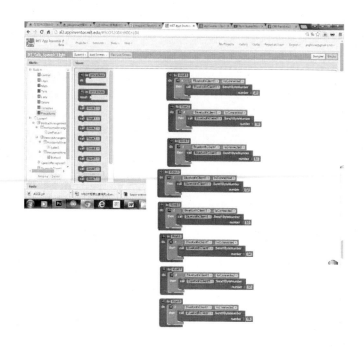

圖 461 刪除點 1_8 燈亮起來程式

如下圖所示，我們將原有的 Work0~Work9，使用參數方式，產生一個參數『x』，

將原有的函式傳送固定的『0~9』文字，改成新的參數式 doWorl(x)，傳送『get X』。

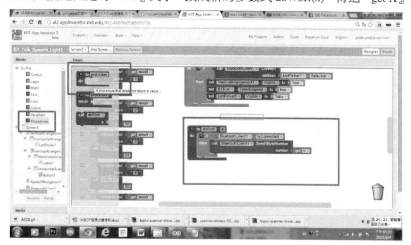

圖 462 產生參數式點燈程式

如下圖所示，我們再將原有的語音辯視後傳送文字命令到藍芽裝置的程式，改為新的參數式 doWorl(x)。

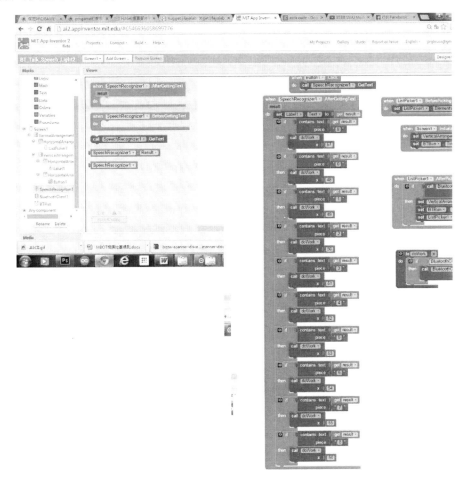

圖 463 pp05- 修正語音辨識傳送命令碼程式

如此就完成精簡化的程式，其於部份：Arduino 開發板與程式測試部份都相同，本書就不再重新敘述之。

智慧家庭-使用手機控制風扇

　　智慧家庭的特色就是無線、方便與樂活，但是如果我們熱了，開電風扇都要站起來去開電風扇，那就太不快活了，由於我們都是手機一族，總希望什麼都用手機APPs 控制，所以本章節希望用手機可以控制電風扇的開關。

　　首先，如下圖所示，我們在 App Inventor 2 程式模塊編輯畫面之中，開立一個新專案: BT_Talk_ControlFan。

圖 464 開新專案-BT_Talk_ControlFan

　　首先，如下圖所示，拉出 ListPictker(選藍芽裝置用) =>即拉出選擇藍芽通訊模組的元件。

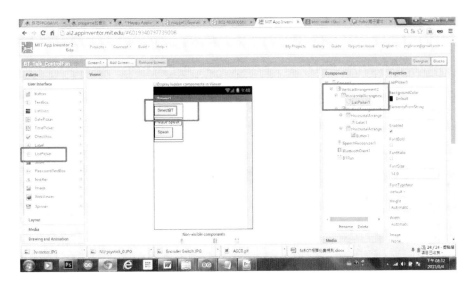

圖 465 拉出藍芽裝置選取物件-ListPicker

如下圖所示，拉出顯示用的 Label 物件。

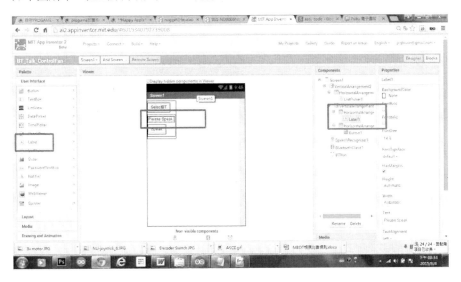

圖 466 拉出 Label 顯示文字物件

如下圖所示，拉出啟動語音辨視紐 Button 物件。

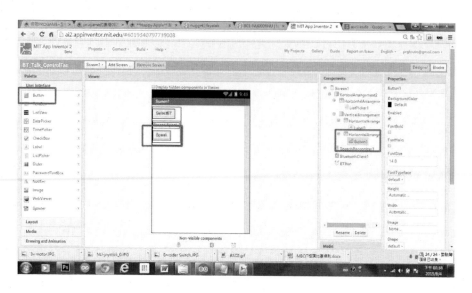

圖 467 拉出語音辨示呼叫按紐

如下圖所示，拉出語音辨視元件(Speech Reconizer)。

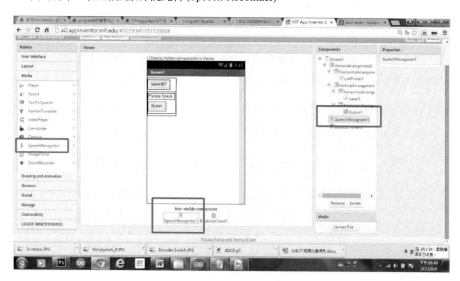

圖 468 拉出文字轉語音物件

如下圖所示，拉出藍芽傳輸元件(BlueTooth Client)。

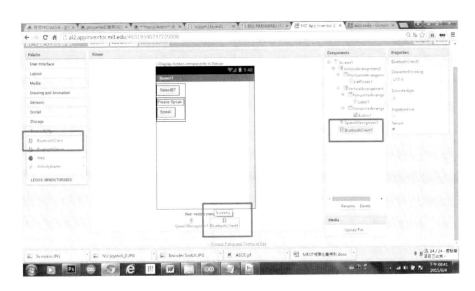

圖 469 拉出藍芽元件

如下圖所示，我們為了編修程式，請點選如下圖所示之紅框區『Blocks』按紐。

圖 470 切換程式設計模式

如下圖所示，我們在 App Inventor 2 的程式編輯區，建立初始化變數

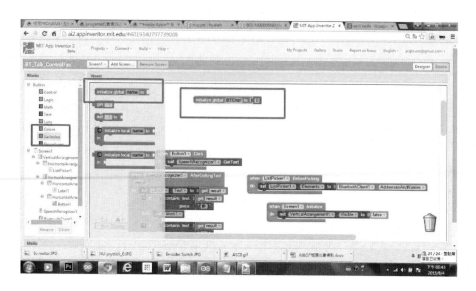

圖 471 初始化變數

　　為了建全的系統，如下圖所示，我們進行系統初始化，在 Screen1.initialize 建

立下列敘述。

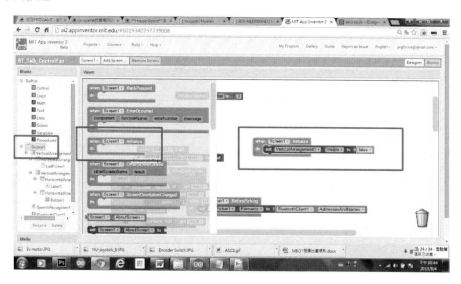

圖 472 系統初始化

　　如下圖所示，我們在 ListPicker1.BeforePicking 建立下列敘述。

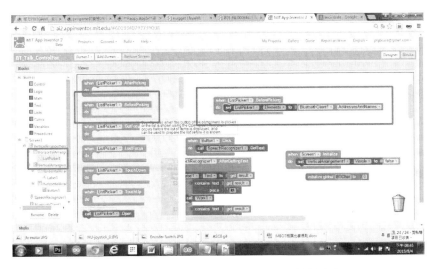

圖 473 設定選取藍芽之系統已配對知藍芽內容

如下圖所示，在點選藍芽裝置『ListPicker1』下，撰寫『判斷選到藍芽裝置後連接選取藍芽裝置』，如下圖所示，我們在 ListPicker1.AfterPicking 建立下列敘述。

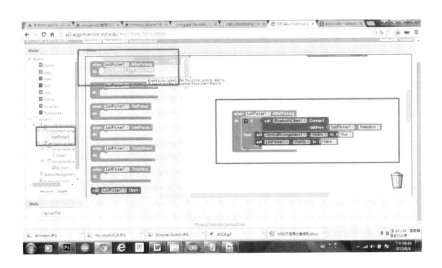

圖 474 選取藍芽後-啟動藍芽傳輸功能

如下圖所示，在按下『Button1』下，撰寫『啟動語音辨視按紐程式』，如下圖所示，我們在 Button1.Click 建立下列敘述。

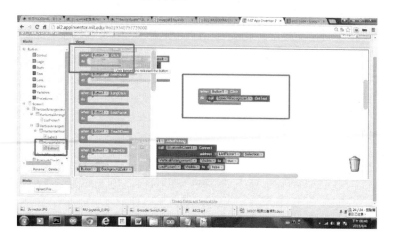

圖 475 攥寫語音辨視啟動紐程式

　　如下圖所示，我們在語音辨識完成後，根據回傳的字句，如果說話的內容有『熱』，則呼叫 Work1 函式，通知 Arduino 開發板打開風扇；如果說話的內容有『冷』，則呼叫 Work2 函式，通知 Arduino 開發板關閉風扇。

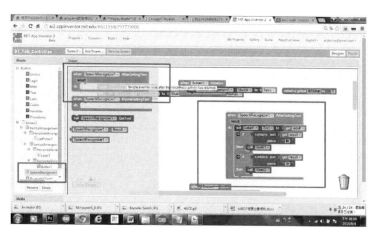

圖 476 攥寫語音控制程式

　　如下表所示，我們在語音辨識完成後，根據回傳的字句，判斷其含那一個風扇動作資訊，則傳送那一個命令碼。

表 55 傳輸命令與風扇動作程序對照表

呼叫程序	命令碼	工作內容
Work1	H	開啟風扇
Work2	L	關閉風扇

Arduino 風扇控制

由於本章節要使用直流馬達，所以我們使用『fayalab nugget 3v motor』，本實驗仍只需要一塊 fayaduino Uno 開發板、USB 下載線、fayalab nugget 3v motor (產品網址：http://www.fayalab.com/zh-hant/node/69682)。

如下圖所示，這個實驗我們需要用到的實驗硬體有下圖.(a)的 fayalab UNO 與下圖.(b) USB 下載線、下圖.(c) fayalab nugget 3v motor、下圖.(d) 藍芽模組 (HC-05/HC-06)：

(a). fayaduino Uno   (b). USB 下載線

(c). fayalab nugget 3v motor

(d). 藍芽模組(HC-05/HC-06)

圖 477 fayalab nugget 3v motor 所需零件表

由於本書使用 fayalab nugget 3v motor 模組與藍芽模組，所以我們遵從下表來組立電路，來完成本節的實驗：

表 56 使用手機控制風扇接腳表

fayalab nugget 3v motor	Aruino 開發板接腳
SIG	Arduino Uno digital Pin 9
DIR	Arduino Uno digital Pin 8
藍芽模組(HC-05)	Arduino 開發板
VCC	Arduino Uno +5V
GND	Arduino Uno GND
TX	Arduino Uno digitalPin 11
RX	Arduino Uno digitalPin 12

我們遵照前面所述，將 fayaduino Uno 開發板的驅動程式安裝好之後，作者參考上表與上圖之後，完成電路的連接，完成後如下圖所示之使用手機控制風扇接腳實際組裝圖。

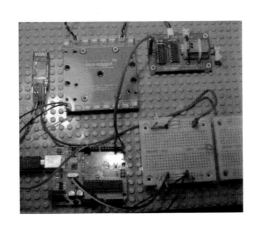

圖 478 使用手機控制風扇接腳實際組裝圖

我們遵照前幾章所述，將 fayaduino Uno 開發板的驅動程式安裝好之後，我們打開 Arduino 開發板的開發工具：Sketch IDE 整合開發軟體，攢寫一段程式，如下表所示之使用手機控制風扇測試程式一，並將之編譯後上傳到 Arduino 開發板。

表 57 使用手機控制風扇測試程式一

使用手機控制風扇測試程式一(BT_Talk_Speech_MotorFan)

```
#include <SoftwareSerial.h>    // 引用程式庫
#define MotorPin 2
char getdata ;   // 儲存接收資料的變數

// 定義連接藍牙模組的序列埠
SoftwareSerial BT(11, 12); // 接收腳、傳送腳

void setup() {

  pinMode(MotorPin , OUTPUT) ;        // set Button pin as input data

  Serial.begin(9600);     // 與電腦序列埠連線
  Serial.println("BT is ready!");

  // 設定藍牙模組的連線速率
  // 如果是 HC-05，請改成 38400
```

```
    BT.begin(9600);
    MotorOn() ;
    delay(2000);
    MotorOff() ;
}

void loop() {

    getdata = '@';
    // 若收到藍牙模組的資料，則送到「序列埠監控視窗」
    if (BT.available()) {
    getdata = BT.read();
    Serial.print(getdata, HEX);
    }

    if (getdata == 'L')
        {
            MotorOff() ;
        }

    if (getdata == 'H')
        {
            MotorOn() ;
        }

}

void MotorOn()
{
            digitalWrite(MotorPin, HIGH) ;
}

void MotorOff()
{
            digitalWrite(MotorPin, LOW) ;
}
```

如下圖所示，讀者可以看到本次實驗- 使用手機控制風扇測試程式一結果畫面，我們可以使用手機、平板，用語音辨視來驅動風扇轉動或關閉。

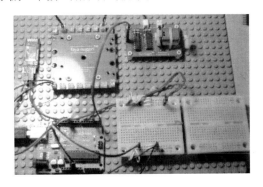

圖 479 使用手機控制風扇測試程式一結果畫面

整合手機測試

如何在手機或平板上執行 App Inventor 2 程式，請參考『如何執行 AppInventor 程式』一節。

如下圖所示，我們直接顯示測試程式的主畫面。

圖 480 使用手機控制風扇主畫面

如下圖所示，我們先選擇『SelectBT』來選擇藍芽裝置。

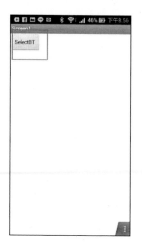

圖 481 點選選取藍芽紐

如下圖所示，會出現手機、平板中已經配對好的藍芽裝置，我們可以選擇手機、平板中已經配對好的藍芽裝置。

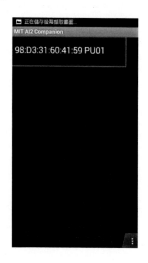

圖 482 選取欄芽裝置

如下圖所示，如果藍芽配對成功，正確連接您選擇的藍芽裝置後，則會進入通訊模式的主畫面，這時後我們參考下圖紅框處，按下『Speak』按紐，驅動語音辨視紐。

圖 483 啟動語音辨視

如下圖所示，如果程式正確與手機、平板可以驅動語音辨視模組，則會進入語音辨視畫面，這時後可以說話，輸入語音進行辨視。

如下圖所示，系統會驅動手機、平板的語音辨視功能，使用者此時就可以輸入『熱熱熱』的語音。

圖 484 語音辨視輸入

如下圖所示，如果語音輸入正確，系統會從手機、平板的語音辨視功能回傳語音轉文字的內容到系統的 Label 物件顯示出『熱熱熱』的文字，並將『熱熱熱』的文字透過藍芽傳輸到 Arduino 開發板設計的一端，此時 Arduino 開發端則會驅動馬達開始轉動。

圖 485 語音結果

如下圖所示，如果語音輸入正確，系統會從手機、平板的語音辨視功能回傳語音轉文字的內容到系統的 Label 物件顯示出『好冷』的文字，並將『好冷』的文字透過藍芽傳輸到 Arduino 開發板設計的一端，此時 Arduino 開發端則會關閉馬達轉動。

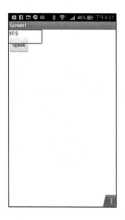

圖 486 語音結果二

用 Arduino 控制手機打磚塊遊戲

　　打磚塊（英語：Breakout clone）是一種電子遊戲。如下圖所示，螢幕上部有若干層磚塊，一個球在螢幕上方的磚塊和牆壁、螢幕下方的移動短板和兩側牆壁之間來回彈，當球碰到磚塊時，球會反彈，而磚塊會消失。玩家要控制螢幕下方的板子，讓「球」透過撞擊消去所有的「磚塊」，球碰到螢幕底邊就會消失，所有的球消失則遊戲失敗。把磚塊全部消去就可以破關。

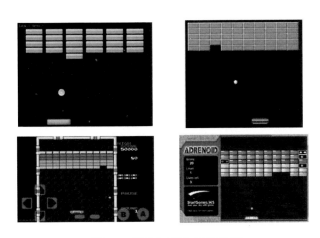

圖 487 常見打磚塊遊戲畫面

　　打磚塊遊戲始祖是美國雅達利公司(Atari)[11]，由該公司在 1972 年發行的「乒」（Pong，世界上第一款電子遊戲，類似桌球）改良而來。相較於其前作，一個人就可以玩與變化豐富這兩項特點讓 Breakout 相當賣座，使各家公司競相模仿。(資料

---

[11] 雅達利有限公司（1972 年－1984 年），拉夫·亨利·貝爾在 1967 年率領團隊開發出「棕盒子」電視遊戲機，並與 Magnavox 合作推出奧德賽遊戲機。雅達利的創辦者布希內爾看到奧德賽大賣，從而產生製作遊戲機的想法。布希內爾和一位名為泰迪·達布尼（Ted Dabney）的同事在 1972 年 6 月 27 日創建了雅達利公司。公司的名字來源於日語中的圍棋用語，與中文中的叫吃或打吃是同義。 雅達利公司的王牌產品自然還是桌球遊戲，除此以外公司還開發了空間賽跑、籃板球、擁抱我、超 pong 等投幣遊戲機。(資料來源：Wiki：
https://zh.wikipedia.org/wiki/%E9%9B%85%E9%81%94%E5%88%A9)

來源：https://zh.wikipedia.org/zh-tw/%E6%89%93%E7%A3%9A%E5%A1%8A)

　　由於設計一個打磚塊太過於複雜，本書的主旨在於互動設計，所以不會重新設計一個打磚塊遊戲，所以本章節引用文淵閣工作室的鄧文淵老師所著之『手機應用程式設計超簡單：App Inventor 2 初學特訓班(中文介面增訂版)』(鄧文淵 & 文淵閣工作室, 2015)的內容，由其書第七章『App 專題：打磚塊』的範例所改造出來的例子，由於遵重鄧文淵老師所著之『手機應用程式設計超簡單：App Inventor 2 初學特訓班(中文介面增訂版)』(鄧文淵 & 文淵閣工作室, 2015)的版權內容，其程式內容不詳加解釋，請讀者至書局、碁峰出版社、博客來書店(http://www.books.com.tw/products/0010663591)等處，購買該書自行閱讀之。

　　本書感謝文淵閣工作室的鄧文淵老師所著之『手機應用程式設計超簡單：App Inventor 2 初學特訓班(中文介面增訂版)』(鄧文淵 & 文淵閣工作室, 2015)的內容，作者也有購買該書，自行閱讀該書內容後，配合本書主題擴充修改之，至轉化本節主題，也很感謝文淵閣工作室的鄧文淵老師的書與碁峰出版社出版該書造福大眾。

　　首先，如下圖所示，我們在 App Inventor 2 程式模塊編輯畫面之中，進入專案管理模式(Projects)。

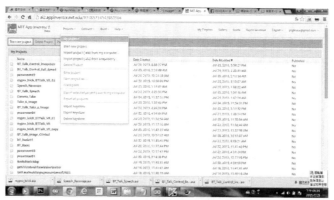

圖 488 切換到專案管理畫面

　　如下圖所示，我們在 App Inventor 2 專案管理模式(Projects)，使用『Import Project (.aia) from my computer』。

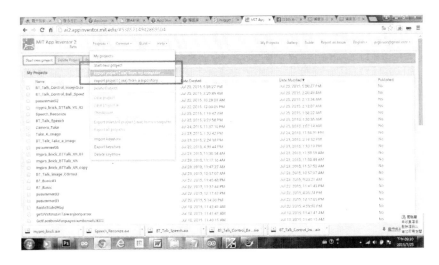

圖 489 上傳原始碼到我的專案箱

如下圖所示，出現『Import Project ...』的對畫窗，請使用者輸入上傳的原始碼
檔案。

圖 490 選擇檔案對話窗

如下圖所示，請使用者選擇鄧老師第七章範例『mypro_brick』。

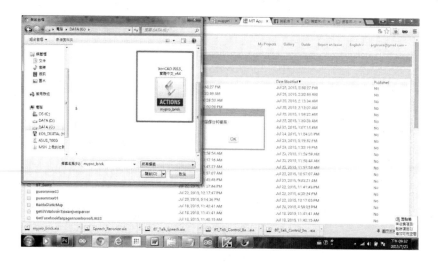

圖 491 選擇鄧老師第七章範例

如下圖所示，請使用者選擇『開啟』。

圖 492 開啟該範例

如下圖所示，當使用者選擇檔案後，請選『OK』開啟檔案上傳。

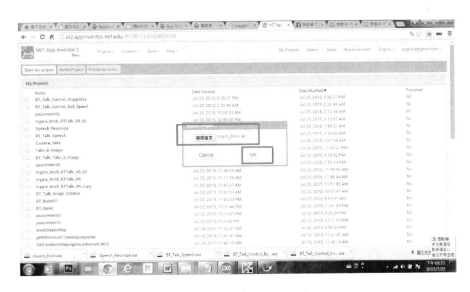

圖 493 開始上傳該範例

如下圖所示，如果檔案上傳成功，App Inventor 2 自動會開始此專案，如果讀者怕編修錯誤，可以將專案另存為『BTTalk_VR_HitBlock』。

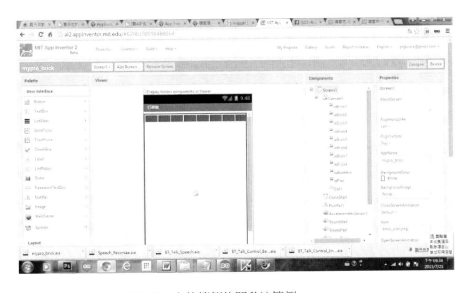

圖 494 上傳範例後開啟該範例

修改原有打磚塊系統

首先,如下圖所示,我們在 App Inventor 2 程式模塊編輯畫面之中,將專案另

存為『BTTalk_VR_HitBlock』之後,進入到專案『BTTalk_VR_HitBlock』主畫面。

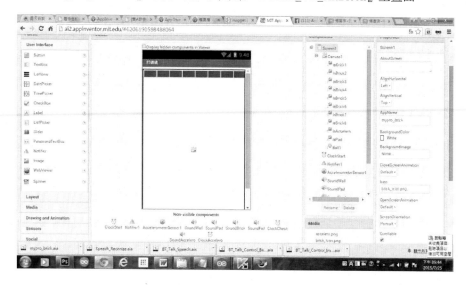

圖 495 開啟原始碼主畫面

如下圖所示,我們先刪除 AccelerometerSensor1 元件。

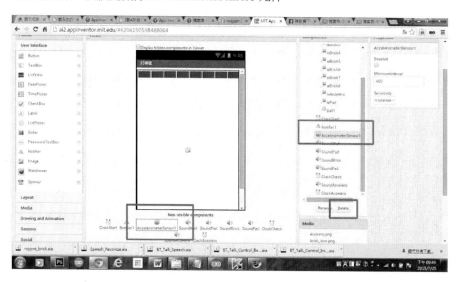

圖 496 刪除 AccelerometerSensor1

如下圖所示,我們再刪除 ClockAccelero 元件。

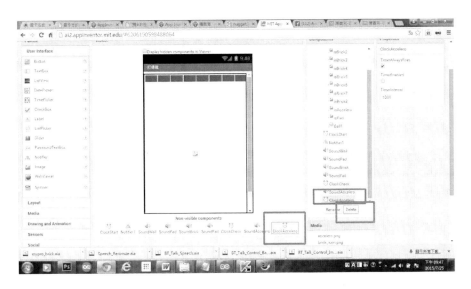

圖 497 刪除 ClockAccelero

如下圖所示，我們設定 isPad 看的見，就是將『isPad』的 Visable 屬性打勾。

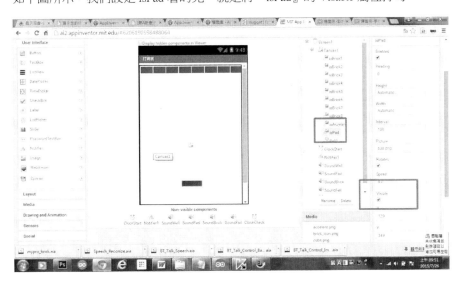

圖 498 設定 isPad 看的見

如下圖所示，我們增加位置元件區。

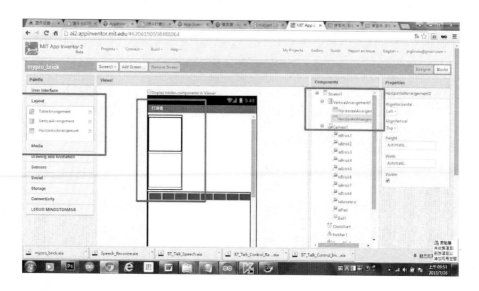

圖 499 增加位置元件區

如下圖所示，我們增加 Label 元件與改變顯示內容。

圖 500 增加 Label 元件與改變顯示內容

如下圖所示，拉出 ListPictker(選藍芽裝置用) =>即拉出選擇藍芽通訊模組的元件。

圖 501 增加 ListPicker 元件

如下圖所示，將 ListPictker(選藍芽裝置用) 的顯示 Text 改為『SelectBT』。

圖 502 改變 ListPicker 元件顯示內容

如下圖所示，拉出藍芽傳輸元件(BlueTooth Client)。

圖 503 拉出藍芽元件

如下圖所示，拉出藍芽傳輸元件(BlueTooth Client)。

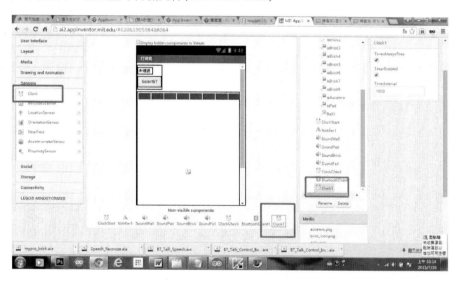

圖 504 拉出藍芽控制_Clock 物件

如下圖所示，將拉出藍芽傳輸元件(BlueTooth Client)，改變藍芽控制_Clock 物
件之名稱為 BTRun

圖 505 改變藍芽控制_Clock 物件之名稱為 BTRun

如下圖所示，我們為了編修程式，請點選如下圖所示之紅框區『Blocks』按紐。

圖 506 切換程式設計模式

如下圖所示，我們在 App Inventor 2 的程式編輯區，建立初始化變數

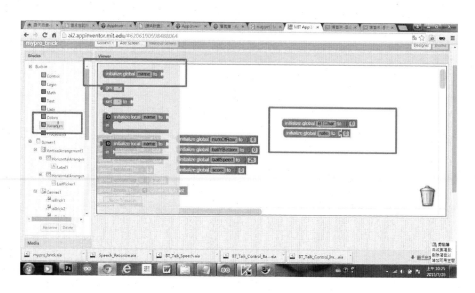

圖 507 增加初始化變數

為了建全的系統,如下圖所示,我們進行系統初始化,在 Screen1.initialize 建立下列敘述。

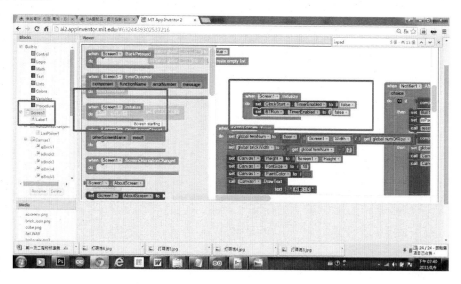

圖 508 擴充系統初始化功能

如下圖所示,我們在 ListPicker1.BeforePicking 建立下列敘述。

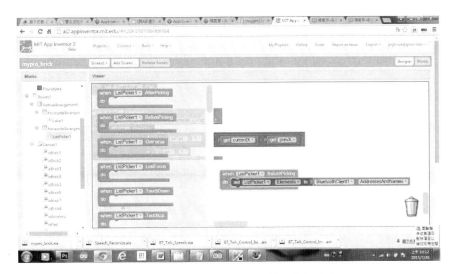

圖 509 設定選取藍芽之系統已配對知藍芽內容

如下圖所示，在點選藍芽裝置『ListPicker1』下，撰寫『判斷選到藍芽裝置後連接選取藍芽裝置』，如下圖所示，我們在 ListPicker1.AfterPicking 建立下列敘述。

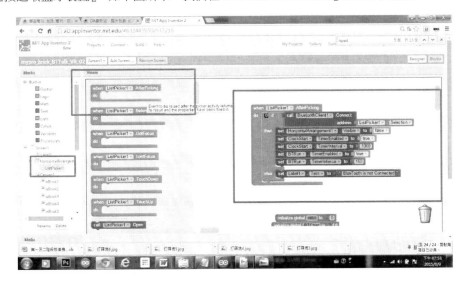

圖 510 選取藍芽後-啟動藍芽傳輸功能

如下圖所示，在『BTRun』下，撰寫『撰寫藍芽傳輸程式』。

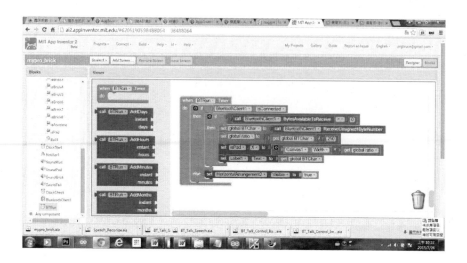

圖 511 攥寫藍芽傳輸程式

如下圖所示，我們刪除 ispad_draged 程式，就是將『ispad_draged 程式』拉到右下方的垃圾桶。

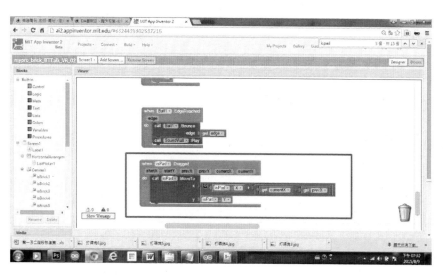

圖 512 刪除 ispad_draged 程式

用 Arduino 控制可變電阻控制手機打磚塊遊戲

由於本章節要使用滑軌式可變電阻(Slider Potentiometer)來控制打磚塊的 **Bar**，所以我們使用『fayalab nugget slider potentiometer』，本實驗仍只需要一塊 fayaduino Uno 開發板、USB 下載線、fayalab nugget slider potentiometer（產品網址：http://www.fayalab.com/kit/801-nu0008nu）。

如下圖所示，這個實驗我們需要用到的實驗硬體有下圖.(a)的 fayalab UNO 與下圖.(b) USB 下載線、下圖.(c) fayalab nugget slider potentiometer、下圖.(d) 藍芽模組(HC-05/HC-06)：

(a). fayaduino Uno

(b). USB 下載線

(c). fayalab nugget slider potentiometer

(d). 藍芽模組(HC-05/HC-06)

圖 513 fayalab nugget slider potentiometer 所需零件表

何謂可變電阻（英文：Potentiometer，通俗上也簡稱 Pot，少數直譯成電位計），中文稱為可變電阻器（VR，Variable Resistor）或簡稱可變電阻，如下圖所示，是一種具有三個端子，其中有兩個固定接點與一個滑動接點，可經由滑動而改變滑動端與兩個固定端間電阻值的電子零件，屬於被動元件，使用時可形成不同的分壓比率，改變滑動點的電位，因而得名。

圖 514 可變電阻器

至於只有兩個端子的可變電阻器（rheostat）（或已將滑動端與其中一個固定端保持連接，對外實際只有兩個有效端子的）並不稱為電位器，只能稱為可變電阻（variable resistor）。

常見的碳膜或陶瓷膜電位器可以透過銅箔或銅片與印刷膜接觸旋轉或滑動產生於輸出、輸入端的不同電阻。較大功率的電位器則是使用線繞式。

電阻材質分類

● 碳膜式（Carbon Film）：使用碳膜作為電阻膜。

● 瓷金膜（Metal Film）：使用以陶瓷（ceramic）與金屬（metal）材質混合製成的特殊瓷金（cermet）膜作為電阻膜。

● 線繞式（Wirewound）：使用金屬線繞製作為電阻。比起碳膜或瓷金膜而言，可承受較大功率。

構造分類

● 旋轉式：常見的形式。通常的旋轉角度約 270～300 度。

● 單圈式：常見的形式。

● 多圈式：用於須精密調整的場合。

● 直線滑動式：如下圖所示，通常用於混音器，便於立即看出音量的位置與做淡入淡出控制。

圖 515 可變電阻

數量分類

● 單聯式：一轉軸只控制單一電位計。

● 雙聯式：兩個電位器使用同一轉軸控制，主要用於雙聲道中，可同時控制
兩個聲道。

電阻值變化尺度分類

● 線性尺度式：電阻值的變化與旋轉角度或移動距離呈線性關係，此種電位
器稱為 B 型電位器。

● 對數尺度式：電阻值的變化與旋轉角度或移動距離呈對數關係，此種電位
器主要用途是音量控制，其中常用的是 A 型電位器，適合順時針方向為
大音量、逆時針方向為小音量的場合；此外還有對數尺度的變化方向與 A
型相反的 C 型電位器。

其他特別型式

● 附開關電位器：通常用於將音量開關與電源開關合一，即逆時針旋轉至底
使開關切斷而關閉電源。

微調用電位器或可變電阻

● 作為微調用的電位器或可變電阻，通常位於設備內部、印刷電路板上，用
於不需經常調整的地方，這種小型電位器或可變電阻，中文一般稱為半可
變電阻，英文一般稱為 trimpot 或 trimmer(微調器。如不特別說明，trimmer
雖以可變電阻為多，但也可能是可變電容)。

由下圖所示，由於光敏電阻受光會改變電阻值，但是電阻本身不會輸出任何的電壓或電流，所以我們設計簡單的分壓電路來偵測光敏電阻受光之後的阻值改變。

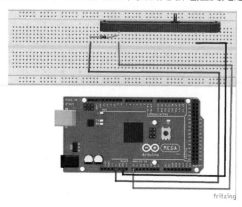

圖 516 可變電阻基本電路

由於本書使用 fayalab nugget slider potentiometer 模組與藍芽模組，所以我們遵從下表來組立電路，來完成本節的實驗：

表 58 用 Arduino 控制手機打磚塊遊戲接腳表

fayalab nugget slider potentiometer	Aruino 開發板接腳
B(右邊上方)	Arduino Uno Analog Pin A0
藍芽模組(HC-05)	Arduino 開發板
VCC	Arduino Uno +5V
GND	Arduino Uno GND
TX	Arduino Uno digitalPin 11
RX	Arduino Uno digitalPin 12

fayalab nugget slider potentiometer	Aruino 開發板接腳

我們遵照前面所述，將 fayaduino Uno 開發板的驅動程式安裝好之後，作者參考上表與上圖之後，完成電路的連接，完成後如下圖所示之 Arduino 控制手機打磚塊遊戲接腳實際組裝圖。

圖 517Arduino 控制手機打磚塊遊戲接腳實際組裝圖

我們遵照前幾章所述，將 fayaduino Uno 開發板的驅動程式安裝好之後，我們打開 Arduino 開發板的開發工具：Sketch IDE 整合開發軟體，攥寫一段程式，如下表所示之用 Arduino 控制手機打磚塊遊戲測試程式一，並將之編譯後上傳到 Arduino 開發板。

表 59 8 用 Arduino 控制手機打磚塊遊戲測試程式一

用 Arduino 控制手機打磚塊遊戲測試程式一(BT_Talk_VR_HitBlock)

#include <SoftwareSerial.h>　　// 引用程式庫
byte senddata=0 ;
byte oldsenddata=0 ;
 	
// 定義連接藍牙模組的序列埠
SoftwareSerial BT(11, 12); // 接收腳, 傳送腳

```
unsigned char val;    // 儲存接收資料的變數

void setup() {
  Serial.begin(9600);      // 與電腦序列埠連線
  Serial.println("BT is ready!");

  // 設定藍牙模組的連線速率
  // 如果是 HC-05，請改成 38400
  BT.begin(9600);
}

void loop() {
      senddata = (unsigned char)(analogRead(A0)/4) ;
      if (abs(senddata - oldsenddata) > 5)
        {
                BT.write(senddata);
                Serial.print("Sensor Data is :(");
                Serial.print(senddata,HEX);
                Serial.print(")\n");
                oldsenddata = senddata ;
        }
     delay(200) ;

  // 若收到藍牙模組的資料，則送到「序列埠監控視窗」
  if (BT.available()) {
    val = BT.read();
    Serial.print(val);
  }

  // 若收到「序列埠監控視窗」的資料，則送到藍牙模組
  if (Serial.available()) {
    val = Serial.read();
    BT.write(val);
  }
}
```

　　讀者可以看到本次實驗-用 Arduino 控制手機打磚塊遊戲測試程式一結果畫面，如下圖所示，我們可以使用滑軌式可變電阻(Slider Potentiometer)來控制手機、

平板的打磚塊遊戲。

圖 518 用 Arduino 控制手機打磚塊遊戲測試程式一結果畫面

整合手機測試

如何在手機或平板上執行 App Inventor 2 程式，請參考『如何執行 AppInventor 程式』一節。

如下圖所示，我們直接顯示測試程式的主畫面。

圖 519 使用手機控制手機打磚塊遊戲主畫面

如下圖所示，我們先選擇『SelectBT』來選擇藍芽裝置。

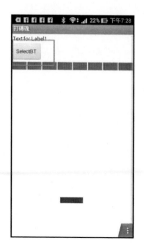

圖 520 點選選取藍芽紐

　　如下圖所示，會出現手機、平板中已經配對好的藍芽裝置，我們可以選擇手機、平板中已經配對好的藍芽裝置。

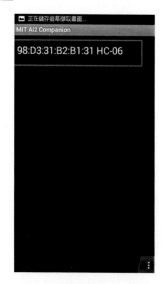

圖 521 選取欄芽裝置

　　如下圖所示，如果藍芽配對成功，則會進打磚塊的主畫面。

圖 522 開始遊系主畫面

　　如下圖紅框處所示，我們在打磚塊的主畫面，這時後我們按下：下圖紅框處，『開始』按紐，開啟進行打磚塊遊戲。

圖 523 點選開始啟動遊戲

如下圖所示，我們在打磚塊的主畫面，可以使用滑軌式可變電阻(Slider Poten-tiometer)來控制手機、平板的打磚塊遊戲中的 Bar 來撞擊球，使球可以打掉上方的磚塊。

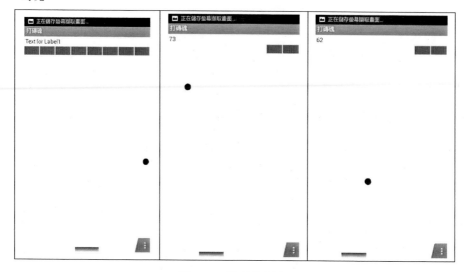

圖 524　遊戲進行中 3

　　如下圖所示，如果我們沒有防禦到球，讓球落下，則系統會出現『球出界』，詢問使用者是否『重新發球』或『結束』，我們可以選擇下圖紅框處：『重新發球』來繼續遊戲。

圖 525　重新開始遊戲

如下圖所示，如果我們沒有防禦到球，讓球落下，則系統會出現『球出界』，詢問使用者是否『重新發球』或『結束』，我們可以選擇下圖紅框處：『結束』來結束遊戲。

圖 526 結束遊戲

智慧家庭-使用手機進行溫度監控

智慧家庭的特色就是無線、方便與樂活，身邊的溫度高低都在在影響著我們的生活的舒適與否，尤其家中有長者或小朋友，溫度的調節更是重要，由於我們都是手機一族，總希望什麼都用手機 APPs 控制，所以本章節希望用手機可以監控溫度並且隨時能夠告訴我們溫度。

首先，如下圖所示，我們在 App Inventor 2 程式模塊編輯畫面之中，開立一個新專案: BT_Talk_Say_temperature。

圖 527 開新專案-BT_Talk_Say_temperature

如下圖所示，拉出 ListPictker(選藍芽裝置用) =>即拉出選擇藍芽通訊模組的元件。

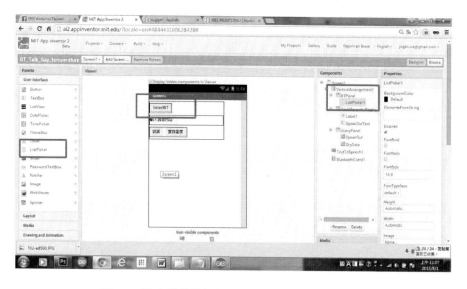

圖 528 拉出藍芽裝置選取物件-ListPicker

如下圖所示，拉出輸入文字區與前置文字。

圖 529 拉出輸入文字區與前置文字

如下圖所示，拉出語音輸出按紐。

圖 530 拉出語音輸出按紐

如下圖所示，拉出查詢溫度按紐。

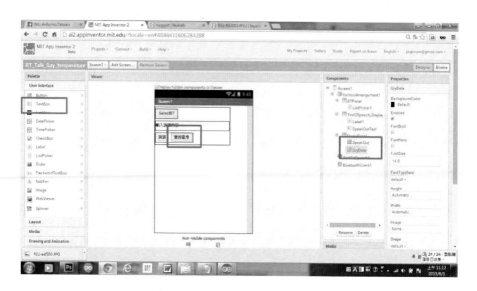

圖 531 拉出查詢溫度按鈕

如下圖所示，拉出語音辨視元件(Speech Reconizer)。

圖 532 拉出文字轉語音物件

如下圖所示，拉出藍芽傳輸元件(BlueTooth Client)。

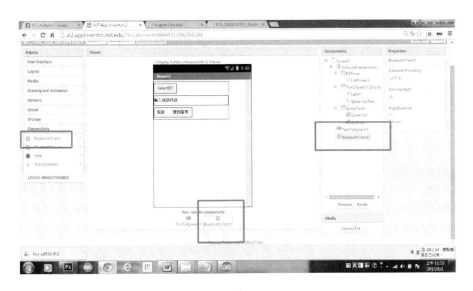

圖 533 拉出藍芽元件

如下圖所示，拉出藍芽控制台 Clock 物件。

圖 534 拉出藍芽控制台 Clock 物件

如下圖所示，拉出 debug 元件-一個 Label 物件(Label2)與按鈕物件(Button=>改
名為 Cls)。

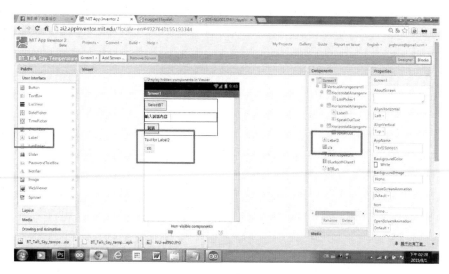

圖 535 拉出 debug 元件

如下圖所示，我們為了編修程式，請點選如下圖所示之紅框區『Blocks』按紐。

圖 536 切換程式設計模式

如下圖所示，我們在 App Inventor 2 的程式編輯區，建立初始化變數

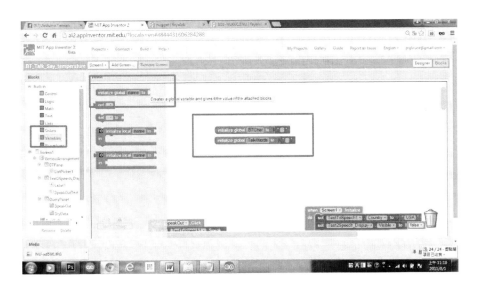

圖 537 初始化變數

為了建全的系統，如下圖所示，我們進行系統初始化，在 Screen1.initialize 建立下列敘述。

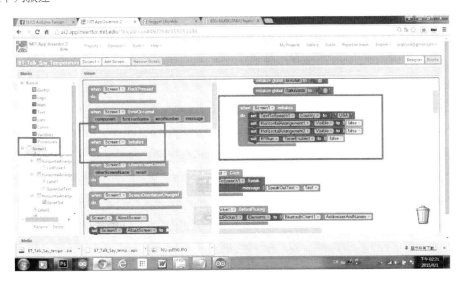

圖 538 系統初始化

如下圖所示，我們在 ListPicker1.BeforePicking 建立下列敘述。

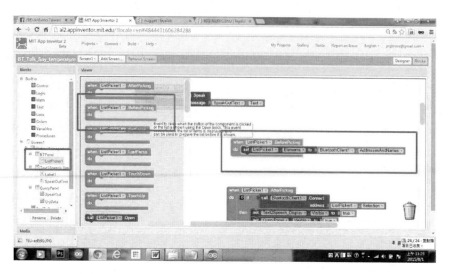

圖 539 設定選取藍芽之系統已配對知藍芽內容

如下圖所示，在點選藍芽裝置『ListPicker1』下，攥寫『判斷選到藍芽裝置後連接選取藍芽裝置』，如下圖所示，我們在 ListPicker1.AfterPicking 建立下列敘述。

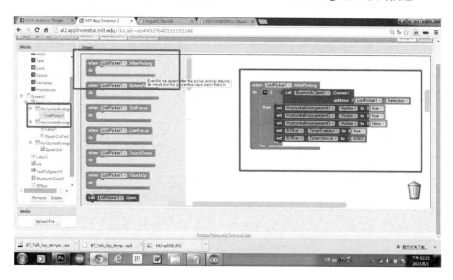

圖 540 選取藍芽後-啟動藍芽傳輸功能

如下圖所示，我們建立產生發出語音的函式『SayData』，如果有收到藍芽裝置送過來的溫度資料，則將資料透過文字轉語音元件，將溫度讀出來。

圖 541 產生發出語音的函式

如下圖所示，我們建立立即將溫度傳回手機、平板的查詢按鈕，主要是傳送『@』，告知 Arduino 開發板將溫度資料立刻回傳。

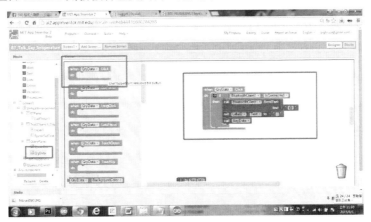

圖 542 查詢溫度按鈕程式

如下圖所示，本章節是定時將溫度傳回手機，所以我們使用 BTRun 之 Clock

物件，定時將溫度傳回手機。

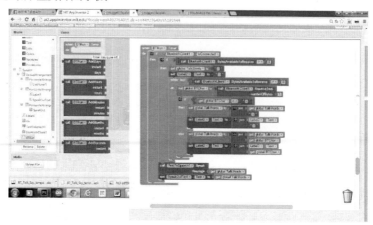

圖 543 藍芽溫度監控程式

　　如下圖所示，系統會將溫度傳回手機的 TEXT 物件，如果我們聽不清楚，可以
按下此按鈕，重新將溫度文字透過文字轉語音元件將溫度念出來。

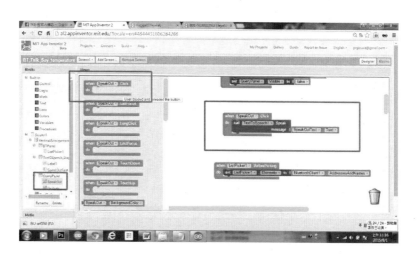

圖 544 語音測試鈕

　　如下圖所示，為了 Debug 系統，我們增加一個 Label 物件，來將回傳的資訊累
積顯示再 Label 物件上，有時候字串太長，所以我們設計此按鈕將 Label 物件顯示

內容清空。

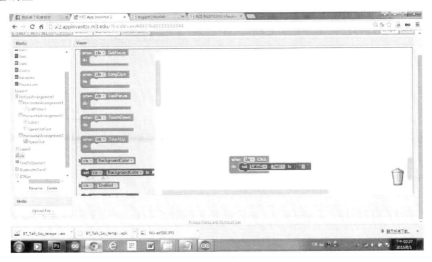

圖 545 debug 資料清除畫面

Arduino 讀取溫度資料

由於本章節要讀取溫度，所以我們使用『fayalab nugget temperature sensor』，本實驗仍只需要一塊 fayaduino Uno 開發板、USB 下載線、fayalab nugget temperature sensor (產品網址：http://www.fayalab.com/kit/801-nu0004nu)。

如下圖所示，這個實驗我們需要用到的實驗硬體有下圖.(a)的 fayalab UNO 與下圖.(b) USB 下載線、下圖.(c) fayalab nugget temperature sensor、下圖.(d) 藍芽模組 (HC-05/HC-06)：

(a). fayaduino Uno

(b). USB 下載線

(c). fayalab nugget temperature sensor

(d) 藍芽模組(HC-05/HC-06)

圖 546 Arduino 讀取溫度資料所需零件表

由於本書使用 ayalab nugget temperature sensor 模組與藍芽模組,所以我們遵從下表來組立電路,來完成本節的實驗:

表 60 Arduino 讀取溫度資料接腳表

Temperature Sensor(AD590)	Aruino 開發板接腳
Out	Arduino Uno Analog Pin A0
fayalab nugget temperature sensor	
藍芽模組(HC-05)	Arduino 開發板
VCC	Arduino Uno +5V
GND	Arduino Uno GND
TX	Arduino Uno digitalPin 11
RX	Arduino Uno digitalPin 12

Temperature Sensor(AD590)	Aruino 開發板接腳

我們遵照前面所述，將 fayaduino Uno 開發板的驅動程式安裝好之後，作者參考上表與上圖之後，完成電路的連接，完成後如下圖所示之 Arduino 讀取溫度資料接腳實際組裝圖。

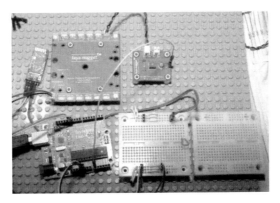

圖 547 Arduino 讀取溫度資料接腳實際組裝圖

我們遵照前幾章所述，將 fayaduino Uno 開發板的驅動程式安裝好之後，我們打開 Arduino 開發板的開發工具：Sketch IDE 整合開發軟體，攬寫一段程式，如下表所示之 Arduino 讀取溫度資料測試程式一，並將之編譯後上傳到 Arduino 開發板。

表 61 Arduino 讀取溫度資料測試程式一

Arduino 讀取溫度資料測試程式一(BT_Talk_Temperature_Speech)

#include <SoftwareSerial.h>　　// 引用程式庫
#define SensorPin A0
char getdata ;　// 儲存接收資料的變數
int nowdata = 0 ;
// 定義連接藍牙模組的序列埠
SoftwareSerial BT(11, 12); // 接收腳, 傳送腳

```
void setup() {


    Serial.begin(9600);    // 與電腦序列埠連線
    Serial.println("BT is ready!");

    // 設定藍牙模組的連線速率
    // 如果是 HC-05，請改成 38400
    BT.begin(9600);
     delay(2000);

}

void loop() {
     if (Serial.available())
     {
        getdata = Serial.read() ;
                    if (getdata == '@')
                    {
                         Serial.println("Get Console Request and Send Sensor Data") ;
                         sendData();
                    }
     }

     if (BT.available())
         {
             getdata = BT.read() ;
             Serial.print("Now get data:(");
             Serial.print(getdata,HEX);
             Serial.print("/");
             Serial.print(getdata);
             Serial.print(")\n");

             if (getdata == '@')
                    {
                         Serial.println("Get Request and Send Sensor Data") ;
                         sendData();
                    }
         }
```

```
}

void sendData()
{
        int d1 = 0 ;
        int d2 = 0 ;
        int d3 = 0 ;

//      getdata = "@" && String(analogRead(SensorPin)) &&"/" ;
     // 若收到藍牙模組的資料,則送到「序列埠監控視窗」
        nowdata = analogRead(SensorPin)-273 ;
        if (nowdata >= 0)
        {
                d1 = (nowdata % 10 );
                d2 = ((int)(nowdata /10) % 10) ;
                d3 = ((int)(nowdata /100) % 10);

                Serial.print(nowdata);
                Serial.print("/");
//              BT.print("@");
                Serial.print(d3);
                Serial.print("/");
                BT.write(d3+48);
                Serial.print(d2);
                Serial.print("/");
                BT.write(d2+48);
                Serial.print(d1);
                Serial.print("/");
                BT.write(d1+48);
            }
        else
            {
                d1 = (abs(nowdata) % 10 ) ;
                d2 = ((int)(abs(nowdata) /10) % 10);
                d3 = ((int)(abs(nowdata) /100) % 10);

                Serial.print(nowdata);
                Serial.print("/");
//              BT.print("@");
```

```
            BT.write(45);       // send - sign
    //      BT.print("@");
          Serial.print(d3);
          Serial.print("/");
          BT.write(d3+48);
          Serial.print(d2);
          Serial.print("/");
          BT.write(d2+48);
          Serial.print(d1);
          Serial.print("/");
          BT.write(d1+48);
      }
    //    BT.print("/");
        Serial.print("\n");
        delay(5000);
}
```

　　讀者可以看到本次實驗- Arduino 讀取溫度資料測試程式一結果畫面，如下圖所示，我們可以使用 Arduino 讀取溫度資料，並將溫度資訊透過藍芽模組傳輸到配對的另一方藍芽模組。

圖 548 Arduino 讀取溫度資料測試程式一結果畫面

整合手機測試

如何在手機或平板上執行 App Inventor 2 程式，請參考『如何執行 AppInventor 程式』一節。

　　如下圖所示，我們直接顯示測試程式的主畫面。

圖 549 用手機進行溫度監控主畫面

　　如下圖所示，我們先選擇『SelectBT』來選擇藍芽裝置。

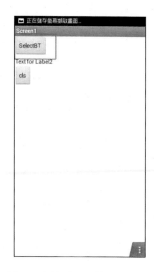

圖 550 點選選取藍芽紐

如下圖所示，會出現手機、平板中已經配對好的藍芽裝置，我們可以選擇手機、平板中已經配對好的藍芽裝置。

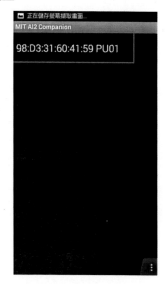

圖 551 選取欄芽裝置

如下圖紅框區所示，我們可以輸入測試文字，來測試文字轉語音是否可以運作。

圖 552 輸入測試文字

如下圖紅框區所示，我們可以輸入測試文字『apple』，來測試文字轉語音是否可以運作。

圖 553 輸入測試文字 Apple

如下圖紅框區所示，我們可以輸入測試文字『apple』。

圖 554 測試文字

如下圖紅框區所示，我們按下『說話』的按鈕，來測試『apple』文字是否可以成功讀出語音。

圖 555 說出測試文字

如下圖所示，約 15~30 秒鐘後，系統會收到 Arduino 開發板送出的溫度資訊，並將溫度透過語音讀出。

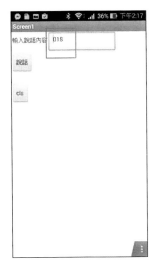

圖 556 傳送溫度

智慧家庭-使用手機查詢溫度

上章節之中，我們透過 Arduino 開發板，使用溫度感測器讀出溫度，並定時將身邊的溫度回傳到我們手機，但是我們會發現，我們並非隨時都需要知道溫度，如果能夠在需要的時後，透過按鈕查詢的方式取得溫度，那會是更加美好的一件事。

首先，如下圖所示，我們在 App Inventor 2 程式模塊編輯畫面之中，開立一個新專案: BT_Talk_Query_temperature。

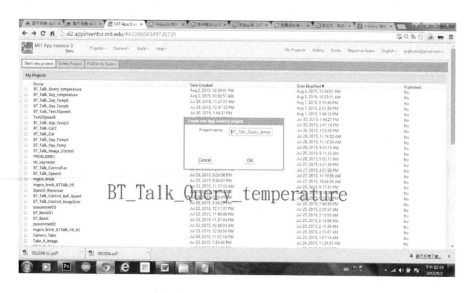

圖 557 開新專案-BT_Talk_Query_temperature

如下圖所示，拉出 ListPictker(選藍芽裝置用) =>即拉出選擇藍芽通訊模組的元
件。

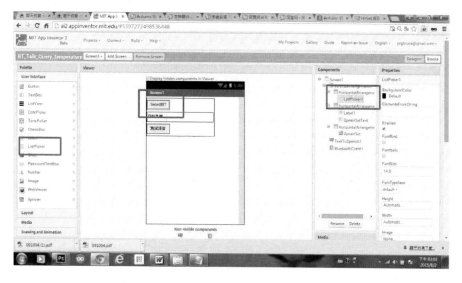

圖 558 拉出藍芽裝置選取物件-ListPicker

如下圖所示，拉出輸入文字區與前置文字。

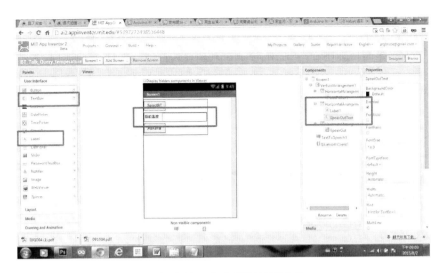

圖 559 拉出輸入文字區與前置文字

如下圖所示，拉出語音測試按紐。

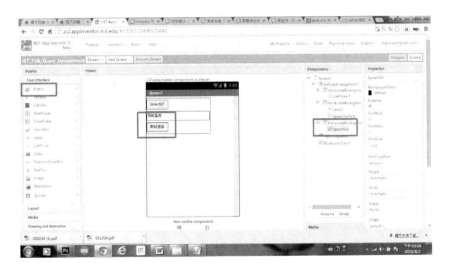

圖 560 拉出語音測試按紐

如下圖所示，拉出查詢溫度按紐。

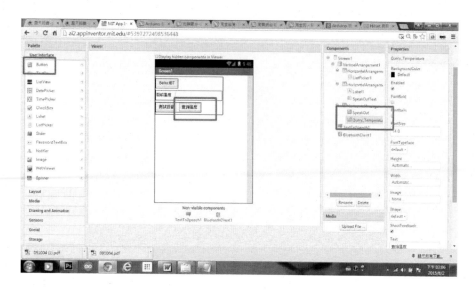

圖 561 拉出查詢溫度按紐

如下圖所示,拉出語音辨視元件(Speech Reconizer)。

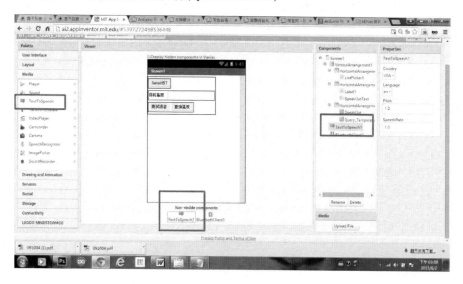

圖 562 拉出文字轉語音物件

如下圖所示,拉出藍芽傳輸元件(BlueTooth Client)。

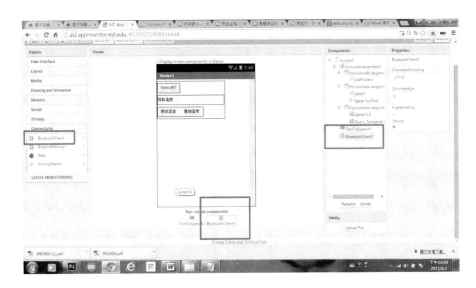

圖 563 拉出藍芽元件

如下圖所示，拉出時間元件(Clcok1)。

圖 564 拉出時間元件

如下圖所示，我們為了編修程式，請點選如下圖所示之紅框區『Blocks』按紐。

圖 565 切換程式設計模式

如下圖所示,我們在 App Inventor 2 的程式編輯區,建立初始化變數

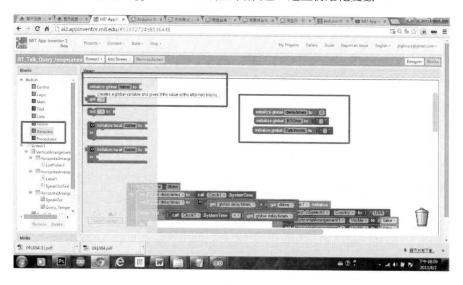

圖 566 初始化變數

為了建全的系統,如下圖所示,我們進行系統初始化,在 Screen1.initialize 建立下列敘述。

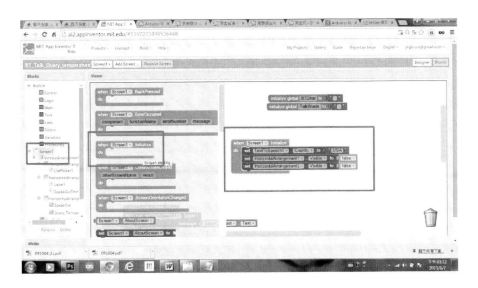

圖 567 - 系統初始化

如下圖所示，我們在 ListPicker1.BeforePicking 建立下列敘述。

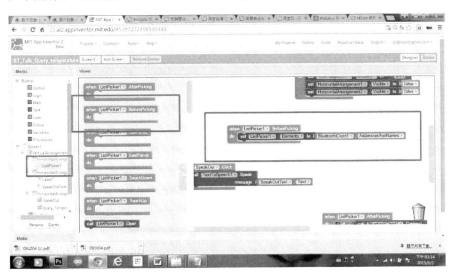

圖 568 設定選取藍芽之系統已配對知藍芽內容

如下圖所示，在點選藍芽裝置『ListPicker1』下，撰寫『判斷選到藍芽裝置後連接選取藍芽裝置』，如下圖所示，我們在 ListPicker1.AfterPicking 建立下列敘述。

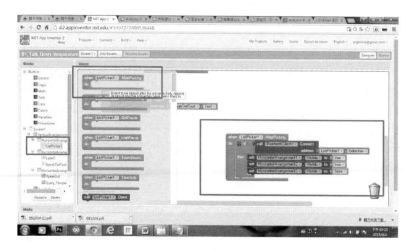

圖 569 選取藍芽後-啟動藍芽傳輸功能

如下圖所示，我們建立延遲時間函式『delaytime』，因為我們傳送查詢溫度查詢碼給 Arduino 開發板，因為查詢溫度感測器需要一些時間讀取溫度與回傳溫度，如果要求查詢溫度後馬上就要讀取藍芽裝置的資料，有時候會讀不到或讀到一半的資料等等問題。

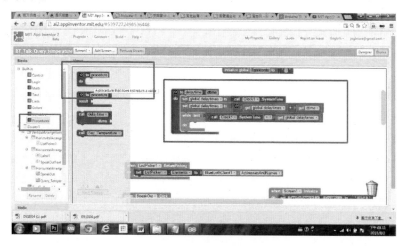

圖 570 延遲時間函式

如下圖所示，我們建立產生發出語音的函式『Say_Temperature』，如果有收到藍芽裝置送過來的溫度資料，則將資料透過文字轉語音元件，將溫度讀出來。

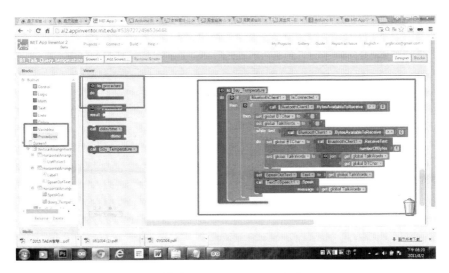

圖 571 攥寫 Say_Temperature 函式

如下圖所示，我們建立立即將溫度傳回手機、平板的查詢按鈕，主要是傳送
『@』，告知 Arduino 開發板將溫度資料立刻回傳。

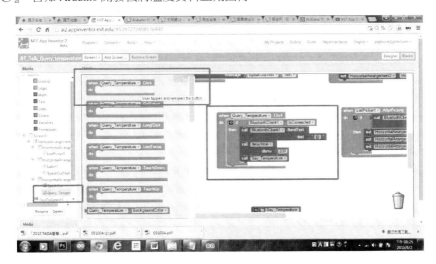

圖 572 攥寫查詢溫度程式

如下圖所示，系統會將溫度傳回手機的 TEXT 物件，如果我們聽不清楚，可以
按下此按鈕，重新將溫度文字透過文字轉語音元件將溫度念出來。

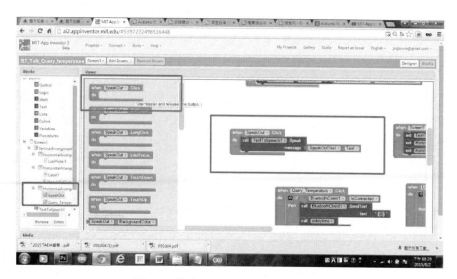

圖 573 攥寫語音測試紐程式

Arduino 讀取溫度資料

由於本章節要讀取溫度，所以我們使用『fayalab nugget temperature sensor』，本
實驗仍只需要一塊 fayaduino Uno 開發板、USB 下載線、fayalab nugget temperature
sensor (產品網址：http://www.fayalab.com/kit/801-nu0004nu)。

如下圖所示，這個實驗我們需要用到的實驗硬體有下圖.(a)的 fayalab　UNO 與
下圖.(b) USB　下載線、下圖.(c) fayalab nugget temperature sensor、下圖.(d) 藍芽模組
(HC-05/HC-06)：

(a). fayaduino Uno　　　　　　(b). USB　下載線

(c). fayalab nugget temperature sensor

(d) 藍芽模組(HC-05/HC-06)

圖 574 Arduino 讀取溫度資料所需零件表

由於本書使用 ayalab nugget temperature sensor 模組與藍芽模組,所以我們遵從下表來組立電路,來完成本節的實驗:

表 62 Arduino 讀取溫度資料接腳表

Temperature Sensor(AD590)	Aruino 開發板接腳
Out	Arduino Uno Analog Pin A0

fayalab nugget temperature sensor

藍芽模組(HC-05)	Arduino 開發板
VCC	Arduino Uno +5V
GND	Arduino Uno GND
TX	Arduino Uno digitalPin 11
RX	Arduino Uno digitalPin 12

我們遵照前面所述,將 fayaduino Uno 開發板的驅動程式安裝好之後,作者參考上表與上圖之後,完成電路的連接,完成後如下圖所示之 Arduino 查詢溫度資料接腳實際組裝圖。

圖 575 Arduino 查詢溫度資料接腳實際組裝圖

　　我們遵照前幾章所述，將 fayaduino Uno 開發板的驅動程式安裝好之後，我們打開 Arduino 開發板的開發工具：Sketch IDE 整合開發軟體，攥寫一段程式，如下表所示之 Arduino 查詢溫度資料測試程式一，並將之編譯後上傳到 Arduino 開發板。

表 63 8 Arduino 查詢溫度資料測試程式一

Arduino 查詢溫度資料測試程式一(BT_Talk_Query_Temperature)

#include <SoftwareSerial.h>　　// 引用程式庫
#define SensorPin A0
char getdata ;　// 儲存接收資料的變數
int nowdata = 0 ;
// 定義連接藍牙模組的序列埠
SoftwareSerial BT(11, 12); // 接收腳, 傳送腳
 	
void setup() {
 	
　Serial.begin(9600);　　// 與電腦序列埠連線
　Serial.println("BT is ready!");
 	
　// 設定藍牙模組的連線速率
　// 如果是 HC-05，請改成 38400

```
    BT.begin(9600);
    // delay(2000);


}

void loop() {
    if (Serial.available())
    {
        getdata = Serial.read() ;
                    if (getdata == '@')
                    {
                        Serial.println("Get Console Request and Send Sensor Data") ;
                        sendData();
                    }
    }

        if (BT.available())
            {
                getdata = BT.read() ;
                Serial.print("Now get data:(");
                Serial.print(getdata,HEX);
                Serial.print("/");
                Serial.print(getdata);
                Serial.print(")\n");

                if (getdata == '@')
                    {
                        Serial.println("Get Request and Send Sensor Data") ;
                        sendData();
                    }
            }
    }

    void sendData()
    {
            int d1 = 0 ;
            int d2 = 0 ;
            int d3 = 0 ;
```

```
//     getdata = "@" && String(analogRead(SensorPin)) &&"/" ;
//  若收到藍牙模組的資料，則送到「序列埠監控視窗」
       nowdata = analogRead(SensorPin)-273 ;
       if (nowdata >= 0)
       {
               d1 = (nowdata % 10 );
               d2 = ((int)(nowdata /10) % 10) ;
               d3 = ((int)(nowdata /100) % 10);

               Serial.print(nowdata);
               Serial.print("/");
//             BT.print("@");
               Serial.print(d3);
               Serial.print("/");
            BT.write(d3+48);
               Serial.print(d2);
               Serial.print("/");
            BT.write(d2+48);
               Serial.print(d1);
               Serial.print("/");
            BT.write(d1+48);
         }
       else
           {
               d1 = (abs(nowdata) % 10 ) ;
               d2 = ((int)(abs(nowdata) /10) % 10);
               d3 = ((int)(abs(nowdata) /100) % 10);

               Serial.print(nowdata);
               Serial.print("/");
//             BT.print("@");
            BT.write(45);        // send - sign
//             BT.print("@");
               Serial.print(d3);
               Serial.print("/");
            BT.write(d3+48);
               Serial.print(d2);
               Serial.print("/");
            BT.write(d2+48);
```

```
                 Serial.print(d1);
                 Serial.print("/");
                 BT.write(d1+48);
            }
    //    BT.print("/");
         Serial.print("....end \n");
         // delay(5000);
    }
```

如下圖所示，讀者可以看到本次實驗- Arduino 查詢溫度資料測試程式一結果畫面，再手機 APPs 應用程式按下查詢溫度後，請 Arduino 開發板讀取溫度資料，並將溫度資訊透過藍芽模組回傳到手機、平板上。

圖 576 Arduino 查詢溫度資料測試程式一結果畫面

整合手機測試

如何在手機或平板上執行 App Inventor 2 程式，請參考『如何執行 AppInventor 程式』一節。

如下圖所示，我們直接顯示測試程式的主畫面。

圖 577 使用手機進行溫度查詢控主畫面

如下圖所示，我們先選擇『SelectBT』來選擇藍芽裝置。

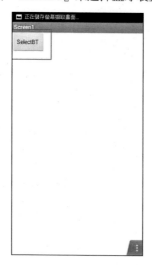

圖 578 點選選取藍芽紐

如下圖所示，會出現手機、平板中已經配對好的藍芽裝置，我們可以選擇手機、
平板中已經配對好的藍芽裝置。

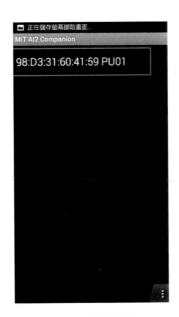

圖 579 選取欄芽裝置

如下圖所示，為查詢控主畫面。

圖 580 查詢控主畫面

如下圖紅框區處所示，我們按下『查詢按鈕』進行查詢溫度，系統會送出查詢
命令到 Arduino 開發板，要求查詢溫度並送出的溫度資訊。

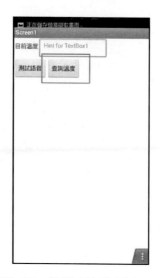

圖 581　按下查詢溫度紐

　　如下圖所示，　當系統接收到 Arduino 開發板傳送的溫度資訊後，系統會將其溫度透過語音讀出。

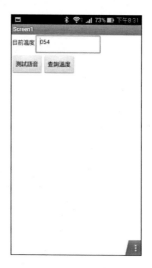

圖 582　得到溫度並讀出

　　如下圖紅框區所示，我們按下『測試語音』的按鈕，來測試『得到溫度』文字是否可以成功讀出語音。

圖 583 使用測試語音紐重新讀出溫度

如下圖所示，系統會將透過文字轉語音，重新讀出溫度。

圖 584 重新讀出溫度

章節小結

本章為本書主軸，主要透過使用 Arduino 開發板、不同感測器與藍芽裝置，將與手機、平板互動，並設計出物聯網中智慧家庭常會用情境，希望讀者可以舉一反三，將本書設計理念與方法，推展到其他更廣泛的應用，這才是本書的初衷。

本書總結

　　作者對於 Arduino 相關的書籍，也出版許多書籍，感謝許多有心的讀者提供作者許多寶貴的意見與建議，作者群不勝感激，許多讀者希望作者可以推出更多的入門書籍給更多想要進入『Arduino』、『Maker』這個未來大趨勢，所有才有這個入門系列的產生。

　　本系列叢書的特色是一步一步教導大家使用更基礎的東西，來累積各位的基礎能力，讓大家能更在 Maker 自造者運動中，可以拔的頭籌，所以本系列是一個永不結束的系列，只要更多的東西被製造出來，相信作者會更衷心的希望與各位永遠在這條 Maker 路上與大家同行。

作者介紹

曹永忠 (Yung-Chung Tsao)：目前為台灣資訊傳播學會秘書長與自由作家，專研於軟體工程、軟體開發與設計、物件導向程式設計，商品攝影及人像攝影。長期投入資訊系統設計與開發、企業應用系統開發、軟體工程、新產品開發管理、商品及人像攝影等領域，並持續發表作品及相關專業著作。

Email:prgbruce@gmail.com ，Line ID：dr.brucetsao
Arduino 部落格：http://taiwanarduino.blogspot.tw/
範例原始碼網址：https://github.com/brucetsao/Arduino_FayaNUGGET
臉書社群(Arduino.Taiwan)：https://www.facebook.com/groups/Arduino.Taiwan/
Arduino 活動官網：http://arduino.kktix.cc/
Youtube：https://www.youtube.com/user/UltimaBruce

許智誠 (Chih-Cheng Hsu)，美國加州大學洛杉磯分校(UCLA) 資訊工程系博士，曾任職於美國 IBM 等軟體公司多年，現任教于中央大學資訊管理學系專任副教授，主要研究為軟體工程、設計流程與自動化、數位元教學、雲端裝置、多層式網頁系統、系統整合。

Email: khsu@mgt.ncu.edu.tw

蔡英德 (Yin-Te Tsai)，國立清華大學資訊科學系博士，目前是靜宜大學資訊傳播工程學系教授、臺灣資訊傳播學會理事長、靜宜大學計算器及通訊中心主任，主要研究為演算法設計與分析、生物資訊、軟體發展。

Email:yttsai@pu.edu.tw

參考文獻

Anderson, Rick, & Cervo, Dan. (2013). *Pro Arduino*: Apress.

Arduino. (2013). Arduino official website. Retrieved 2013.7.3, 2013, from http://www.arduino.cc/

Atmel_Corporation. (2013). Atmel Corporation Website. Retrieved 2013.6.17, 2013, from http://www.atmel.com/

Banzi, Massimo. (2009). *Getting Started with arduino*: Make.

Boxall, John. (2013). *Arduino Workshop: A Hands-on Introduction With 65 Projects*: No Starch Press.

Creative_Commons. (2013). Creative Commons. Retrieved 2013.7.3, 2013, from http://en.wikipedia.org/wiki/Creative_Commons

Faludi, Robert. (2010). *Building wireless sensor networks: with ZigBee, XBee, arduino, and processing*: O'reilly.

Margolis, Michael. (2011). *Arduino cookbook*: O'Reilly Media.

Margolis, Michael. (2012). *Make an Arduino-controlled robot*: O'Reilly.

McRoberts, Michael. (2010). *Beginning Arduino*: Apress.

Minns, Peter D. (2013). *C Programming For the PC the MAC and the Arduino Microcontroller System*: AuthorHouse.

Monk, Simon. (2010). 30 Arduino Projects for the Evil Genius, 2/e.

Monk, Simon. (2012). *Programming Arduino: Getting Started with Sketches*: McGraw-Hill.

Oxer, Jonathan, & Blemings, Hugh. (2009). *Practical Arduino: cool projects for open source hardware*: Apress.

Reas, Ben Fry and Casey. (2013). Processing. Retrieved 2013.6.17, 2013, from http://www.processing.org/

Reas, Casey, & Fry, Ben. (2007). *Processing: a programming handbook for visual designers and artists* (Vol. 6812): Mit Press.

Reas, Casey, & Fry, Ben. (2010). *Getting Started with Processing*: Make.

Warren, John-David, Adams, Josh, & Molle, Harald. (2011). *Arduino for Robotics*: Springer.

Wilcher, Don. (2012). *Learn electronics with Arduino*: Apress.

曹永忠, 許智誠, & 蔡英德. (2015a). *Arduino 程式教學(入門篇):Arduino Programming (Basic Skills & Tricks)* (初版 ed.). 台灣、彰化: 渥瑪數位有限公司.

曹永忠, 許智誠, & 蔡英德. (2015b). *Arduino 程式教學(常用模組篇):Arduino Programming (37 Sensor Modules)* (初版 ed.). 台灣、彰化: 渥瑪數

位有限公司.

曹永忠, 許智誠, & 蔡英德. (2015c). *Arduino 樂高自走車:Using Arduino to Develop an Autonomous Car with LEGO-Blocks Assembled* (初版 ed.). 台湾、彰化: 渥瑪數位有限公司.

曹永忠, 許智誠, & 蔡英德. (2015d). *Arduino 編程教学(入门篇):Arduino Programming (Basic Skills & Tricks)* (初版 ed.). 台湾、彰化: 渥玛数位有限公司.

曹永忠, 許智誠, & 蔡英德. (2015e). *Arduino 乐高自走车:Using Arduino to Develop an Autonomous Car with LEGO-Blocks Assembled* (初版 ed.). 台湾、彰化: 渥瑪數位有限公司.

曹永忠, 許智誠, & 蔡英德. (2015f). *Arduino 编程教学(常用模块篇):Arduino Programming (37 Sensor Modules)* (初版 ed.). 台湾、彰化: 渥玛数位有限公司.

曹永忠, 許碩芳, 許智誠, & 蔡英德. (2015a). *Arduino 程式教學(RFID 模組篇):Arduino Programming (RFID Sensors Kit)* (初版 ed.). 台湾、彰化: 渥瑪數位有限公司.

曹永忠, 許碩芳, 許智誠, & 蔡英德. (2015b). *Arduino 編程教学(RFID 模块篇):Arduino Programming (RFID Sensors Kit)* (初版 ed.). 台湾、彰化: 渥瑪數位有限公司.

趙英傑. (2013). *超圖解 Arduino 互動設計入門*. 台灣: 旗標.

趙英傑. (2014). *超圖解 Arduino 互動設計入門(第二版)*. 台灣: 旗標.

鄧文淵, & 文淵閣工作室. (2015). *手機應用程式設計超簡單：App Inventor 2 初學特訓班(中文介面增訂版)*. 台灣、台北: 碁峰資訊股份有限公司.

Arduino 手機互動程式設計基礎篇
Using Arduino to Develop the Interactive Games with Mobile Phone via the Bluetooth

作　　者：曹永忠、許智誠、蔡英德

發 行 人：黃振庭

出 版 者：崧燁文化事業有限公司

發 行 者：崧燁文化事業有限公司

E-mail：sonbookservice@gmail.com

粉 絲 頁：https://www.facebook.com/
　　　　　sonbookss/

網　　址：https://sonbook.net/

地　　址：台北市中正區重慶南路一段六十一號八
　　　　　樓 815 室

Rm. 815, 8F., No.61, Sec. 1, Chongqing S. Rd.,
Zhongzheng Dist., Taipei City 100, Taiwan

電　　話：(02) 2370-3310

傳　　真：(02) 2388-1990

印　　刷：京峯彩色印刷有限公司（京峰數位）

律師顧問：廣華律師事務所 張珮琦律師

定　　價：720 元

發行日期：2022 年 03 月第一版

◎本書以 POD 印製

國家圖書館出版品預行編目資料

Arduino 手機互動程式設計基礎篇
= Using Arduino to develop the
interactive games with mobile
phone via the bluetooth / 曹永
忠, 許智誠, 蔡英德著 . -- 第一版 .
-- 臺北市：崧燁文化事業有限公司，
2022.03
　面；　公分
POD 版
ISBN 978-626-332-072-7(平裝)
1.CST: 微電腦 2.CST: 電腦程式語
言
471.516　111001386

官網

臉書